# Schatzkammer
# Ozean

# Schatzkammer Ozean

Volkszählung in den Weltmeeren

Darlene Trew Crist   Gail Scowcroft
James M. Harding jr.

Mit einem Vorwort von Sylvia Earle

Aus dem Englischen übersetzt von Claudia Huber

**Titel der Originalausgabe:** World Ocean Census – A Global Survey of Marine Life

Die englische Originalausgabe ist erschienen bei Firefly Books

Text copyright: © 2009 Ocean Research and Education Ltd.
Foreword copyright: © 2009 Sylvia Earle
Images copyright: as listed in photo credits.
All rights reserved.
Published by arrangement with Firefly Books Ltd. Richmond Hill, Ontario, Canada

Aus dem Englischen übersetzt von Claudia Huber

**Wichtiger Hinweis für den Benutzer**
Der Verlag, der Herausgeber und die Autoren haben alle Sorgfalt walten lassen, um vollständige und akkurate Informationen in diesem Buch zu publizieren. Der Verlag übernimmt weder Garantie noch die juristische Verantwortung oder irgendeine Haftung für die Nutzung dieser Informationen, für deren Wirtschaftlichkeit oder fehlerfreie Funktion für einen bestimmten Zweck. Der Verlag übernimmt keine Gewähr dafür, dass die beschriebenen Verfahren, Programme usw. frei von Schutzrechten Dritter sind. Die Wiedergabe von Gebrauchsnamen, Handelsnamen, Warenbezeichnungen usw. in diesem Buch berechtigt auch ohne besondere Kennzeichnung nicht zu der Annahme, dass solche Namen im Sinne der Warenzeichen- und Markenschutz-Gesetzgebung als frei zu betrachten wären und daher von jedermann benutzt werden dürften. Der Verlag hat sich bemüht, sämtliche Rechteinhaber von Abbildungen zu ermitteln. Sollte dem Verlag gegenüber dennoch der
Nachweis der Rechtsinhaberschaft geführt werden, wird das branchenübliche Honorar gezahlt.

**Bibliografische Information der Deutschen Nationalbibliothek**
Die Deutsche Nationalbibliothek verzeichnet diese Publikation in der Deutschen Nationalbibliografie; detaillierte bibliografische Daten sind im Internet über http://dnb.d-nb.de abrufbar.

Springer ist ein Unternehmen von Springer Science+Business Media
springer.de

© Spektrum Akademischer Verlag Heidelberg 2010
Spektrum Akademischer Verlag ist ein Imprint von Springer

10 11 12 13 14          5 4 3 2 1

Das Werk einschließlich aller seiner Teile ist urheberrechtlich geschützt. Jede Verwertung außerhalb der engen Grenzen des Urheberrechtsgesetzes ist ohne Zustimmung des Verlages unzulässig und strafbar. Das gilt insbesondere für Vervielfältigungen, Übersetzungen, Mikroverfilmungen und die Einspeicherung und Verarbeitung in elektronischen Systemen.

Planung und Lektorat: Frank Wigger, Dr. Meike Barth
Redaktion: Annette Heß
Satz: Claudia Huber, Erfurt
Umschlaggestaltung: wsp design Werbeagentur GmbH, Heidelberg
Titelfotografie: Kevin Raskoff

ISBN 978-3-8274-2371-9

DIESES BUCH IST UNSEREN VERSTORBENEN KOLLEGEN

RANSOM A. MYERS UND ROBIN RIGBY GEWIDMET.

IHRE BEITRÄGE WAREN VIELFÄLTIG,

IHRE ARBEIT HAT UNS INSPIRIERT

UND IHRE EINSICHTEN VERMISSEN WIR SCHMERZLICH.

## DANKSAGUNG

Unsere Anerkennung gilt Lionel Koffler, Präsident von Firefly Books, für das ursprüngliche Konzept zu diesem Buch. Wir sind auch dankbar für seine fortlaufende Unterstützung und die stetige Ermunterung.

Ohne die freundliche Unterstützung unserer Kollegen im Census of Marine Life weltweit wäre dieses Buch nicht möglich gewesen. Wir sind den vielen Forschern dankbar, die durch ihre sorgfältige und gewissenhafte Arbeit sichergestellt haben, dass ihre Entdeckungen exakt dargestellt werden, und den vielen Fotografen, die so großzügig ihre wunderbaren Bilder zur Verfügung stellten.

Wir schulden Ron O'Dor Dank, einem der leitenden Wissenschaftler des Census of Marine Life, der sich trotz seines vollen Terminkalenders die Zeit nahm, unser Manuskript zu prüfen und zu redigieren. Unser aufrichtiger Dank gilt ebenso Sara Hickox, Leiterin des Office of Marine Programs an der University of Rhode Island, für ihre Hilfe und Ermunterung. Ohne sie wäre dieses Buch nicht möglich gewesen. Anerkennung für seine zahlreichen und wichtigen Beiträge gebührt auch Jesse Ausubel von der Alfred P. Sloan Foundation, dessen Vision zur Entstehung des Census of Marine Life beitrug und der weiterhin eine Quelle der Inspiration für alle ist, die das Privileg haben, eng mit ihm zusammenzuarbeiten.

Es ist uns eine Ehre, die Geschichte des Census of Marine Life zu erzählen, denn es ist ein ambitioniertes, weitreichendes und innovatives Unterfangen, das maßgeblich zum Verständnis der Weltmeere und der Lebewesen, die dort leben, beitragen wird.

*Seite 2:*
*Diese planktonische Meeresschnecke,* Cliona limacina, *auch als Meeresschmetterling bekannt, wurde im Kanadischen Becken gesammelt. Sie gehört zu den mindestens 235 Arten, die Census-Forscher während des Internationalen Polarjahres 2007 bis 2009 sowohl in der Arktis als auch in der Antarktis gefunden haben.*

*Gegenüberliegende Seite:*
Ptychogastria polaris. *Diese wunderschöne Qualle, normalerweise eine Art der Tiefe, ist im Nord- und Südpolarmeer in Oberflächennähe zu beobachten.*

*Der Vampirtintenfisch (Vampyroteuthis infernalis; wörtlich „Vampirtintenfisch aus der Hölle") erhielt seinen Namen wegen der wie ein Umhang wirkenden Häute zwischen den Fangarmen. Der Verteidigung dienen Leuchtorgane an den Armspitzen. Nähert sich ein potenzieller Räuber, fangen die Leuchtorgane an zu pulsieren, die Konturen des Tieres verschwimmen. Außerdem stößt der Vampirtintenfisch aus einigen dieser Leuchtorgane eine Wolke klebrigen biolumineszenten Schleims aus, der die Räuber vermutlich benebelt und es ihm ermöglicht, in die Dunkelheit zu entfliehen.*

# Inhalt

Danksagung  7
Vorwort von Sylvia Earle  11
Einführung  15

Teil 1: Was lebte im Meer?
1 / Was wir wissen, was wir nicht wissen und was wir nie wissen werden  23
Die großen Unbekannten  27
Der Census of Marine Life  28

2 / Ein Bild der Vergangenheit  55
Was einst im Meer lebte  55
Dokumente eines Niedergangs  61
Das „Jahr Null" – auf der Suche nach einer zeitlichen Referenz  65
Fischerei-Management  67
Eine neue Forschungsrichtung gewinnt Konturen  68

Teil 2: Was lebt im Meer?
3 / Neue Technologien in der Meeresforschung  77
Die Fahrt in die Untersuchungsgebiete  78
Unterwasser-Sehen mittels Schall  83
Technische Fortschritte bei den optischen Methoden  85
Neue Sammelmethoden  86
Meeresbewohner unterwegs  89
DNA-Barcoding – auch das Bestimmen von Arten wandelt sich  93
Census-Daten für jedermann  95

4 / Meerestiere als Beobachter  99
Fortschritte beim Biologging  100
Datengewinnung in extremen Lebensräumen  107

5 / Das Schwinden der Eisozeane  117
Die Entdeckung verborgener Ozeane  121
Überraschungen im Südpolarmeer  124
Neue Fenster des Wissens  129

### 6 / Unerwartete Diversität an den Küsten 137
Korallenriffe auf den nordwestlichen Hawaii-Inseln 139
Der Golf von Maine: Vergangenheit und Gegenwart 141
Ein neuer Lebensraum für Alaska 145
Auf dem Weg in die Zukunft 149

### 7 / Unerforschte Ökosysteme: Hydrothermalquellen, kalte Quellen, Seamounts und Tiefsee-Ebenen 153
Hydrothermalquellen 154
Kontinentalhänge und kalte Quellen 158
Seamounts 164
Tiefsee-Ebenen 168

### 8 / Das Geheimnis neuer Lebensformen wird enträtselt 175
Das Namen-Spiel 175
Zooplankton – die tierischen Drifter 180
Wo bisher noch niemand war 185
Ein Blick unter das Eis 187
Augen und Ohren in der Tiefe 195
Unsichtbares sichtbar machen 198
Ausblick 200

## Teil 3: Was wird im Meer leben?
### 9 / Versuch einer Zukunftsvorhersage 205
Der Niedergang der großen Haie 212
Hummerfischer helfen Walen 218

### 10 / Die Zukunft des Lebens im Meer 223
Der Census hat etwas verändert 228

Glossar 234
Weiterführende Literatur 245
Abbildungsnachweise 247
Index 249

# VORWORT

von Sylvia Earle

## Meeresbotschafterin und *Explorer-in-Residence* der National Geographic Society

*Vergleichbar diesem wundersamen Reich der Tiefe ist einzig der nackte Raum selbst … wo die Schwärze des Raums, die leuchtenden Planeten, Kometen, Sonnen und Sterne wirklich nahe verwandt der Welt des Lebens sein müssen, wie sie dem Auge des ehrfurchtsvoll erschauernden Menschleins im freien Meer in 900 Meter Tiefe erscheint.*
– William Beebe, *923 Meter unter dem Meeresspiegel*

Bis vor Kurzem waren viele Menschen der Ansicht, die Diversität des Lebens im Meer sei viel geringer als die Komplexität und der Reichtum des Lebens an Land, insbesondere in den tropischen Regenwäldern und den Wäldern der gemäßigten Zone. Es ist leicht zu verstehen, wie es zu dieser irrigen Annahme kommen konnte – man denke nur an die immense Vielfalt der Insekten, besonders der Käfer, die zusammen etwa die Hälfte aller bisher benannten Arten an Land ausmachen. Und was noch wichtiger ist: Wir Menschen sind terrestrische, Luft atmende Lebewesen, die an Land überall hin reisen können, zu den höchsten Bergen, in die trockensten Wüsten und kältesten Polarregionen, und die daher mit den verschiedenen großen wie kleinen Landbewohnern gut vertraut sind. Der Zugang zum Meer dagegen ist eine größere Herausforderung.

Die Weltmeere machen zwar 99 Prozent der Biosphäre aus, aber lediglich fünf Prozent davon sind bekannt, geschweige denn erforscht. Es ist daher kein Wunder, dass irrige Ansichten über die Natur des Lebens auf der Erde entstanden sind. Glücklicherweise erleichtern neue Technologien die Suche nach Leben – von sonnenbeschienenen Riffen bis in die dunkelsten Meerestiefen; wie die Forscher dabei vorgegangen sind und was sie entdeckt haben, dokumentiert dieses Buch. Auch wenn noch beträchtliche Herausforderungen bleiben, so haben die am Census of Marine Life – der „Volkszählung in den Weltmeeren" – Beteiligten bei der Erfassung und Bewertung der Natur des Lebens im Meer in Vergangenheit, Gegenwart und Zukunft und damit des Lebens auf der Erde insgesamt doch riesige Fortschritte gemacht.

Das Meer ist alles andere als monoton und leer, wie manche lange geglaubt haben; es lebt überall. Ein Plankton fressender Walhai kann in einem einzigen selbst erzeugten Wasserwirbel Larven oder ausgewachsene Tiere aus 15 oder mehr verschiedenen Tierstämmen (oder Abteilungen) schlucken – mehr terrestrische Tierstämme gibt es gar nicht. Dieser einzelne „Schluck" enthält vermutlich ein Dutzend oder mehr Stämme von Protisten, einschließlich winziger Photosynthese betreibender Formen, die maßgeblichen Anteil an der Produktion von Sauerstoff und der Umwandlung von Wasser und Kohlenstoffdioxid in Nahrung haben. Und dann gibt es noch die Mikroorganismen: In fast jeder Meerwasserprobe, die man mit aktuellen Methoden untersucht, findet man Tausende neuer Arten – seien es Bakterien oder Archaeen, die erst im späten 20. Jahrhundert entdeckt wurden. Doch nicht nur kleine Lebewesen sind unbeachtet geblieben. Auch von Korallen, Schwämmen, Echinodermen (Stachelhäutern), Anneliden (Ringelwürmern) und anderen kommen bei fast jedem neuen Tauchgang in Tiefen über etwa 300 Meter neue Familien, Gattungen und Arten zum Vorschein. Wenn der Biologe, Taucher und Entdecker Richard Pyle sich in das als „Zwielichtzone" bezeichnete Mesopelagial (Tiefe 200 bis 1 000 Meter) vorwagt, entdeckt er pro Stunde Beobachtungszeit etwa sieben neue Fischarten.

Angesichts der Menge der Neuentdeckungen und der ausgedehnten Meeresflächen, die noch zu erforschen sind, ist klar, dass die Zahl der unbekannten Arten marinen Lebens deutlich größer ist als die etwa 250 000, mit denen man heute rechnet. Wie viele Arten von Pflanzen, Tieren, Mikroorganismen und anderen Formen des Lebens gibt es also im Meer? Schätzungen reichen von einer Million bis hundert Millionen und machen damit das Ziel des Census of Marine Life – eine Bestandsaufnahme der Diversität des Lebens im Meer – zu einer der anspruchsvollsten und ambitioniertesten Unternehmungen in der Menschheitsgeschichte. Denn faktisch bedeutet das, den Großteil des Lebens auf der Erde zu erforschen, zu analysieren und irgendwie systematisch zu ordnen. Es ist ein gewaltiges, aber ehrenwertes Ziel – und in der Tat unverzichtbar, wenn die Menschheit die natürlichen Systeme verstehen will, die das Leben auf der Erde möglich machen.

Die Bedeutung des Census wächst sogar, denn während wir mehr über die Vielfalt des Lebens erfahren als je zuvor, geht gleichzeitig immer mehr verloren. Jacques Cousteaus persönliche Erfahrungen – von bahnbrechenden Tauchgängen in unberührten Meeren in den 1950er-Jahren bis ins Zeitalter „verlorener Paradiese" wenige Jahrzehnte später – führten dazu, dass die Welt Notiz nahm und handelte. Es geht um mehr als die offensichtliche Abnahme der Meeressäuger, Seevögel, Fische und anderer Wildtiere aufgrund bewusster oder unbeabsichtigter Tötung in dem Bestreben, uns Nahrung und andere Produkte zu verschaffen, auch wenn einige Arten auf diese Weise ausgerottet wurden, beispielsweise die Karibische Mönchsrobbe, die man zuletzt 1952 gesichtet hat. Zahlreiche Lebewesen haben einen eng begrenzten Lebensraum, und wenn dieser zerstört wird, sind sie ebenfalls verloren. Arten, die in bestimmten Korallenriffen, auf einzelnen

Seamounts (untermeerischen Bergen) oder in hoch spezialisierten Artengemeinschaften endemisch sind, wie Rankenfußkrebse, die auf nur einer Schildkröten-, Wal- oder Krabbenart leben, reagieren besonders empfindlich. Veränderungen der Meerestemperatur oder der Meereschemie durch menschliche Einflüsse, wozu heute auch die Versauerung der Ozeane gehört, führen in der Umwelt weltweit zu Verschiebungen erdgeschichtlichen Ausmaßes und wirken sich auch auf die Arten aus, also die zahllosen Einzelteile, die das Ganze ausmachen.

Niemand kann sich sicher sein, welche Folgen die Schäden haben werden, die wir Menschen dem zufügen, was die Erde für uns lebenswert macht. Niemand wird je wissen, wie viele Arten von Lebewesen als Folge dieser Veränderungen ausgestorben sind oder aussterben werden. Aber eines ist klar: Die Aufrechterhaltung der Diversität des Lebens, von der einzelnen Art bis hin zu großen Ökosystemen, ist der Schlüssel für die Belastbarkeit unseres Planeten und seine Stabilität in Zeiten eines dramatischen Klimawandels und weiterer unvorhersehbarer Veränderungen, die uns bevorstehen. Zurzeit sind weltweit etwa zwölf Prozent der Landfläche als Nationalparks und Schutzgebiete ausgewiesen, um die Diversität der terrestrischen und limnischen Arten bzw. Systeme zu schützen, aber nur ein Prozent der Meere ist entsprechend geschützt.

In einem außergewöhnlichen Modell internationaler Zusammenarbeit mit einem einzigen Ziel haben sich mehr als 2 000 Wissenschaftler des Census of Marine Life in alte Aufzeichnungen vertieft, sind in die heutigen Meere hinab getaucht und haben Szenarien für die Zukunft entwickelt. Zusammen haben sie uns ein unbezahlbares Geschenk gemacht: ein erweitertes und verbessertes Verständnis vom Leben im Meer und seiner Bedeutung für all das, für das sich Menschen interessieren – Gesundheit, Wirtschaft, Sicherheit und, am wichtigsten, einen Planeten, der für uns da ist. Nun liegt für ein Jahrzehnt der Forschung ein Destillat ihrer Herkulesarbeit vor, von den Autoren und Beteiligten wunderbar illustriert und wortgewandt formuliert.

Manche werden *Schatzkammer Ozean* als wertvolles Nachschlagewerk schätzen, andere als Ort dramatischer Abenteuer. Die Bilder allein werden viele veranlassen, ihre Vorstellungen über die erstaunliche Formenvielfalt zu revidieren, die es innerhalb der Definitionsgrenzen eines Auges, eines Herzens, eines lebendigen Organismus gibt. Die grundlegenden Ähnlichkeiten alles Lebendigen – den Menschen eingeschlossen – werden sichtbar, die Verwunderung über die unendlichen Möglichkeiten der Vielfalt bleibt: von den Großgruppen der Lebewesen bis hin zu den individuellen Flecken und Formen, die jede Sardine, jede Salpe und jeden Seestern von jedem anderen Vertreter ihrer Art unterscheiden. Vor allem aber wecken die erreichten Wissensfortschritte und das neu gewonnene Bewusstsein für die Größenordnung des noch zu Entdeckenden die Hoffnung, dass das große Zeitalter der Meeresforschung – und des Meeresschutzes – gerade erst beginnt.

EINFÜHRUNG

# Das Geheimnis des Lebens unter der Meeresoberfläche wird gelüftet

Jahrtausendelang haben mündliche Überlieferungen das Meer als mythologischen Geburtsort des Lebens auf der Erde beschrieben, als einen mysteriösen Ort voller das Leben stützender Kräfte. In einem uralten Märchen der kalifornischen Yurok-Indianer schufen zwei große Wesen, Donner und Erdbeben, gemeinsam das Meer und füllten es mit Wasser. Es war so schön, dass die Tiere sich darin ansiedelten. Es ist von Robben die Rede, die in solchen Mengen kamen, „als hätte man sie händeweise hineingeworfen". Erdbeben und Donner blickten auf das Meeresbecken, das sie geschaffen hatten – ausgedehnt, tief und wassergefüllt –, und waren zufrieden mit ihrem Werk. Das Meer war groß genug, um den Unterhalt für alle Lebewesen der Erde bereitzustellen.

Es überrascht nicht, dass das Meer die Menschheit lange fasziniert hat. Die Erde ist nach derzeitigem Stand des Wissens der einzige Planet, auf dessen Oberfläche es Wasser gibt, und nur ein verschwindend kleiner Teil des Meeres ist bisher wissenschaftlich untersucht worden. Es gibt jedoch akzeptierte Theorien zu seiner Entstehung und Struktur und sogar einen gewissen Konsens darüber, wie es „funktioniert", trotz des Mangels an umfassenden Daten. Die meisten Wissenschaftler glauben, dass die ersten, flachen Meere vor 4 bis 3,5 Milliarden Jahren entstanden. Als die glutheiße neu gebildete Erdkruste abkühlte, gab sie große Mengen Dampf und Wasserdampf ab, was zur Bildung von Wolken und Regen führte. Der Regen transportierte Salze und andere Elemente von der sich abkühlenden Erdoberfläche in flache Vertiefungen oder Becken in der Kruste. Ein Meer konnte sich aber erst bilden, nachdem die Temperaturen unter 100 °C, den Siedepunkt des Wassers, gefallen waren.

Mit der Zeit kam es aufgrund komplexer geologischer Prozesse zur Bildung von Krustenplatten über dem flüssigeren inneren Mantel, und die Meeresbecken vertieften sich. Die Platten kreisten langsam über dem geschmolzenen

*Gegenüberliegende Seite:*
*Die Erde von einem Satelliten in einer Umlaufbahn hoch über dem Indischen Ozean aus gesehen.*

Mantel, zogen sich zusammen und wurden wieder auseinandergezogen, immer und immer wieder, bis sie schließlich den ersten Superkontinent formten – eine einzige Landmasse, die aus allen modernen Kontinenten bestand – Vaalbara. Er entstand vermutlich vor 3,6 bis 3,3 Milliarden Jahren und war von einem ausgedehnten Meer umgeben. Als dieser frühe Superkontinent zerbrach und die Krustenplatten ihre Reise fortsetzten, änderte sich die Struktur des Meeres ebenfalls, Meere öffneten und schlossen sich. Wie wir heute wissen, bedecken die Weltmeere ungefähr 71 Prozent der Oberfläche unseres Planeten und machen 99 Prozent seines besiedelbaren Volumens aus; ihre durchschnittliche Tiefe beträgt 3,8 Kilometer.

Wissenschaftler versuchen immer noch, einem der größten Geheimnisse auf der Erde auf die Spur zu kommen: Wann trat „Leben" zum ersten Mal auf und wie? Die wissenschaftliche Community hat lange Jahre über die zeitliche Einordnung und die Mechanismen des Ursprungs des Lebens diskutiert. Die meisten stimmen darin überein, dass sich die frühesten Formen des Lebens im Meer entwickelten, sehr wahrscheinlich in Form primitiver Einzeller, die vor etwa drei Milliarden Jahren erschienen. Sie waren für die nächsten ungefähr zwei Milliarden Jahre alles, was auf der Erde existierte. Danach entwickelte sich explosionsartig eine Fülle vielzelliger Lebewesen und eroberte die Meere. Als einige der Meeresbewohner die Fähigkeit erwarben, an Land zu leben, tauchten überall auf dem Planeten neue und immer komplexere Lebensformen auf.

Viele der mikroskopischen Lebensformen oder Mikroorganismen, die derzeit im Meer leben, ähneln vermutlich dem frühen Leben auf der Erde, und sie sind außerordentlich zahlreich. Der Census-Mikrobiologe Mitch Sogin und sein Team am Marine Biological Laboratory in Woods Hole im US-Bundesstaat Massachusetts entdeckten in einem einzigen Liter Meerwasser mehr als 20 000 Arten von Mikroorganismen; mit 1 000 bis 3 000 Arten hatten sie gerechnet. „Durch ein Labormikroskop in einen Tropfen Meerwasser zu schauen, ist wie der Blick auf die Sterne in einer klaren Nacht", sagt der am Census of Marine Life beteiligte Meeresmikrobiologe Victor Gallardo von der Universidad de Concepción in Chile. „Die neue Technik der DNA-Sequenzierung bedeutet für die Meeresbiologie das, was das Hubble-Teleskop für die Raumforschung bedeutete. Wir sehen eine mikrobielle Diversität im Meer, für die wie früher blind waren. Diese seltenen uralten Organismen spielen in der Geschichte und Strategie der Natur vermutlich eine Schlüsselrolle."

Der aktuelle durchschnittliche Salzgehalt der Wiege des Lebens liegt bei ungefähr 3,5 Prozent. Manche Wissenschaftler schätzen, dass die Meere bis zu 50 Billiarden Tonnen gelöster Feststoffe, vorwiegend gelöste Salze wie Natriumchlorid, enthalten. Würde man diese Salzmenge gleichmäßig über die Landflä-

*Gegenüberliegende Seite:
Wissenschaftler des Census of Marine Life untersuchen marines Leben von den Mikroorganismen bis hin zu Walen, von der Meeresoberfläche bis zum Grund, von Pol zu Pol. Hier ist eine Korallenkrabbe abgebildet, deren Scheren größer als ihr Körper sind. Sie wurde auf abgestorbenen Korallen vor Heron Island im australischen Great Barrier Reef gesammelt.*

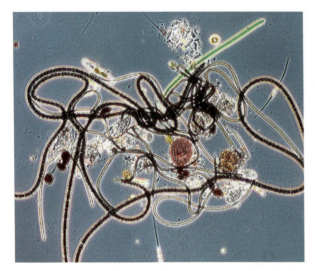

*Marine Mikroorganismen sind die ältesten Lebewesen. In dieser Sammlung sind die dunkelsten eine sehr verbreitete fadenförmige Art, die in der wissenschaftlichen Literatur noch nicht beschrieben wurde. Das große pinkfarbene Oval ist* Chromatium, *eine Schwefelpurpurbakterie; und die grüne, längliche Form ist ein Cyanobakterium, eines aus einer Gruppe blaugrüner Bakterien, die Photosynthese betreiben können. Die gekrümmte Struktur bei etwa zwei Uhr ist eine Diatomee (Nitzschia-Art), eine mikroskopische einzellige Alge, die ebenfalls photosynthetisch aktiv ist.*

che der Erde verteilen, ergäbe das eine Schicht von mehr als 150 Metern Dicke, was etwa der Höhe eines 40-stöckigen Bürogebäudes entspricht! Salze reichern sich im Meer an, weil die Sonnenhitze nahezu reines Wasser von der Wasseroberfläche verdunsten lässt, Salz und salziges Wasser bleiben zurück. Dieser Prozess ist Teil eines kontinuierlichen Austauschs von Wasser zwischen der Erde und der Atmosphäre, den man hydrologischen Kreislauf nennt.

Der Salzgehalt des Meerwassers schwankt. Faktoren wie schmelzendes Eis, Zufluss von Flusswasser, Verdunstung, Regen, Schneefall, Wind, Wellenbewegung und Meeresströmungen, die zu einer horizontalen und vertikalen Vermischung des Wassers führen, spielen dabei eine Rolle. Schon geringe Veränderungen des Salzgehalts können das Leben im Meer stark beeinflussen. Manche Organismen tolerieren breite Schwankungen des Salzgehalts, während andere, beispielsweise viele Korallen, nur Salzgehalte innerhalb eines engen Bereichs ertragen können. Das salzigste Wasser gibt es im Roten Meer und im Persischen Golf, wo die Verdunstungsraten sehr hoch sind. Von den größeren Meeresbecken ist der Nordatlantik der salzigste. Geringe Salzgehalte treten in den Polarmeeren auf, wo schmelzendes Eis und häufige Niederschläge verdünnend wirken.

Der Salzgehalt ist nicht die einzige Variable, die das Leben im Meer beeinflusst. Andere wirksame Parameter sind Temperatur, Nährstoffverfügbarkeit, Strömungen, Winde, Stürme und Eis. Um vollständig zu begreifen, wie Arten im Meer überleben, ist es zwingend erforderlich zu verstehen, wie das Meer funktioniert. Unbeantwortet geblieben sind bisher Fragen nach der gegenseitigen Abhängigkeit ozeanischer Parameter, beispielsweise danach, wie der Wind Strömungen beeinflusst, wie sich Strömungen auf die Temperatur und den Nährstofffluss auswirken und wie Nährstoffe die Produktivität regulieren. Die Beschränkungen unseres derzeitigen Wissens lassen sich nur mithilfe weiterer Meeresforschung überwinden – durch Initiativen wie den Census of Marine Life, die die Biologie der Weltmeere untersuchen und der Frage nachgehen, wie sich die physikalischen Parameter auf die Bewohner auswirken.

Der Census of Marine Life wurde im Jahr 2000 ins Leben gerufen mit dem Ziel, bis 2010 die erste „Meeresvolkszählung" überhaupt fertigzustellen. Er brachte 2 000 Forscher aus 82 Nationen zusammen, um drei wichtige Fragen zu beantworten: Was lebte einst in den Weltmeeren? Was lebt jetzt dort? Was wird in Zukunft dort leben? Über das, was in den Weltmeeren unter der Oberfläche lebt, ist so wenig bekannt, dass der Census einem Raumfahrtprogramm nicht unähnlich ist. Auch hier gibt es Herausforderungen und Gefahren, und es wird

*Filigrankorallen wie diese* Stylaster-*Art aus Palau, Mikronesien, sind empfindlich gegenüber Änderungen des Salzgehalts. Die Organismen, die von ihnen abhängen, wie die winzige unbekannte Riffkrabbe auf dem Bild, etwa 2,5 Zentimeter im Durchmesser, sind auf diese Weise auch gefährdet.*

ebenso Begeisterung für die Erforschung des Unbekannten geweckt. Um die Tiefen der Weltmeere – bis zu elf Kilometer unter der Meeresoberfläche – erreichen zu können, ist eine Ausrüstung erforderlich, die genauso hoch entwickelt ist wie die Technik, die bei der Erforschung der äußeren Bereiche des Universums eingesetzt wird. Die Technik der Unterwasserforschung ist allerdings erst seit Kurzem weit genug, um den Forschern einen Blick mit den Augen eines Fisches auf das zu erlauben, was in den tiefsten, dunkelsten und kältesten Gegenden der Weltmeere lebt.

Die Wissenschaftler des Census of Marine Life haben eine Vorreiterrolle gespielt: Sie haben neue Techniken eingesetzt, um vorher unerreichbare Orte zu erforschen und Bilder von unglaublichen Lebensformen am Meeresboden einzufangen – angefangen von blinden Hummern bis zu Würmern, die keinen Sauerstoff benötigen. Dieses Buch gibt einen Einblick in ihre zahlreichen Abenteuer, enthüllt ihre Entdeckungen und zeigt die sagenhaften Fotos, die sie einfingen, als sie das Geheimnis dessen lüfteten, was in den wundersamen Weltmeeren unter der Oberfläche lebt.

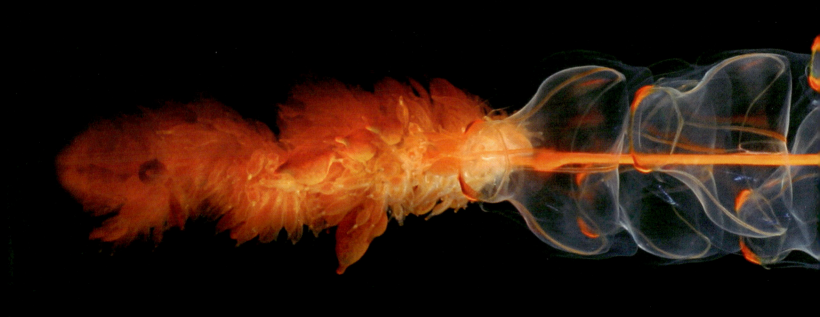

# TEIL 1

# WAS LEBTE IM MEER?

KAPITEL 1

# Was wir wissen, was wir nicht wissen und was wir nie wissen werden

*Der Traum zu wissen, was im Meer lebt, ist alt, überwältigend und romantisch. Neu daran sind die Dringlichkeit der Aufgabe, die Fähigkeit, es herauszufinden, und die Tatsache, dass immer mehr von uns sich daran versuchen.*
– JESSE H. AUSUBEL, PROGRAMMDIREKTOR, ALFRED P. SLOAN FOUNDATION

1997 setzten sich rund 20 der führenden marinen Ichthyologen der Welt – Wissenschaftler, die Meersfische erforschen – an der Scripps Institution of Oceanography in La Jolla im US-Bundesstaat Kalifornien zusammen. Sie hatten die Aufgabe zu bewerten, was über die Diversität von Meeresfischen bekannt war und was nicht. Im Laufe der Diskussion einigten sie sich schnell darauf, dass zur Erkundung des Unbekannten noch viel mehr Forschung erforderlich war. In der Tat weiß man über das, was im Meer lebt, so wenig, dass Wissenschaftler häufig scherzen, über die Oberfläche anderer Planeten sei mehr bekannt als über die Tiefen der Meere.

Statt weiter bekannte Arten zu studieren, beschlossen die 20 Männer und Frauen, ihr Augenmerk auf die noch unbekannten Arten zu lenken und vielleicht sogar zunächst abzugrenzen, was wir vermutlich nie über das Leben unter der Wasseroberfläche wissen werden. Zuerst einmal geht es darum, eine Wissensbasis über das Leben in den Weltmeeren zu schaffen, die als Referenz für die Beurteilung von Veränderungen dienen kann. Eine umfassende Untersuchung aller Meeresorganismen von der Meeresoberfläche bis zum Meeresboden einschließlich der Sedimentbewohner hatte es niemals zuvor gegeben. Viele der Wissenschaftler, die an diesem Tag zusammensaßen, betrachteten diese Fokusänderung

*Seiten 20–21: Eine Tiefsee-Staatsqualle, Marrus orthocanna, die während der „Hidden Ocean"-Expedition der amerikanischen National Oceanic and Atmospheric Administration (Wetter- und Ozeanographie-Behörde der Vereinigten Staaten) in die Arktis zur Unterstützung des Census of Marine Life fotografiert wurde.*

*Gegenüberliegende Seite: Die am Census of Marine Life beteiligten Wissenschaftler sind oft Zeuge unbekannter Wunder und der Schönheit dessen, was unter der Meeresoberfläche lebt, hier exemplarisch gezeigt an einer Schule von Blaustreifen-Schnappern (Lutjanus kasmira) und Geperlten Soldatenfischen (Myripristis kuntee) in einem hawaiischen Riff.*

*Dieser fantastisch gemusterte Polychaet aus der Gattung Loima, ein mariner Röhrenwurm, lebt in den Gewässern vor Lizard Island, Queensland, Australien.*

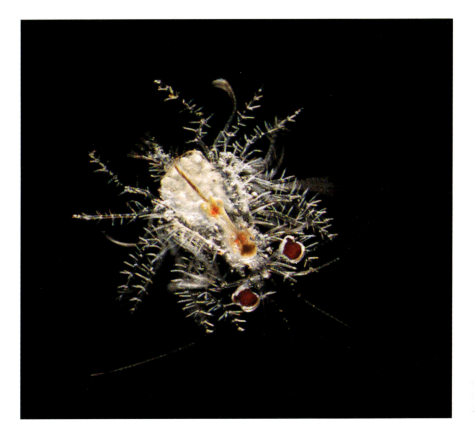

*Die Stacheln auf dieser Dekapoden-Larve (Megalops-Stadium) dienen ungeachtet ihrer Schönheit als Schutz und Tarnung.*

als Beginn eines aufregenden neuen Zeitalters der Entdeckungen, vergleichbar mit den Zeiten von Darwin, Linné und des wagemutigen James Cook.

Die 20 Mitglieder der La-Jolla-Gruppe hatten das Glück, in ihren Reihen einen potenziellen Gönner zu haben, für den das Konzept einer „Bestandsaufnahme" der Meeresfische keine neue Idee war. Etwa ein Jahr vorher hatte J. Frederick Grassle, Leiter des Institute of Marine and Costal Sciences an der Rutgers University im amerikanischen Bundesstaat New Jersey, Jesse H. Ausubel, einen Programmdirektor der Alfred P. Sloan Foundation, in dessen Sommerbüro am Marine Biological Laboratory in Woods Hole im US-Bundesstaat Massachusetts besucht. Grassle plädierte für eine Untersuchung der zahlreichen Unbekannten des Lebens im Meer, und er vertrat sein Anliegen nachdrücklich. Aus dem geplanten einstündigen Gespräch wurde ein ganzer Nachmittag, und in dieser Diskussion wurde die Saat zu einer „Volkszählung" des marinen Lebens gelegt.

Das Treffen an der Scripps Institution unterstrich die Notwendigkeit einer solchen Zählung, und Ausubel griff den Faden auf. Er drängte den Vorstand der Sloan Foundation, das Konzept eines Zensus des Lebens im Meer zu unterstützen. Er betonte die Chancen bahnbrechender Entdeckungen, die Bedeutung der Beschaffung von Basisinformationen zur Verteilung der marinen Diversität und die Tatsache, dass die sich ändernden Abundanzen vieler Arten darauf hindeu-

teten, dass es dringend erforderlich sei, das Management der Fischerei und der Nutzung mariner Ressourcen zu verbessern, wofür der Zensus die theoretische Grundlage liefern könnte. Der Vorstand war überzeugt.

Mit der Unterstützung durch die Sloan Foundation wurden Wissenschaftler buchstäblich aus der ganzen Welt eingeladen, sich an der Diskussion darüber zu beteiligen, wie man die gewaltige Herausforderung einer „Volkszählung im Meer" in Angriff nehmen sollte. Von Beginn an war klar, dass es sich um ein gigantisches Vorhaben handelt, das nicht nur beträchtliche Ressourcen, Kapital und Sachverstand erfordern würde, sondern auch die Weitsicht und Zusammenarbeit aller, die sich daran beteiligen. Es war eine Idee, die die Fantasie vieler Meereskundler rund um den Globus entfachte.

## Die großen Unbekannten

Selbst heute, zu Beginn des 21. Jahrhunderts, harren noch 95 Prozent der Ozeanbecken und Meere der Welt ihrer Erforschung (manche gehen sogar von 98 Prozent aus). Ein Grund ist ganz einfach die schiere Größe der Weltmeere: Sie machen etwa 71 Prozent der Erdoberfläche aus und bedecken 361 Millionen Quadratkilometer. Und zu den Weltmeeren gehört mehr, als die Augen sehen – unter der Wasseroberfläche öffnet sich eine gigantische Welt. Das Volumen des Meerwassers liegt bei einer durchschnittlichen Wassertiefe von 3,8 Kilometern bei 1 370 Millionen Kubikkilometern. Die Tiefseegräben reichen an der tiefsten Stelle bis auf 10,5 Kilometer unter der Meeresoberfläche. Und als ob Größe, Masse und Volumen nicht Hindernis genug wären: Dunkelheit und Druck sind weitere abschreckende Faktoren, die die Herausforderung, Kosten und Risiken für diejenigen, die sich unter die Meeresoberfläche wagen, beträchtlich erhöhen. Erst seit Kurzem erlauben technische Fortschritte es den Forschern, sich erfolgreich den physikalischen wie physischen Herausforderungen der Erforschung von Meereslebensräumen in extremer Dunkelheit und unter immensen Drücken zu stellen.

Die Untersuchung der Weltmeere wird weiter durch die Tatsache erschwert, dass alle Meere in Wirklichkeit ein einziger großer Wasserkörper sind. Jedes der fünf Meeresbecken – der Pazifische, der Atlantische, der Südliche, der Indische und der Arktische Ozean – sind durch große Oberflächen- und Tiefenwasserströmungen in einem Zirkulationssystem verbunden, das einen gemeinsamen Wasserkörper erzeugt. Alles Leben in den Ozeanen ist durch dieses System verbunden, wir müssen es also verstehen, um die Biodiversität verstehen zu können (siehe „Das globale ozeanische Förderband" auf Seite 31).

Schätzungen der Zahl der marinen Arten in den Weltmeeren sind bestenfalls unsicher und reichen von einer bis zehn Millionen. Selbst wenn man die Suche auf

*Gegenüberliegende Seite:*
*Dieser spektakuläre blauäugige Einsiedlerkrebs* (Paragiopagurus diogenes) *ist ein Beispiel für eine Census-Entdeckung, die mehr Fragen als Antworten aufwirft. Das leuchtende Gold auf den Scheren dieses Krebses, der auf dem Atoll French Frigate Shoals vor den Nordwestlichen Hawaii-Inseln gefangen wurde, ist ein bisher unbekanntes Phänomen. Wissenschaftler glauben, dass es der Kommunikation dient. Auf seiner Schale hat dieser Krebs auch seine ganz spezielle Seeanemone (die fusselige braune Stelle auf der Unterseite), die nach allem, was man weiß, keine andere Einsiedlerkrebsart besiedelt.*

Fische beschränkt, lässt sich die Gesamtzahl mariner Arten nicht mit Sicherheit bestimmen. Ungefähr 15 000 Arten von Meeresfischen sind bekannt, und Ichthyologen schätzen, dass weitere 5 000 Fischarten oder mehr erst noch entdeckt werden müssen. Werden die betrachteten Lebewesen kleiner, nimmt der Grad der Unsicherheit, was die tatsächliche Zahl angeht, mit abnehmender Größe poportional zu. Beispielsweise sind weltweit weniger als ein Prozent der im Meer vorkommenden Mikroorganismen bekannt. Selbst wenn die Lebensräume beschrieben sind, gibt es noch viele Unbekannte. Wissenschaftler schätzen z. B., dass weniger als zehn Prozent der Korallenriffbewohner bereits identifiziert sind. Wegen der Korallenbleiche und anderer Bedrohungen des Lebensraums Riff sterben etliche Arten vermutlich aus, bevor sie überhaupt entdeckt wurden.

Die Tatsache, dass wir so wenig darüber wissen, was die Meere besiedelt, wo die Arten leben und in welcher Zahl sie vorkommen, stellt uns beim Management der Fischbestände und anderer Meeresressourcen vor riesige Herausforderungen. Informationen über den Status von Fischen und Schalentieren liegen nur für rund 200 kommerziell bedeutende Arten vor, darunter Thunfisch, Lachs, Jakobsmuschel und ein paar Walarten, für die am meisten Daten verfügbar sind. Abundanzschätzungen beruhen meist auf Fangstatistiken, die üblicherweise von den Fischern selbst stammen. Selbst wenn die Zahl mariner Arten näher bei einer als bei zehn Millionen liegen sollte: Dass wir nur über die Diversität (Zahl der Arten), Distribution (wo sie leben) und Abundanz (Zahl der Individuen) von 200 Arten etwas wissen, ist einfach unangemessen, sowohl vom wissenschaftlichen als auch vom Managementstandpunkt aus.

## Der Census of Marine Life

Drei Jahre nachdem die Idee einer „Volkszählung in den Weltmeeren" geboren worden war, hatten sich 60 Forscher aus 60 verschiedenen Institutionen in 15 Ländern einem wachsenden Projekt angeschlossen – dem Census of Marine Life –, um »die Diversität, Distribution und Abundanz marinen Lebens zu erforschen und zu erklären«. Ihre Ziele waren hochgesteckt und umfassten die Untersuchung allen Lebens in den Weltmeeren, von den Mikroorganismen bis zu den Walen, von der Wasseroberfläche bis zum Meeresboden, von Pol zu Pol. Fernziel war es, herauszufinden, wie sich die Populationen mariner Tiere über die Zeit verändert haben und ändern werden. (2008 war die Zahl der Beteiligten auf 2 000 Wissenschaftler aus 82 Nationen angewachsen und das finanzielle Engagement für das Projekt hatte 500 Millionen US-Dollar überschritten.)

Um diese weit gefassten Ziele einordnen zu können, ist es nützlich zu wissen, was der Census in jeder der genannten Kategorien zu erreichen hofft:

*Diversität:* Der Census beabsichtigt, die allererste umfassende Liste sämtlicher Lebensformen in den Weltmeeren zusammenzustellen. Es geht außerdem um die Frage, wie viele Arten noch nicht bekannt, d. h. noch zu entdecken sind.

*Distribution:* Der Census will Karten erarbeiten, aus denen die großräumige Verbreitung und kleinräumige Verteilung der Meerestiere hervorgeht: wo sie beobachtet werden können, wo sie sich zu welchem Zweck aufhalten – wo sie existieren können. Letzteres ist besonders wichtig, wenn es darum geht, zu beurteilen, wo die Tiere im Falle weiterer Klimaveränderungen überleben können.

*Abundanz:* Ziel ist es, die Größe möglichst vieler Populationen mariner Lebewesen nach Anzahl und Gewicht – auch als Biomasse bekannt – abzuschätzen.

Zur Bewertung der Diversität, Distribution und Abundanz marinen Lebens stellte sich der Census of Marine Life drei Fragen: Was lebte in den Meeren? Was lebt aktuell in ihnen? Was wird in ihnen leben?

*Diese Tiefwasser-Qualle* (Crossota norvegica) *wurde 2005 während einer Census-Expedition in die Tiefen des Kanadischen Beckens fotografiert.*

*Kaltes, salziges, dichtes Wasser (die hellblaue Linie) taucht in den nördlichen Polarregionen der Erde ab und wandert im westlichen Atlantik nach Süden.*

*Die Strömung wird „aufgeladen", wenn sie an den Küsten der Antarktis entlangfließt und mehr dichtes, kaltes, salziges Wasser aufnimmt.*

# Das globale ozeanische Förderband

*Die Weltmeere sind tatsächlich ein Ozean – ein Ozean mit fünf großen und tausend kleinen Namen. Kein Meer hat echte Grenzen, von den Kontinenten abgesehen. Die Wässer vermischen sich überall und die Bezeichnungen sind nur der Bequemlichkeit halber geographisch.* – Alan Villiers, Oceans of the World (1963)

Die Weltmeere sind in Wirklichkeit ein großer Wasserkörper, der aus fünf Ozeanen besteht – dem Pazifik, dem Atlantik, dem Südlichen, dem Indischen und dem Arktischen Ozean – und mehreren kleineren Meeren. Alle Ozeanbecken und Meere sind miteinander verbunden und bedecken zusammen etwa 71 Prozent der Erdoberfläche. Dieser riesige globale Ozean enthält ungefähr 97 Prozent des Wassers auf der Erde.

Die komplexe Zirkulation der salzigen Wässer der Weltmeere wird durch Winde kontrolliert, die oberflächennahe Strömungen induzieren, und durch das Abkühlen und Absinken von Wässern in den Polarregionen, die Tiefenströmungen bilden. Ein Tropfen Wasser, der über warme Oberflächenströmungen in den Atlantik transportiert wird, wird schließlich abkühlen und sinken. Dieser Tropfen wird in den Tiefenströmungen gefangen und in das große ozeanische „Förderband" mitgerissen, in dem er Tausende von Kilometern transportiert wird. Letztendlich wird er im Nordatlantik wieder an die Oberfläche kommen – eine Reise, die fast 1 000 Jahre dauert.

Wind induziert die Meeresströmungen in den oberen 100 Metern, Strömungen fließen aber auch Tausende von Metern unter der Oberfläche. Diese ozeanischen Tiefenströmungen werden durch Unterschiede in der Dichte des Wassers hervorgerufen, die von der Temperatur und dem Salzgehalt abhängt, ein Prozess, der als thermohaline Zirkulation bekannt ist.

Das globale ozeanische Förderband wird durch viele verschiedene physikalische Faktoren angetrieben. Oberflächenzirkulation bringt warme tropische Oberflächenwässer zu den Polen. Unterwegs wird Wärme abgestrahlt und von der Atmosphäre absorbiert. Wenn sich das ozeanische Oberflächenwasser in den Wintermonaten den Polarregionen nähert, wird es weiter abgekühlt, sinkt ab und vereinigt sich mit den

*Die Hauptströmung spaltet sich auf, ein Teil fließt nach Norden in den Indischen Ozean, während der andere in den westlichen Pazifik strömt.*

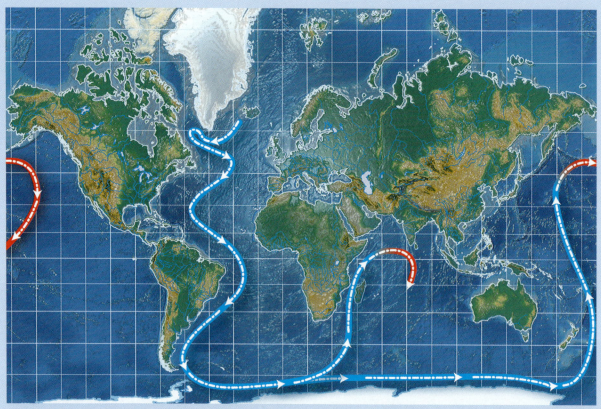

*Die beiden Arme der Strömungen erwärmen sich und steigen auf (die roten Linien), während sie nordwärts wandern, dann fließen sie in Schleifen süd- und westwärts zurück.*

*Die nun erwärmten Oberflächenwässer zirkulieren weiter um den Globus, bis sie schließlich in den Nordatlantik zurückkehren, wo der Kreislauf von Neuem beginnt.*

SCHATZKAMMER OZEAN

Tiefenströmungen, besonders im Nordatlantik und in der Nähe des antarktischen Kontinents.

Kaltes ozeanisches Tiefenwasser erwärmt sich allmählich, und seine Dichte nimmt ab, wenn es Richtung Äquator wandert. Schließlich kommt es wieder an die Meeresoberfläche. Sobald es dort angekommen ist, wird es mit der Oberflächenströmung zurück in die Polarregionen transportiert, wo es abkühlt und sinkt – der Kreislauf beginnt von Neuem. Die Geschwindigkeit des Kreislaufs bestimmt die Zeit, in der Wärme aus dem warmen Meerwasser in die Atmosphäre abgegeben wird. Sinkt die Geschwindigkeit des ozeanischen Förderbands, wird mehr Wärme zwischen dem Meer und der Atmosphäre ausgetauscht, was zu einer weiteren Erwärmung des Erdklimas beiträgt.

In den Polarregionen der Erde friert das Meerwasser zu Meereis. Das umgebende Meerwasser wird salziger, da bei der Eisbildung Salz zurückbleibt. Wird das Wasser salziger, nimmt seine Dichte zu, und es beginnt zu sinken. Oberflächenwasser fließt nach, um das sinkende Wasser zu ersetzen, und wird seinerseits schließlich kalt und salzig genug, um abzusinken. Das löst die ozeanischen Tiefenströmungen aus, die das globale ozeanische Förderband antreiben.

Dieses Tiefenwasser wandert zwischen den Kontinenten südwärts, über den Äquator und bis zu den Landspitzen Afrikas und Südamerikas. Während die Strömung die Antarktis umfließt, kühlt das Wasser wieder ab und sinkt erneut, Gleiches passiert im Nordatlantik. Auf diese Weise wird das Förderband wieder „aufgeladen".

Während das „Förderband" die Antarktis passiert, spalten sich zwei Teile ab und fließen nach Norden. Die eine Teilströmung fließt in den Indischen Ozean, die andere in den Pazifik. Diese Teilströmungen erwärmen sich und verlieren an Dichte, während sie nach Norden Richtung Äquator wandern, und gelangen so an die Oberfläche. In Schleifen bewegen sie sich dann süd- und westwärts zurück in den Südatlantik und erreichen schließlich wieder den Nordatlantik, wo der Kreislauf erneut beginnt.

Das globale ozeanische Förderband ist ein wesentlicher Bestandteil der Nährstoff- und Kohlenstoffdioxid-Kreisläufe im Meer. Warme Oberflächenwässer verarmen an Nährstoffen und Kohlenstoffdioxid, werden damit aber wieder angereichert, während sie das „Förderband" durchlaufen. Das Nahrungsnetz der Erde hängt von den kühlen, nährstoffreichen, aufquellenden Wässern ab, die das Wachstum von Algen und Tang fördern.

Veränderungen in den Strömungsverhältnissen können sich auf Wettererscheinungen auswirken. Eine bedeutende Variation ist in der Äquatorialregion im Ostpazifik zu beobachten. Starke El-Niño-Ereignisse können hier das Leben im Meer dramatisch beeinflussen. Diese Erscheinungen treten auf, wenn eine Warmwasserschicht, die mit einer nach Osten fließenden Äquatorialströmung antransportiert wird, verhindert, dass kühles, nährstoffreiches Wasser, das das Nahrungsnetz antreibt, vor der Küste von Peru an die Oberfläche gelangt. Große Fischpopulationen brechen zusammen, und Seevögeln und Meeressäugern mangelt es somit an Futter – dies ist nur ein Beispiel für die Wechselwirkungen zwischen der Zirkulation des Meerwassers und der marinen Tierwelt.

Forschungsergebnisse legen nahe, dass der Klimawandel das ozeanische Förderband beeinflusst. Führt die globale Erwärmung zu einer Zunahme der Regenfälle über dem Nordatlantik und schmelzen gleichzeitig Gletscher und Meereis ab, kann dieser erhöhte Zufluss warmen Süßwassers die Bildung von Meereis verlangsamen. Damit kann weniger kaltes, salziges Wasser absinken und weniger warmes Oberflächenwasser nachfließen, die Strömung wird langsamer. Das kann zu weiteren Klimaänderungen führen.

*Oben: Globaler Klimawandel könnte das ozeanische Förderband stören, was zu möglicherweise drastischen Temperaturveränderungen in Europa und sogar weltweit führen und das Leben in den Weltmeeren beeinträchtigen und gefährden kann.*

## Was lebte im Meer?

Der erste Schritt bei einer Bestandsaufnahme des Lebens im Meer ist der Blick in die Vergangenheit. Census-Forscher stellten sich der Herausforderung und rekonstruierten die Entwicklung von Meerestier-Populationen seit der Zeit, zu der die Verfolgung durch den Menschen Bedeutung gewann – grob gesprochen über die letzten 500 Jahre. Staubige alte Aufzeichnungen aus Klöstern sowie Logbücher und sogar Speisekarten wälzend, suchten Teams von Fischereiwissenschaftlern, Historikern, Ökonomen und anderen nach Daten, die bisher verborgen geblieben waren. In Fallstudien betrachteten sie bestimmte Arten im südlichen Afrika, in Australien und etwa einem Dutzend anderer Regionen rund um den Globus. Dahinter stand die Vorstellung, dass diese Fallstudien zusammengenommen ein erstes verlässliches Bild des Lebens im Meer „vor Beginn der fischereilichen Nutzung" ergeben. Solche Aufzeichnungen über die langfristige Entwicklung von Meerestier-Populationen könnten dabei helfen, zwischen den Beiträgen natürlicher Fluktuationen in der Umwelt und den Auswirkungen menschlicher Aktivitäten zu unterscheiden, eine Erkenntnis, die sich bei der künftigen Festsetzung von Schutzzielen für Meeresarten als entscheidend erweisen könnte.

## Was lebt im Meer?

Festzustellen, was in den Weltmeeren lebt, ist ein komplexes Unterfangen. 14 Feldprojekte wurden beschlossen: Elf beschäftigen sich mit großen Lebensräumen wie den Eisozeanen und dem Meeresboden, während sich drei weltweit auf Artengruppen konzentrieren. Von Mikroorganismen bis hin zu den Walen wird alles in die Untersuchung einbezogen.

*Was lebte im Meer? 1946 wurden in einer Fischauktionshalle in Skagen, Dänemark, Hunderte Thunfische zum Verkauf angeboten, weit vor dem Zusammenbruch der Population des Roten Thun in den 1960er-Jahren, der von Census-Forschern dokumentiert wurde.*

Bei der Erforschung von Lebensräumen und Arten auf dieser globalen Ebene kamen verschiedene Techniken zum Einsatz: akustische (Schall) und optische (Kameras), Biologging (Markierung und Besenderung) und Genetik (DNA-Sequenzierung), ergänzt durch das Sammeln von Belegexemplaren. Die unterschiedlichen Methoden ermöglichten es den Forschern, das Meer aus der Sicht eines Tieres zu sehen und zu erleben, und jede einzelne lieferte eine andere Perspektive.

Schall half den Forschern, große Meeresgebiete zu untersuchen. Licht erfasste Details, die sonst im Dunkel verloren gewesen wären. Fotografien und Videos lieferten Informationen, wenn Tiefe, Druck und andere Gegebenheiten es unmöglich machten, lebende Exemplare zu fangen. Mithilfe der Genetik konnten Arten auch dann identifiziert werden, wenn keine vollständigen Exemplare verfügbar waren oder morphologische Vergleiche nicht hinreichten. Das Sammeln versorgte die Forscher mit realen Exemplaren, die sie untersuchen konnten, um die Bestimmung zu bestätigen und mehr darüber zu erfahren, wie ein bestimmtes Tier „tickt".

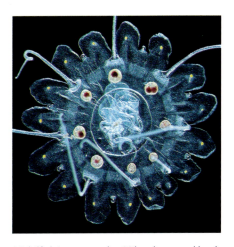

*Mithilfe leistungsstarker Mikroskope und hoch entwickelter Digitalkameras können Census-Forscher Dinge sehen, die einst unsichtbar oder jedenfalls fast unsichtbar waren. Dieses Foto zeigt mikroskopisch kleines Zooplankton.*

*Hydrothermalquellen – Stellen auf dem Meeresboden, an denen heißes, mit verschiedenen chemischen Substanzen angereichertes Wasser durch Spalten in der Erdkruste aufsteigt – bieten zahlreichen und vielfältigen Formen marinen Lebens, deren Energiequelle chemische und nicht Sonnenenergie ist, Lebensraum. Zoarciden oder Aalmuttern schwimmen über einer Gemeinschaft von Röhrenwürmern der Art Riftia pachyptila über einer Hydrothermalquelle auf dem ostpazifischen Rücken. Bei den Krebsen handelt es sich um Bythograea-Arten.*

*Unter Hunderten von Tieren, die in einem kaum erforschten Gebiet des tiefen Kanadischen Beckens in der Arktis gesammelt wurden, befand sich diese bis jetzt unbestimmte Seeanemone. Sie wurde von einem ferngesteuerten Fahrzeug in einer Tiefe von über 2 000 Metern aufgesammelt. Das Exemplar ist etwa fünf Zentimeter lang und hat einen Durchmesser von drei Zentimetern.*

Mit einer Kombination dieser Methoden konnten die Wissenschaftler besser verstehen und nachvollziehen, wie die Tiere ihre Meeresumwelt wahrnehmen.

Sobald der Rahmen für die Untersuchung der Weltmeere gesteckt war, wandten sich die Census-Forscher einer weiteren Herausforderung zu: herauszufinden, wie man über verschiedene Zeitzonen, Kontinente und Kulturen hinweg zusammenarbeitet. Dieses soziale Experiment zeitigte überraschend positive Resultate. Englisch ist die gemeinsame Census-Sprache. Das Internet, Videokonferenzen und E-Mail stellten die Kommunikation sicher. Die einzelnen Expeditionen waren „Vereinte Nationen in Aktion", bei denen international zusammengesetzte Wissenschaftlergruppen Wissen, Erfahrung, Lebensraum und kulturelle Eigenarten teilten. Selbst wenn die Expeditionen mitten auf dem Meer weitab von jedem Land stattfanden, konnten die Wissenschaftler per

*Diese Zooplankton-Art (Clio pyramidata, eine Meeresschnecke aus der Gruppe der Flügelfüßer) gehörte zur ersten Gruppe von Tieren, deren Genom auf dem Meer sequenziert wurde. Dieses Kunststück wurde von einem internationalen Team von Census-Forschern mitten auf dem Atlantik vollbracht.*

Satellitenkommunikation Daten nicht nur untereinander austauschen, sondern auch – wenn sie online gingen – mit anderen Kollegen innerhalb der wissenschaftlichen Community und mit dem allgemeinen Publikum.

Der internationale Aspekt des Census hat zu einigen interessanten Konstellationen geführt. Zum Beispiel erarbeiteten 2006 auf einer zehnwöchigen Expedition an Bord des deutschen Forschungsschiffs *Polarstern* 52 Meeresforscher aus 14 Ländern die erste umfassende biologische Bestandsaufnahme einer 10 000 Quadratkilometer großen Fläche des antarktischen Meeresbodens. Die Daten wurden an die Australian Antarctic Division in Tasmanien, Australien, übertragen, die Koordination der Berichte übernahm das Alfred-Wegener-Institut für Polar- und Meeresforschung in Bremerhaven.

Eine andere Gruppe von 28 Census-Experten aus 14 Nationen untersuchte mit Schleppnetzen nur wenig untersuchte Tiefenbereiche im tropischen Meer zwischen der südöstlichen Küste der USA und dem Mittelatlantischen Rücken, um die Vielfalt und Abundanz des Zooplanktons zu inventarisieren und zu fotografieren. Bei 220 der vielen Tausend gefangenen Exemplare wurde auf See die

DNA sequenziert, was zur Entdeckung einer Anzahl neuer Arten führte. Die Gruppenmitglieder, die Jahrzehnte damit verbracht hatten zu lernen, wie man Arten einer Gruppe unterscheidet, leisteten bei der Durchsicht der erbeuteten Tiere internationale Fließbandarbeit, „die Henry Ford stolz gemacht hätte", wie es Rob Jennings, Leiter des bordeigenen „DNA-Teams" und Postdoc an der University of Connecticut in den Vereinigten Staaten formulierte.

**Was wird im Meer leben?**

Die Antworten auf die umfassendere und möglicherweise komplexere Frage nach dem, was zukünftig im Meer leben wird, hängen von den Untersuchungsergebnissen zur Vergangenheit und Gegenwart ab. Für eine Zukunftsvorhersage sind ausgefeilte Modellierungs- und Simulationsverfahren erforderlich. Das Census-Projekt, das sich mit der Zukunft der Meerestiere beschäftigt, hat neue statistische und analytische Instrumente entwickelt, mit denen es möglich ist, Daten aus vielen verschiedenen Quellen rund um den Globus zusammenzuführen. Bislang waren die Schlussfolgerungen ernüchternd.

Eine Studie sagte das Ende des weltweiten kommerziellen Fischfangs für 2050 voraus, sollten die aktuellen Trends andauern. Eine andere berichtete, die Diversität der wichtigsten Raubfische in den offenen Meeren habe aufgrund von Überfischung in den letzten 50 Jahren um bis zu 50 Prozent abgenommen. Eine weitere Studie ging der Frage nach, wie sich Veränderungen der Populationen großer Räuber auf die Populationen der kleineren Fische auswirken. Studien wie diese und andere haben den Bedarf an wissenschaftlich unterlegten Informationen belegt, um das Fischerei-Management zu verbessern, die Artdiversität zu bewahren, Lebensraumverluste rückgängig zu machen und die Auswirkungen von Verschmutzung in den Weltmeeren zu reduzieren. Vielleicht tragen sie auch dazu bei, dass wir intelligent und informiert auf den globalen Klimawandel reagieren können.

Von Anfang an wollten die Begründer des Census die gewonnenen Erkenntnisse einer breiten Öffentlichkeit zugänglich machen. Sie entschieden sich dazu, die Daten, sobald sie verfügbar waren, mittels einer interaktiven Website, die Zugriff auf alle Census-Daten bietet, zu veröffentlichen. Eine Internet-Datenbank mit der Bezeichnung OBIS (Ocean Biogeographic Information System; www.iobis.org/) enthält 21,9 Millionen Nachweise marinen Lebens (Stand Ende Oktober 2009) und wächst täglich.

Es wurde viel erreicht, seit die Idee 1997 geboren wurde, und es bleibt noch viel mehr zu entdecken. Mit zum Aufregendsten gehört, dass die Idee, mehr über das Leben unter der Wasseroberfläche zu erfahren, die Fantasie von Wis-

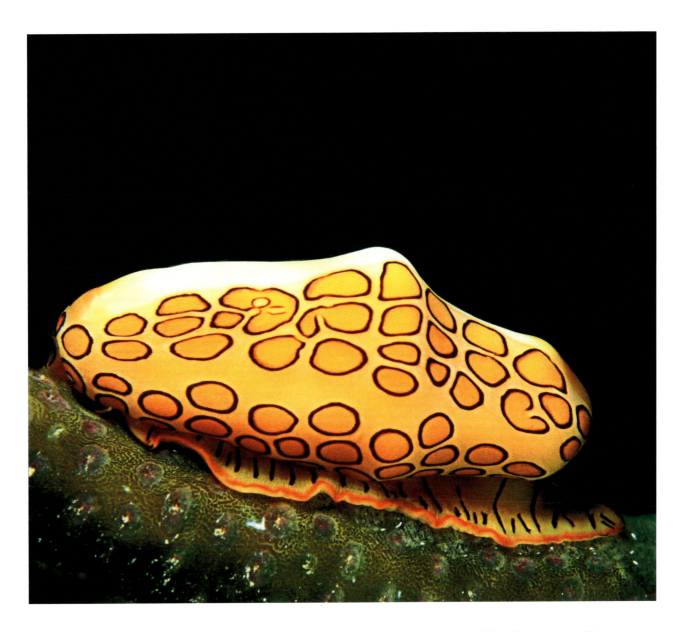

*Diese Flamingozunge (Cyphoma gibbosum) wurde in der Nähe von Grand Cayman, einer der Kaiman-Inseln in der Karibik, fotografiert und ist im Biodiversitätsinventar des Golfs von Mexiko verzeichnet.*

senschaftlern und Bürgern auf der ganzen Welt angefacht hat. Die Aussicht, Neues zu entdecken und einen Beitrag zur Zukunftsvorhersage zu leisten, hat Wissenschaftler, Verwaltungsleute und Stifter so fasziniert, dass diese außerordentliche wissenschaftliche Zusammenarbeit Realität werden konnte. Die Census-Forscher haben die Vision, über das Leben in den Weltmeeren mehr zu erfahren, das noch Unbekannte zu erforschen – und zu erkennen, was wir nie wissen werden.

Viele neue Entdeckungen warten noch auf uns.

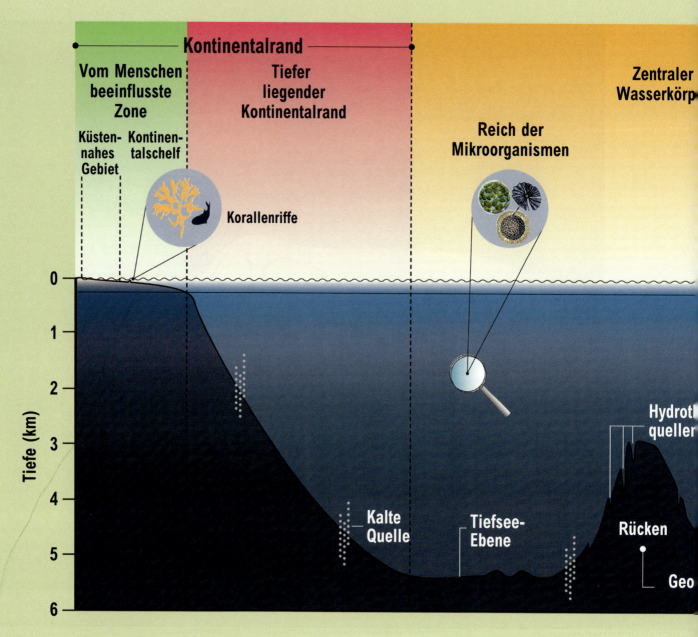

## Meeresbereiche

Um brauchbare Ergebnisse erzielen zu können, mussten die Census-Forscher die ausgedehnten Weltmeere in Bereiche einteilen, in denen Proben genommen und die umfassend untersucht werden können. Um diese fast unlösbare Aufgabe zu erfüllen, entschieden sie sich, die traditionelle Einteilung in Meeresregionen aufzugeben, und entwickelten stattdessen ein System von sechs Meeresbereichen. Dabei orientierten sie sich an den zur Verfügung stehenden Untersuchungs- und Sammelmethoden. Diese Bereiche sollten alle größeren Meeressysteme und taxonomischen Gruppen abdecken, deren Diversität, Distribution und Abundanz die Wissenschaftler dokumentieren wollten. Wegen des Mangels an Aufzeichnungen und Daten aus Tiefen von über 100 Metern war von vorneherein klar, dass eine quantitative Bestandsaufnahme aller Bereiche einfach nicht möglich war, selbst in einem ambitionierten Zehn-Jahres-Programm nicht. Es war den Beteiligten jedoch wichtig, weiter an der Entwicklung einer Referenzlinie oder eines Richtwerts zu arbeiten, an der/dem künftige Veränderungen gemessen und bewertet werden können.

Der Census unterteilte die Weltmeere in die folgenden Bereiche:

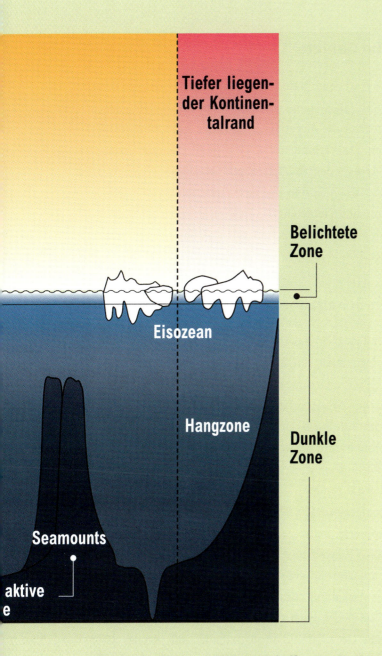

Kilometer um die Weltmeere und über alle Breiten und Klimate. Die Küsten-Schelfzone umfasst den Kontinentalschelf und schließt Korallenriffe ein.

**Kontinentalhänge und Tiefsee-Ebenen:** Der Census untersucht den Hangbereich der Kontinentalhänge, der an der Grenze des Küstenschelfs beginnt und sich bis in das Tiefseebecken erstreckt. Das Gebiet umfasst sowohl die Kontinentalhänge als auch die Tiefseebecken. Es gibt nur wenige biologische Daten für diese Gebiete, die aufgrund ihrer Unzugänglichkeit weitgehend unerforscht geblieben sind.

**Zentraler Wasserkörper:** Zwischen den Kontinentalhängen liegen die Meeresbecken und offenes Wasser, der zentrale Wasserkörper. Die Wissenschaftler unterscheiden die belichtete oder euphotische Zone, das Epipelagial – von der Meeresoberfläche bis in eine Tiefe von 200 Metern –, und die lichtlose oder aphotische Zone unterhalb 200 Meter Wassertiefe bis zum Meeresboden, das Meso- und Bathypelagial. In der belichteten Zone treffen wir auf driftende, aktiv schwimmende und wandernde Lebewesen. Die Pflanzen unter den Driftern – das Phytoplankton – dienen als Nahrung für das Zooplankton und das Nekton, die aktiven Schwimmer, darunter auch wandernde Arten, die die Meeresbecken durchqueren. Bei den Bewohnern der lichtlosen Zone werden entsprechend Mittelwasser- und Tiefenwasserbewohner unterschieden. Zusammengenommen erfolgen in diesen großen offenen Meeresgebieten mindestens 40 Prozent der Biomasseprimärproduktion der Welt.

**Geologisch aktive Gebiete:** Seamounts, Hydrothermalquellen und kalte Quellen bilden den Bereich der geologisch aktiven Zonen. Diesem Bereich verdanken die Census-Wissenschaftler eine Vielzahl neuer Arten.

**Eisozeane:** Zwei Census-Feldprojekte untersuchen die Meeresgebiete an den Polen der Erde: den Arktischen und den Südlichen Ozean, das Nord- bzw. Südpolarmeer. Für beide Projekte werden speziell ausgestattete eisbrechende Schiffe benötigt. Ausgefeilte Probenahme-Zeitpläne für die gesamte Wassersäule sind erforderlich, um eine bessere Vorstellung davon zu bekommen, was unter dem Eis und in den eisigen Gewässern dieser Regionen lebt.

**Das Reich der Mikroorganismen:** Mikroskopisches Leben existiert weltweit und spielt eine dominante Rolle bei den Prozessen, die in den Meeren ablaufen. Marine Mikroorganismen werden untersucht, um mehr darüber zu erfahren, wie Populationen von Mikroorganismen sich entwickeln, interagieren und sich in globalem Maßstab weiter ausbreiten.

**Küstennahe Zonen und Küsten-Schelfzonen:** Ein Kontinentalschelf ist eine allmählich abfallende Grenze zwischen dem Rand des Kontinents und dem Meeresbecken. Obwohl Kontinentalschelfe nur zehn Prozent der Meeresfläche ausmachen, beherbergen sie den größten Teil der bekannten marinen Diversität; sie liegen außerdem weitgehend innerhalb der nationalen Wirtschaftszonen. Der Census definierte diese vom Menschen besonders beeinflussten Regionen als Bereich zwischen der Tidenhochwasserlinie und dem Grund des Kontinentalschelfs und unterteilte sie in küstennahe Zonen und Küsten-Schelfzonen. Die küstennahe Zone zwischen der Tidenhochwasserlinie und einer Wassertiefe von zehn Metern erstreckt sich über mehr als eine Million

*Dieser Seestern wurde im August 2000 in der Cobscook Bay im US-Bundesstaat Maine in Küstennähe gefunden.*

## Küstennahe Gebiete

Census-Forscher wenden in den küstennahen Gebieten aller Breiten, Klimate und Ökosysteme standardisierte Untersuchungsmethoden an, sodass die Ergebnisse einander gegenübergestellt werden können. Das verbindende Projekt heißt „Natural Geography in Shore Areas" oder NaGISA (*nagisa* ist das japanische Wort für „Küstenlebensraum"); sein Ziel ist es, die Biodiversitätsmuster in den küstennahen Gebieten zu erfassen, darzustellen und zu erklären. Mehr als 120 Untersuchungsgebiete, die drei Viertel der Küstenlinie der Erde abdecken, wurden ausgewählt.

## Die Küsten-Schelfzone

Angesichts der Tatsache, dass viele Meeresarten über weite Entfernungen wandern, baut ein anderes Küstenprojekt unter der Bezeichnung „Pacific Ocean Shelf Tracking" (POST) ein permanentes akustisches Array entlang der nordamerikanischen Westküste auf, um juvenile Pazifiklachse und andere Arten, die teilweise nur bis zu zehn Gramm schwer sind, zu verfolgen. Den Fischen werden akustische Biologger implantiert, die individuell unterschiedliche Signale senden, welche von Empfängern, die an der Küste platziert sind, aufgefangen werden. Das ursprüngliche Tracking-System dient als Prototyp für ein größeres, weltweites Array, das eine Vielzahl von Tierarten – von Tintenfischen über Aale bis zu Walen – überwachen wird, denen bis 2010 akustische Biologger implantiert werden.

Wie wichtig es ist, die Bewirtschaftung einzelner Arten zu überprüfen, machten die jüngsten Krisen in der Fischerei-Wirtschaft deutlich. Neue Managementstrategien kristallisieren sich heraus. Grundlagen dafür liefert unter anderem das „Gulf of Maine Area"-Programm (GoMA) des Census, das biologische Daten ermittelt und sammelt, die für ein Ökosystem-basiertes Management im Meer erforderlich sind. Es bleibt zu hoffen, dass dieses Projekt Modellcharakter für künftige Bestrebungen dieser Art hat, indem es anwendbare Daten liefert, die zur Verbesserung des Managements von Fischereiressourcen rund um den Globus beitragen.

## Korallenriffe

Wissenschaftler schätzen, dass bisher weniger als zehn Prozent der Lebewesen, die in Korallenriffen leben, bekannt sind. Das Projekt „Census of Coral Reefs"

(CReefs) wurde gestartet, um zur Schließung dieser Wissenslücke beizutragen. Forscher setzen über Breitengrade und Klimate hinweg standardisierte Untersuchungsmethoden ein, um Diversitätsmuster zu erklären, bevor diese durch globale Veränderungen noch weiter beeinträchtigt werden.

## Kontinentalhänge

Die Kontinentalhänge, die oben an das Küstenschelf grenzen und sich allmählich bis in die tiefen Ozeanbecken absenken, sind wegen ihrer hängigen Topographie, der Entfernung zum Strand und deren Tiefe kaum untersucht. Bei der Erforschung dieser *hidden boundaries* arbeitet ein Census-Projekt unter der Bezeichnung „Continental Margin Ecosystems" (COMARGE) mit Ölfirmen zusammen, um Biodiversitäts-Referenzlinien für diese Randgebiete weltweit aufzustellen.

*Diese Seeanemone, die Lederanemone* Heteractis crispa, *wurde am Kingman Reef in den Line Islands fotografiert und ist mit Ausnahme von Hawaii über den tropischen Teil des Pazifik verbreitet. Sie lebt sowohl in stillen Lagunen wie in Kanälen mit rascher Strömung, ihre Färbung variiert von violett bis dunkelgelb. Als Nahrungsopportunist fängt sie Fische, Krebse und andere Rifflebewesen in ihren Tentakeln und transportiert sie zu ihrer zentral gelegenen Mundöffnung. Sie dient aber auch als Heimstätte für Clownfische oder Riffbarsche, die oft unbeeinträchtigt zwischen den Tentakeln leben.*

*Dieser blinde Hummer mit bizarren Scherenbeinen gehört zu der sehr seltenen Gattung* Thaumastochelopsis, *von der vorher nur vier Exemplare zweier Arten in Australien bekannt waren. Bei diesem Exemplar, in einer Tiefe von etwa 300 Metern in der Coral Sea, dem Korallenmeer, gesammelt, handelt es sich um eine neue Art.*

## Tiefsee-Ebenen

Der Tiefseeboden unterhalb der Basis des Kontinentalabhangs bedeckt ungefähr 40 Prozent der Erdoberfläche, die Landfläche der Kontinente macht dagegen nur 29 Prozent aus. Diese Region mit einer Wassertiefe von 4 000 bis 6 000 Metern umfasst große, relativ ebene Flächen, die Tiefsee-Ebenen genannt werden, über deren Bewohner sehr wenig bekannt ist. Das Projekt „Census of Diversity of Abyssal Marine Life" (CeDAMar) untersucht die biologische Vielfalt der Arten, die in diesen Regionen in und auf den Sedimenten sowie unmittelbar darüber leben. Die ersten beiden Expeditionen entdeckten Hunderte neuer Arten, und bis 2010 sind fünf weitere Expeditionen geplant. Wahrscheinlich wird CeDAMar einen der größten Beiträge zur Datenbank der marinen Arten liefern, ohne das Potenzial für Neuentdeckungen auszuschöpfen.

## Die euphotische Zone

Die Grundlage allen Lebens, an Land wie im Meer, ist die photosynthetische Aktivität pflanzlichen Lebens, das im Meer durch das Phytoplankton vertreten

*Neue Technologien vermittelten Census-Forschern einen Insiderblick auf die kleinen Tiere, die die Teile der Weltmeere besiedeln, in die Licht eindringt. Hier sucht ein Flohkrebs,* Eusirus holmii, *nach kleinen Beuteorganismen, um sie mit seinen kraftvollen Klauen zu packen.*

ist: Photosynthese betreibende Bakterien und Algen. Phytoplankton, das für fast 95 Prozent der Gesamtproduktivität im Meer steht, lebt in den oberen 200 Metern der Weltmeere, wo genügend Licht für die Photosynthese zur Verfügung steht. Phytoplankton dient dem Zooplankton als Nahrung, das von Copepoden dominiert wird, einer auch Ruderfußkrebse genannten Crustaceen-Gruppe. Der „Census of Marine Zooplankton" (CMarZ) untersucht das marine Zooplankton weltweit und setzt dabei neue und sich gerade entwickelnde Techniken ein – beispielsweise DNA-Sequenzierung, Video-Plankton-Rekorder, Multibeam-Sonar, Satellitenfernerkundung.

Die belichtete Zone beherbergt auch große schwimmende Tiere, die auf ihren Wanderungen die Ozeanbecken durchqueren. Mittels Besenderung und Echtzeit-Tracking erfahren die Wissenschaftler mehr über sie. Beim Census-Projekt „Tagging of Pacific Predators" (TOPP) liefern Meerestiere als Beobachter ein Bild der ausgedehnten Lebensräume der offenen Meere aus der Tierperspektive. Die Wanderungen der Spitzenräuber sind besonders faszinierend. Die TOPP-Forscher haben bereits über 2 000 Tiere aus 23 Arten markiert – vom Albatross über den Weißen Thun bis zu See-Elefanten und Tintenfischen.

## Die aphotische Zone: Mittelwasser und Tiefenwasser

Der Herausforderung, die dunkle, aphotische Zone zu untersuchen – Wassertiefen unterhalb 200 Metern –, stellte sich eine multinationale Forschergruppe, die sich zum „Mid-Atlantic Ridge Ecosystems"-Projekt (MAR-ECO) zusammengeschlossen hatte. Ihr Ziel war es, die Verteilung, die Abundanz und die trophischen (die Ernährung betreffenden) Beziehungen der Organismen, die im mittleren Nordatlantik in mittleren und größeren Tiefen leben, zu erforschen und zu verstehen.

Ein multidisziplinäres transatlantisches Forscherteam hat mit Schiffen und Unterwasserfahrzeugen Untersuchungen zwischen Island und den Azoren durchgeführt. Eine zweimonatige Untersuchung Mitte 2004 entlang des Mittelatlantischen Rückens war bis heute die umfassendste Bestandsaufnahme dieses Bereichs, sowohl qualitativ als auch quantitativ. Probenahmen erbrachten 45 bis 50 Tintenfischarten (darunter zwei potenziell neue) und 80 000 Exemplare von Fischen, von denen vermutlich viele für die Wissenschaft neu oder zumindest aus dem Nordatlantik unbekannt sind. Das Team beabsichtigt, seine Forschungen auf andere Ozeanbecken auszudehnen.

## Geologisch aktive Gebiete

*Hydrothermalquellen und kalte Quellen* Hydrothermalquellen sind Stellen auf dem Meeresboden, an denen kontinuierlich überhitztes, mineralreiches Wasser durch Spalten in der Erdkruste hervordringt. Kalte Quellen sind Gebiete auf dem Meeresgrund, wo Schwefelwasserstoff, Methan und andere kohlenwasserstoffreiche Fluide von derselben Temperatur wie das umgebende Seewasser langsam dem Meeresboden entweichen. Diese geologisch aktiven Gebiete werden im Rahmen des Census-Projekts „Biogeography of Chemosynthetic Ecosystems" (ChEss) untersucht. ChEss entdeckt laufend neue hydrothermale und kalte Quellen, vorwiegend im Atlantik entlang des Äquatorgürtels, im südöstlichen Pazifik und vor der Küste von Neuseeland, und die Wissenschaftler bauen eine globale Datenbank der gefundenen Arten auf. Seit der Entdeckung der ersten Hydrothermalquelle 1977 sind monatlich durchschnittlich zwei neue Arten entdeckt worden.

*Seamounts* Seamounts oder unterseeische Berge sind typischerweise steilwandige erloschene Vulkane, die unter der Meeresoberfläche liegen. Ein „offizieller" Seamount muss mindestens 1 000 Meter hoch sein. Die Gipfel dieser untermeerischen Gebirge sind normalerweise in einer Tiefe von wenigen Hundert bis wenigen Tausend Metern unter der Meeresoberfläche zu finden. Der „Census of Seamounts" (CenSeam) hat etliche Expeditionen in vorher wenig erforschte

*Gegenüberliegende Seite: Eine fantastische Ansammlung besonders schöner Tiere, wie dieser Tintenfisch* (Histioteuthis bonelli), *wurde in der vorher wenig untersuchten lichtlosen Zone der Weltmeere gefunden.*

*Eine überraschende Vielfalt von Arten ist an Stellen wie hydrothermalen Quellen, von denen die erste 1977 entdeckt wurde, zu finden. Dieser „Schwarze Raucher" liegt bei Logatech auf dem Mittelatlantischen Rücken.*

*Census-Forscher haben herausgefunden, dass hoch diverse Lebensgemeinschaften unterseeische Gebirgsgegenden auf der ganzen Welt bewohnen. Dies ist eine Gesellschaft von Granatbarschen (Hoplostethus atlanticus).*

Gebiete unternommen, um mehr darüber herauszufinden, was auf und in der Nähe verschiedener Seamount-Typen lebt und warum Arten in diesen einzigartigen Lebensräumen gedeihen. Wissenschaftler untersuchen außerdem den Einfluss kommerzieller Fischerei auf die Lebensgemeinschaften der Seamounts.

## Eisozeane

Zwei Census-Projekte beschäftigen sich mit dem Meer an den Polen. Für die Anreise sind speziell ausgestattete eisbrechende Schiffe erforderlich. Hoch entwickelte Probenahmegeräte ermöglichen die Untersuchung der gesamten Wassersäule zwischen Oberflächeneis und Meeresboden. Ziel des Projekts „Arctic Ocean Diversity" (ArcOD) im Nordpolarmeer ist es, vorhandenes Wissen über die Biodiversität in diesem am wenigsten bekannten Meer zusammenzutragen,

*Bestandsaufnahmen im Nordpolarmeer werden am häufigsten während der Sommermonate durchgeführt. Dennoch sind eisbrechende Schiffe erforderlich, um wenig untersuchte Gebiete zu erreichen.*

1. WAS WIR WISSEN, WAS WIR NICHT WISSEN UND WAS WIR NIE WISSEN WERDEN    49

*Der Verlust von Eis auf der Antarktischen Halbinsel hat neue Untersuchungsgebiete freigelegt, in denen Census-Wissenschaftler untersuchen, wie sich Leben in kalten, abgelegenen Südpolarmeerregionen an die dortigen Gegebenheiten anpasst.*

neue internationale Untersuchungen unter Einsatz aktueller Techniken und Methoden durchzuführen und die Grundlagen für das Verständnis und die Vorhersage biologischer Veränderungen in einem Meer zu liefern, dessen Eisbedeckung rasch abnimmt.

Das Pendant zu ArCOD, der „Census of Antarctic Marine Life" (CAML), sammelt umfangreiche biologische Daten im Südpolarmeer und fordert alle Expeditionen in dieses Gebiet dazu auf, sich an der Erforschung der Biodiversität zu beteiligen. Im Rahmen von CAML fanden während des Internationalen Polarjahres, das im März 2009 zu Ende ging, 18 Expeditionen statt. Ziel ist es, diese neu gewonnenen biologischen Erkenntnisse mit der komplexen aktuell zu beobachtenden Dynamik des Lebens in den Weltmeeren in Beziehung zu setzen.

## Mikroorganismen

Die Zahl der Mikroorganismen in marinen Lebensräumen ist atemberaubend. Census-Forscher haben in einem Liter Meerwasser mehr als 20 000 mikroskopisch kleine Organismen gefunden. Das „International Census of Marine Microbes"-Projekt (ICOMM) baut eine Biodiversitätsdatenbank für marine Mikroorganismen auf. Ziel ist es zu verstehen, wie sich Populationen von Mikroorganismen – den ältesten Lebensformen unseres Planeten – entwickeln, wie sie interagieren und sich in globalem Maßstab weiter verbreiten. Die gewonnenen Erkenntnisse können zu einer Neudefinition von biologischer Vielfalt beitragen – von der Ebene der Mikroorganismen bis hin zu den großen Meeressäugern, die die Weltmeere durchqueren.

*Der antarktische Eisfisch ist ein Beispiel dafür, wie Leben sich an die Verhältnisse unter einer zusammengebrochenen Schelfeisplatte im Südpolarmeer anpasst. Dieser Fisch hat keinen roten Blutfarbstoff (Hämoglobin) und keine roten Blutkörperchen. Weil sein Blut dünn ist, kann er Energie sparen, die er sonst dazu benötigen würde, dickeres Blut durch seinen Körper zu pumpen.*

# Eine Galerie der Mikroorganismen

*Mikroorganismen sind schwierig zu bestimmen, mannigfaltig und in vielen Fällen sehr schön. Diese Mikroorganismen wurden mit einem Elektronenmikroskop fotografiert.*

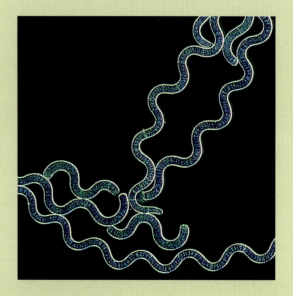
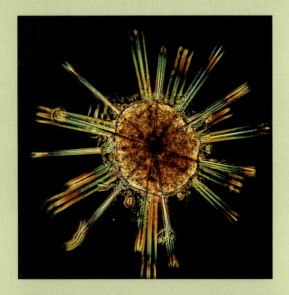
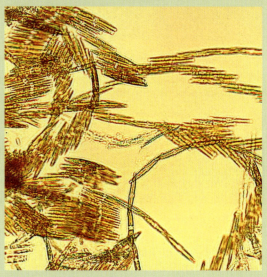
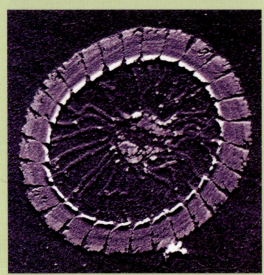
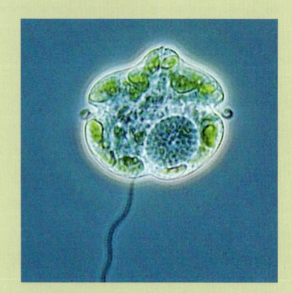

52 SCHATZKAMMER OZEAN

KAPITEL 2

# Ein Bild der Vergangenheit

*Um die Gegenwart zu verstehen und die Zukunft vorauszusagen, muss man zunächst die Vergangenheit verstehen.*
– Patricia Miloslavich, Leitende Wissenschaftlerin, Census of Marine Life, Simón-Bolívar-Universität, Caracas, Venezuela

Bei allen Vorhaben ist es ohne Kenntnis der Vergangenheit unmöglich, die gegenwärtige Situation in einen Zusammenhang einzuordnen und vorauszusagen, was die Zukunft bringen wird. Geschichtlicher Kontext wie Erinnerung liefern den Hintergrund für die aktuellen Bedingungen und können auf Szenarien und Trends für die Zukunft schließen lassen. Die Census-Forscher waren sich dessen von Anfang an bewusst, es erwies sich aber als gar nicht so einfach, ein Forschungsprogramm aufzustellen, das mit angemessenem zeitlichen wie materiellen Aufwand genau und mit glaubwürdigem Ergebnis ermittelt, was einst in den Weltmeeren lebte. Um diese Frage beantworten zu können, beschäftigten sich die Wissenschaftler mit der Entwicklung der Meerestierpopulationen in der Vergangenheit.

## Was einst im Meer lebte

Was lebte einst im Meer? Die Beantwortung dieser Frage erforderte eine neue Perspektive, die den Begriff „meereskundliche Wissenschaft" großzügig interpretierte und einen multidisziplinären Ansatz verfolgte. Nach eingehenden Verhandlungen setzten Fischereiwissenschaftler, Meereshistoriker, Meeresökologen und weitere Experten auf angrenzenden Gebieten einen Zeitrahmen für die Erfassung und Bewertung der Geschichte der Meerestiere und ihrer Bestände fest, wobei sie sich zunächst auf die letzten 500 Jahre konzentrierten. Das korrespondiert mit dem Beginn der europäischen Expansion nach Afrika, Asien und

*Gegenüberliegende Seite:*
*Winslow Homer, 1836–1910*
The Fog Warning, *1885*
*Öl auf Leinwand 76,83 x 123,19 cm*
*Museum of Fine Arts, Boston*
*Otis Norcross Fund, 94.72*

in die westliche Hemisphäre, der bald darauf die allererste globale Ausdehnung kommerziellen Fischfangs folgte. Es ist weithin akzeptiert, dass die Menschen den Lebensraum Meer schon deutlich vor 1500 beeinflussten, aber für die Zeit danach stehen deutlich mehr Aufzeichnungen zur Verfügung. Die Forscher von heute suchten daher in Archiven nach historischen Daten über Fische und Fischerei. Die Meeresforscher, Archäologen, Paläozoologen und anderen Forscher beschränkten ihre Recherchen aber nicht auf den ursprünglich vereinbarten 500-Jahres-Zeitraum, sondern analysierten auch eine Vielzahl älterer Hinweise – manche Tausende von Jahren alt – zur Nutzung von Fischen und anderen marinen Ressourcen und erfuhren auf diese Weise mehr darüber, wie sich die Fischbestände über die Zeit veränderten.

Muschelhaufen in der Blombos Cave, einer Höhle in Südafrika, die möglicherweise rund 140 000 Jahre alt sind, dokumentieren, dass die Menschen Meerestiere schon vor der Entwicklung der Landwirtschaft und der Städte nutzten. Wandmalereien aus dem alten Ägypten, aus Kreta und dem Yucatán der Mayazeit, die Angelhaken aus Walknochen sowie die mündlichen Überlieferungen der Inuit und Polynesier sind nur einige der zahllosen Beispiele, die illustrieren, wie das Meer zum Wohlstand früher Zivilisationen beitrug. Jedoch wurden weder der menschliche Einfluss auf marine Ökosysteme noch die Rolle der Meeresressourcen in der frühen menschlichen Entwicklung weiter gehend untersucht. Bis vor Kurzem beurteilten Meeresökologen den aktuellen Status kommerziell genutzter Meeresfische üblicherweise anhand von Daten, die nach dem zweiten Weltkrieg gesammelt worden sind. Historische Daten wurden weitgehend ignoriert, da sie den strengen wissenschaftlichen Standards nicht genügten.

### Was ist natürlich?

1995 prägte der Fischereibiologe Daniel Pauly von der University of British Columbia den Begriff *shifting baselines* – sich wandelnde Referenzlinien – um zu beschreiben, wie Standards, die definieren, was normal ist, sich mit der Zeit ändern können. Pauly behauptete, aufeinander folgende Generationen von Meeresforschern hätten Veränderungen übersehen, die sich vor ihrer Zeit in den Meeren abgespielt haben, da Menschen auf der Grundlage ihrer eigenen Erfahrung beurteilen, was „natürlich" ist. Informationen über die „natürliche Umwelt" in der Vergangenheit waren nur in Form von Geschichten und Anekdoten verfügbar, nicht in Form quantifizierbarer Daten über die Zeit, auf die sich Wissenschaftler üblicherweise stützen. Auf diese Weise verschoben sich die Ausgangsbedingungen für „normal" mit jeder Generation von Wissenschaftlern weiter ins Unnatürliche.

Referenzlinien für intakte Ökosysteme sind wichtige Richtwerte, weil sie Standards darstellen, an denen Veränderungen gemessen werden können. Diese Standards bilden die entscheidende Grundlage, um die Größenordnung, die Geschwindigkeit und die Richtung von Veränderungen in Meeresökosystemen über die Zeit zu bestimmen und zu beurteilen, bis zu welchem Grad der Wandel das Ergebnis menschlicher Aktivitäten ist. Bei der Bestimmung des Umfangs der Nutzung und des Einflusses des Klimawandels auf globale marine Ressourcen spielen sie ebenfalls eine wichtige Rolle.

2001 rückte Jeremy Jackson von der Scripps Institution of Oceanography die Realität sich ändernder Referenzlinien ins Rampenlicht der Öffentlichkeit, als er und 18 Co-Autoren die Ergebnisse ihrer Analyse historischer Daten zum Leben in den Küstengewässern rund um den Globus veröffentlichten. Jackson und sein Team schlussfolgerten, dass Überfischung schon seit mehr als 100 Jahren gang und gäbe ist: in der Karibik, in der Chesapeake Bay, vor Kalifornien und Australien – überall. Es ist fast unmöglich sich vorzustellen, wie sehr die Meere der Vergangenheit vor Leben wimmelten.

Diese bahnbrechende Veröffentlichung beeinflusste die Einstellung der Menschen zum Meer, und es entstand der Wunch, seine Geschichte zu verstehen. Die historische Perspektive wurde zum integralen Bestandteil der Census-Arbeit. 2003 waren Forscher dann damit beschäftigt, mühselig lange historische Datenreihen zu den Beständen von Meerestieren zusammenzustellen mit dem Ziel, natürliche Fluktuationen von den Einflüssen menschlicher Aktivitäten zu unterscheiden. Schlussendlich werden die Ergebnisse der 16 historischen Fallstudien des Census das erste verlässliche Bild des Lebens im Meer vermitteln – bevor der menschliche Einfluss signifikant wurde und danach.

Um die Dynamik in Ökosystemen besser zu verstehen, beschäftigten sich die Wissenschaftler mit den langfristigen Veränderungen in der Abundanz marinen Lebens. Sie untersuchten außerdem die ökologischen Auswirkungen permanenter Nutzung durch den Menschen in großem Maßstab und die Rolle, die marine Ressourcen in der Entwicklung der menschlichen Gesellschaft spielten. Ein weiteres Ziel war es zu zeigen, dass gründliche quantitative Analysen des in historischen Dokumenten beschriebenen Zustands von intakteren Beständen und Lebensräumen dazu beitragen können, realistische Managementziele zu formulieren und die Erholung der Bestände und Lebensräume zu ermöglichen. Dieses Programm erforderte einen multidisziplinären Ansatz und vereinte Forschungsmethoden und analytische Sichtweisen aus Meeresökologie, Meeresgeschichte, Archäologie und Paläoökologie. Keine Studie dieser Bandbreite und dieser Größenordnung war je durchgeführt worden, und die Wissenschaftler entdeckten bald, dass ein solches Projekt manche Hindernisse bereithielt, von denen die

*Zu den Primärquellen, die die Census-Forscher verwendeten, gehörten minuziös geführte Logbücher von Walfangexpeditionen.*

Beschaffung geeigneter Daten für die mathematische Modellierung nicht das geringste war.

## Walfangstatistiken, Speisekarten und sonstige Quellen

Da die schriftlichen Aufzeichnungen über Fischbestände in der Vergangenheit sich meist auf Arten mit kommerziellem Wert bezogen, konzentrierten die Forscher ihre Bemühungen zunächst auf diese. Als Erstes ging es darum, Daten zu marinen Arten in historischen Aufzeichnungen zu finden, sicherzustellen, zu transkribieren und zu interpretieren. Einige Quellen waren den Meereswissenschaften fremd und nie zuvor genutzt oder in dieser Weise miteinander in Beziehung gesetzt worden. Von Aufzeichnungen russischer Klöster aus dem 17. Jahrhundert und verstaubten alten Walfangstatistiken, die in Archiven rund um die Welt schlummern, bis hin zu australischen Anlandestatistiken aus dem 20. Jahrhundert, Berichten früher wissenschaftlicher Forschungsreisen seit Beginn des 19. Jahrhunderts und steuerlichen Aufzeichnungen aus dem Baltikum wurde alles ausgewertet. In einem Fall dienten Speisekarten amerikanischer Restaurants als Quelle, wegen der wechselnden Essgewohnheiten und als Indikator für die Verfügbarkeit und Bestandsgröße mariner Arten.

Von Fischknochen aus archäologischen Ausgrabungen im mittelalterlichen England und Schottland bis hin zu paläoozeanographischen Daten aus Estland,

*Census-Forscher griffen auf eine breite Vielfalt von Ressourcen zurück, um der Vergangenheit auf die Spur zu kommen. Hier sind einige der 200 000 Speisekarten abgebildet, die als Primärquellen dienten, um das wechselnde Angebot an Fischen und Meeresfrüchten – sowie deren Preis – über die Zeit zu verfolgen.*

58 SCHATZKAMMER OZEAN

*Veränderte Fischereimethoden und verbesserte Techniken hatten in vielen Fällen negative Auswirkungen auf Fischbestände. Das Foto zeigt eine Reuse zum Fang von Lachsen am Kitsa, einem Nebenfluss des Kola in Russland, um 1850.*

*Links: Der Heilbutt ist aufgrund von Überfischung im Nordatlantik nahezu verschwunden, und die Exemplare, die heute gefangen werden, sind viel, viel kleiner als dieses Prachtexemplar auf einer Postkarte von etwa 1910, die ein 123 Kilogramm schweres Tier zeigt, das vor Provincetown im US-Bundesstaat Massachusetts gefangen wurde.*

*Unten: Census-Forscher stellen fest, dass Größe und Verfügbarkeit vieler mariner Arten anders sind als früher. In vielen Fällen werden heute weniger und kleinere Fische angelandet. Dieser große Kabeljau wurde vor Mohegan Island im US-Bundesstaat Maine gefangen.*

2. EIN BILD DER VERGANGENHEIT 59

*Alte Postkarten dokumentieren die Vergangenheit der Fischerei in verschiedenen Regionen. Diese hier zeigen den Fang großer wie kleiner Walarten vor Cape Cod um 1900. Es war weitgehend in Vergessenheit geraten, dass vor gerade einmal 100 Jahren in der Cape Cod Bay und in der Nähe der Stellwagen Bank, beide im US-Bundesstaat Massachusetts, Walfang betrieben wurde.*

wo Archäologen Knochen importierter Kabeljaue fanden, die aus dem späten 13. Jahrhundert stammten, reichte die Spanne der nicht schriftlichen Quellen. Ergebnis all dieser Recherchen ist eine Zeitreihe von Bestandsgrößen und geographischer Verteilung, die mit Informationen über den Einfluss von Fischerei, Klimaschwankungen und anderen Faktoren, die Veränderungen in der Meeresfauna hervorgerufen haben könnten, gewichtet wurde.

Die Forscher, die die Entwicklung der Populationen von Meerestieren untersuchten, arbeiteten in Teams, die sich auf eine bestimmte Region oder eine spezische Artengruppe konzentrierten. Ziel war es, über die Weltmeere hinweg verschiedene Zeiträume abzudecken. Daher reichten die Untersuchungen von breit angelegten – etwa zur Entwicklung des weltweiten Walfangs im Wandel der Zeiten – bis zu lokal begrenzten – z.B. zu den Auswirkungen der Ausweitung des traditionellen indonesischen Haifangs im späten 20. Jahrhundert. In fast allen Fällen waren Geschick, Zielstrebigkeit, Beharrlichkeit, Standhaftigkeit, Willen zur Zusammenarbeit und, wie Brian MacKenzie, Census-Forscher an der Dänischen Technischen Universität, sagte, »mehr als nur ein bisschen Glück« erforderlich, um aussagekräftige Ergebnisse zu erzielen.

Die Census-Forscher nahmen diese Herausforderung an. Bis zu acht Jahre Arbeit stecken dahinter, wenn nach Abschluss der einzelnen Fallstudien die Resultate veröffentlicht werden. Eine umfassende Synthese aller Ergebnisse ist für den ersten Census 2010 in Vorbereitung. Die hier vorgestellten Forschungsmethoden und Ergebnisse zeigen die Komplexität der Arbeit und den potenziellen Wert der Forschungsergebnisse.

## Dokumente eines Niedergangs

Wenn Wissenschaftler den Schleier über der Vergangenheit des Meeres lüften und die Situation mit der heutigen vergleichen, sind die Ergebnisse häufig schockierend. Beispielsweise legen aktuelle Census-Erkenntnisse nahe, dass das Wattenmeer bis zu 1 000 Jahre länger als bisher vermutet negative Umweltveränderungen erfahren hat.

Mithilfe der Analyse und Synthese archäologischer und historischer Daten zu sozialen und ökologischen Veränderungen haben Census-Forscher unter Leitung von Heike K. Lotze von der Dalhousie University in Halifax in der kanadischen Provinz Nova Scotia eine Zeittafel von von Menschen induzierten negativen Umweltveränderungen in diesem seichten Teil der Nordsee erstellt. An Dänemark, Deutschland und die Niederlande angrenzend, spielte das Wattenmeer in der Geschichte für die lokale Bevölkerung eine wichtige Rolle als Quelle für Nahrung und andere Ressourcen sowie als Transportweg. Es überrascht nicht, dass sich die Nutzung durch den Menschen negativ ausgewirkt hat, aber die neuen Erkenntnisse deuten darauf hin, dass die Verschlechterung schon viel früher eingesetzt hat, als die Wissenschaftler bisher annahmen.

Die Forscher versuchten, eine Referenzlinie für den „natürlichen" Zustand des Wattenmeers zu ermitteln, und untersuchten dazu historische Aufzeichnungen, um herauszufinden, wie lange die Menschen diesen Teil des Meeres schon ausbeuten. Eine solche Referenzlinie würde das Ausmaß der negativen Veränderungen im Ökosystem deutlich machen und könnte eine wertvolle Grundlage für das zukünftige Management dieses intensiv genutzten Küstengebiets darstellen. Die Forscher waren überrascht, Belege für eine Übernutzung mariner Ressourcen zu finden, die mindestens 500 Jahre zurückreichen, statt der allgemein akzeptierten 150 Jahre. Eutrophierung – eine übermäßige Zufuhr von Nährstoffen wie Stickstoff und Phosphor – setzte vor ungefähr 100 Jahren ein, aber wie Aufzeichnungen zeigen, reichen durch den Menschen verursachte Veränderungen mindestens 1 000 Jahre zurück, in die Zeit, als die Küstenbewohner mit Deichbau zur Landgewinnung begannen.

Der Referenzzeitpunkt für ein „natürliches" Wattenmeer ist damit nicht mehr 1850 wie ursprünglich angenommen, sondern etwa das Jahr 1000, vor der normannischen Eroberung Englands. Er liegt damit weit außerhalb des Rahmens, der laufenden Monitoringprogrammen und aktuellen Managementplanungen zugrunde liegt. Aktuell werden Umweltveränderungen also an Referenzlinien gemessen, die für den falschen Zeitraum aufgestellt wurden. Die neuen Erkenntnisse vermitteln Wissenschaftlern, Politikern und der Öffentlichkeit ein vollständigeres Bild des menschlichen Einlusses auf das Wattenmeer, das bei der

*Menschliche Ausbeutung mariner Ressourcen gab es schon immer. Diese Zeichnung zeigt das Abschlachten von Stören im Hamburger Hafen Ende des 19. Jahrhunderts.*

Weiterentwicklung der Monitoring- und Managementpläne nützlich sein kann. Es können neue Ziele für die Wiederherstellung und Erholung der Lebensräume und Tierbestände entwickelt und durchgesetzt werden, Ziele, die die gesamten Veränderungen, die dieses Ökosystem über ein Jahrtausend erlebt hat, berücksichtigen.

Eine weitere historische Studie unter der Leitung von Heike Lotze untersuchte geschichtliche Veränderungen in Ästuaren – Flussmündungen ins Meer – rund um den Globus. Die Forscher verknüpften paläontologische, archäologische, historische und ökologische Daten, um Veränderungen bei wichtigen Tierpopulationen, Lebensräumen, Wasserqualitätsparametern und der Einwanderung von Arten zu beschreiben. Die Ergebnisse aus zwölf großen Ästuaren und Küstenmeeren zeichneten ein Bild des menschlichen Einflusses auf marine Küstenökosysteme von der Römerzeit bis heute. Lotze und ihre Kollegen kamen zu dem Schluss, dass menschliche Aktivitäten im Laufe der Zeit 90 Prozent der wichtigen marinen Arten dezimiert, 65 Prozent der Seegras- und Feuchtbiotope zerstört, die Wasserqualität zehn- bis tausendfach verschlechtert und die Einwanderung gebietsfremder Arten forciert haben. Außerdem hat sich der Niedergang in den letzten 150 bis 300 Jahren beschleunigt, als die Bevölkerung zunahm, der Bedarf an Ressoucen wuchs, Luxusmärkte sich entwickelten und die Industrialisierung sich ausweitete.

„In der Geschichte haben Ästuare und Küstenmeere eine bedeutende Rolle für die menschliche Entwicklung gespielt, als Quelle ozeanischen Lebens, Lebensraum für den überwiegenden Teil der kommerziell gefangenen Fische, als Ressource für unsere Wirtschaft und als Puffer gegen Naturkatastrophen", erklärt Lotze. „Trotzdem sind diese einst reichen und vielfältigen Gebiete eine

*Gegenüberliegende Seite:
Dieses Satellitenbild dokumentiert die verheerenden Wirkungen des Hurrikans Floyd (1999) auf die Outer Banks im US-Bundesstaat North Carolina. Grün zeigt Vegetation an Land und Phytoplankton im Wasser an.*

*Menschen haben für die Dynamik mariner Ökosysteme eine wichtige Rolle gespielt. Griechische Schwammtaucher haben beispielsweise mit ihrer fortgeschrittenen Tauchtechnik, die ihnen den Zugang zu unberührten, vorher nicht genutzten Gebieten erlaubte, die Schwammfischerei in Florida völlig verändert. Diese Taucher wurden ca. 1931 in Tarpon Springs im US-Bundesstaat Florida fotografiert.*

vergessene Ressource. Verglichen mit anderen Meeresökosystemen wie Korallenriffen wurde ihnen in der Presse nur geringe Aufmerksamkeit geschenkt, und sie stehen nicht auf der nationalen politischen Tagesordung. Bedauerlicherweise haben wir uns mit ihrer schleichenden Verschlechterung abgefunden."

Die Bestände der meisten Säugetiere, Vögel und Reptilien in den zwölf untersuchten Ästuaren waren um 1900 dezimiert und hatten bis 1950 mit dem wachsenden Bedarf an Nahrung, Öl und Luxusgegenständen wie Pelzen, Federn und Elfenbein weiter abgenommen. Fischarten wie die hoch geschätzten und leicht erreichbaren Lachse und Störe wurden zuerst dezimiert, gefolgt von Thunfischen und Haien, Dorsch und Heilbutt, Hering und Sardinen. Austern waren wegen ihres Werts und der Zugänglichkeit der Austernbänke ebenso wie wegen der zerstörerischen Erntemethoden die erste wirbellose Ressource, deren Bestand abnahm. Hauptgrund für die Schädigung der Ästuare ist die Ausbeutung durch den Menschen, die zu 95 Prozent für die Dezimierung von Arten und zu 96 Prozent für deren Auslöschung verantwortlich ist, häufig in Verbindung mit Lebensraumzerstörung. In Zukunft spielen jedoch möglicherweise invasive Arten und Klimawandel beim weiteren Niedergang dieser bereits beeinträchtigten Ressourcen eine größere Rolle.

Glücklicherweise gibt es auch positive Nachrichten. In den Mündungsgebieten, in denen im 20. Jahrhundert Schutzmaßnahmen ergriffen wurden, zeigen sich Zeichen der Erholung. Nach Aussagen der Census-Wissenschaftler erholen sich die Ästuare am schnellsten, wenn die kumulativen Wirkungen menschlicher Tätigkeiten abgemildert werden. In 78 Prozent aller Fälle reichte die gleichzeitige

Reduzierung von mindestens zwei Aktivitäten, wie z. B. Ressourcennutzung, Lebensraumzerstörung und Verschmutzung. In entwickelten Ländern scheinen die Ästuare auf dem Weg der Erholung zu sein. Das Bevölkerungswachstum in den Entwicklungsländern führt dort weiterhin zu steigendem Druck auf die Ästuare, der die Degradation noch erhöht und Maßnahmen zur Entschärfung der Situation erschwert. Die Census-Forschung hat den Wissenschaftlern aber ein wertvolles Werkzeug an die Hand gegeben: eine historische Referenzlinie, die zeigt, wie die Küstenökosysteme aussahen, bevor der Mensch eingriff, und die als Vision für die Wiederherstellung belastbarer Ökosysteme dienen kann.

## Das „Jahr Null" – auf der Suche nach einer zeitlichen Referenz

Ein anderes Census-Projekt nutzt direkte Beweismittel als Quelle – alte Fischknochen aus archäologischen Grabungen –, um die frühesten menschlichen Einflüsse auf häufige marine Arten zu bestimmen, mit dem Ziel, ein „Jahr Null" als Referenzwert für den Vergleich verschiedener Referenzlinien festzulegen. Proteine aus Fischskeletten, die aus archäologischen Grabungen gewonnen wurden, geben Einblicke in die Fischerei längst vergangener Zivilisationen. Wie James Barrett, Leiter des Projekts an der University of Cambridge, erläutert: „Eines unserer Hauptziele ist es, unter Verwendung von Knochen aus archäologischen Ausgrabungen das Auf und Ab der Fischerei zu kartieren." Im Endeffekt wollen die Wissenschaftler herausfinden, ob sie genau feststellen können, wie lange der Mensch marine Ökosysteme in Nord- und Westeuropa beeinflusst hat. Die Arbeit wirft viele Fragen auf, beispielsweise danach, wie lange man zurückgehen und welcher Rahmen untersucht werden sollte, um die Herkunft konkreter Spuren herauszufinden. Antworten auf so grundlegende Fragen zu erhalten, wie danach, welche Arten gefangen wurden, wer sie wann und wo fing und für welchen Markt, ist gar nicht so einfach, aber wichtig, um die historische Entwicklung der Fischereimethoden genau zu ermitteln.

Die Wissenschaftler interessierten sich nicht nur dafür, welche Fische gefangen und gehandelt wurden. Sie maßen auch den Gehalt stabiler Isotope in den Proteinen der Fischknochen. Proteine sind in Knochen noch nach Tausenden von Jahren vorhanden, sodass uns uralte Fischknochen erzählen können, was die Fische fraßen und wer sie fraß. Wissenschaftler nennen dies Trophiegeschichte. Da die größeren Fische an der Spitze des Nahrungsnetzes ein anderes Isotopenverhältnis zeigen als die kleineren auf den Ebenen darunter, können die Wissenschaftler anhand der in Fischknochen vorgefundenen Proteine feststellen, wo im Nahrungsnetz die Fische standen.

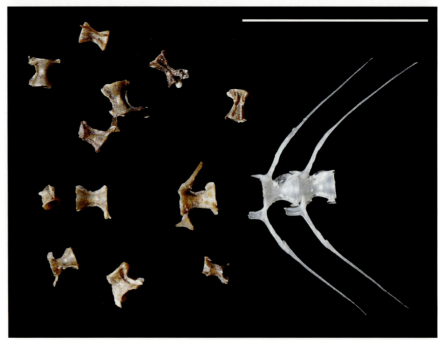

*Oben: Dieses Foto zeigt nur einen Teil der Fischknochen, die von einem Quadratmeter der Maglemosegård-Ausgrabung in Dänemark gewonnen wurden. Ungefähr 48 Prozent der 12 784 Knochen stammen von Gadiden, Vertretern der Familie der Dorsche, hauptsächlich Kabeljau.
(Die roten Balken auf dem Maßstab sind einen Zentimeter breit.)*

*Rechts: Diese Wirbel stammen von einer Sardelle, die von Steinzeitmenschen bei Krabbesholm in Dänemark gefangen wurden; zum Vergleich sind zwei miteinander verbundene Wirbel dargestellt.
(Der Maßstab ist einen Zentimeter lang.)*

66   SCHATZKAMMER OZEAN

James Barrett und sein Forscher-Team benutzen diese Methode, um herauszufinden, wann verschiedene Gesellschaften das Nahrungsnetz „leerfischten", wo die Fische gefangen wurden und ab wann Eutrophierung möglicherweise ein Problem darstellte. Durch die Untersuchung der Fischereimethoden in der Vergangenheit erhoffen sich die Wissenschaftler ein besseres Verständnis sowohl der natürlichen Schwankungen im Ökosystem als auch der vom Menschen verursachten Veränderungen in bestimmten Regionen.

### Der Einfluss der globalen Erwärmung

Um zu verstehen, wie sich die globale Erwärmung auf Meeresfische auswirkt, schloss sich Inge Bødker Enghoff vom Naturhistorischen Museum in Dänemark und der Universität Kopenhagen mit den Census-Kollegen Brian MacKenzie und Einar Eg Nielsen von Dänemarks Technischer Universität zusammen, um die Fischfauna in einer der wärmsten prähistorischen Zeitabschnitte zu untersuchen: dem warmen Atlantikum, etwa 7000 bis 3900 v. Chr. Bei der Untersuchung von 108 000 Fischknochen aus dieser Periode, die von archäologischen Fundstellen in Dänemark stammten, fanden die Forscher mehrere Arten – z. B. Sardellen und Streifenbrassen –, die typisch für weit südlichere und deutlich wärmere Gewässer wie die Biskaya und das Mittelmeer sind. Mit sinkenden Temperaturen verschwanden diese Arten, aber in den letzten zehn bis 15 Jahren, als die Temperaturen in den Gewässern rund um Dänemark anstiegen, tauchten sie wieder auf, wie kommerzielle Anlandungen und Untersuchungsergebnisse von Forschungsschiffen zeigen. Das Wiederauftauchen dieser Warmwasser-Arten zeigt, dass es mithilfe archäologischer Informationen möglich ist, die künftige Artenzusammensetzung vorherzusagen, wenn der Klimawandel fortschreitet und die Temperaturen weiter steigen.

### Fischerei-Management

Die innovativen, multidisziplinären Forschungsmethoden erlauben nicht nur einen Einblick in historische Bestände von Meerestieren, ihre Ergebnisse können auch nachhaltige Konsequenzen für das Management fischereilicher Ressourcen jetzt und in Zukunft haben. Ein Beispiel ist die Arbeit des Census-Forschers Andrew A. Rosenberg und seiner Kollegen an der University of New Hampshire. Sie unterzogen sich der gewaltigen Aufgabe, den Niedergang der Kabeljaubestände vor der Küste der kanadischen Provinz Nova Scotia zu dokumentieren, und fanden heraus, dass die Bestandszahlen vergangener Zeiten Bedeutung für aktuelle Managementinitiativen haben können. Sie wandten Modellierungsverfahren auf Daten an, die sie aus Fangstatistiken und Beobachtungen in Logbüchern des 19. Jahrhunderts gewonnen hatten, und nahmen eine erste Schätzung der Kabeljaubestände auf dem Scotian Shelf, einem 700 Kilometer langen Abschnitt des Kontinentalschelfs vor Nova Scotia, vor. Obwohl der Kabeljau einst eine dominate Art in diesem Ökosystem war, hat die Biomasse um 96 Prozent abgenommen. Gerade einmal 16 kleine Schoner aus der Zeit vor dem Amerikanischen Bürgerkrieg könnten den gesamten adulten Kabeljau aufnehmen, der nach Schätzungen 2005 dort lebte.

Unter Verwendung eines abgewandelten mathematischen Modells schätzten die Forscher die Kabeljau-Biomasse des Scotian Shelf im Jahr 1852 auf 1,26 Millionen Tonnen, heute sind es weniger als 50 000 Tonnen. Rosenberg betont, diese Schätzung sei in Wirklichkeit »ziemlich konservativ«. Darüber hinaus handelte es sich bei dem größten Teil der Kabeljaue, die durch Fischschoner angelandet wurden, um adulte Tiere, da es aufgrund der Größe der damals verwendeten Haken äußerst unwahrscheinlich war, dass kleinere Jungtiere gefangen wurden. Heute schätzt man, dass alle adulten Kabeljaue zusammengenommen 3 000 Tonnen wiegen und nur sechs Prozent der Kabeljau-Biomasse im Untersuchungsgebiet ausmachen.

Rosenberg weist darauf hin, dass die Ergebnisse seines Teams bisherigen Vorstellungen davon, wie ein wieder aufgebauter Kabeljaubestand in einer produktiven marinen Umgebung aussieht, widersprechen. Der höchste Schätzwert für die aktuelle Biomasse adulter Kabeljaue auf dem Scotian Shelf entspricht lediglich 38 Prozent des Fangs, den 43 Schoner aus Beverly im US-Bundesstaat Massachusetts 1855 heimbrachten. Wenn jetzt versucht wird, die Fischerei auf Kabeljau und andere Arten wieder in Gang zu bringen, sollte nach Ansicht von Rosenberg das ehemalige Potenzial des Bestands bei der Formulierung der Managementziele berücksichtigt werden.

*Dieser Haufen Abalone- oder Seeohren-Schalen auf einer Postkarte um 1920 illustriert die Realität sich verändernder Referenzlinien.*

## Eine neue Forschungsrichtung gewinnt Konturen

Neue Wege bei der Untersuchung der Fischerei in der Vergangenheit haben zur Etablierung einer neuen Forschungsrichtung geführt. Als ein Ergebnis der bahnbrechenden Arbeiten von Census-Forschern wurden drei Zentren für marine Umweltgeschichte errichtet: an der Universität von Roskilde in Dänemark, an der University of New Hampshire in den USA und an der University of Hull in Großbritannien. Diese Institutionen wirken als zentrale Koordinatoren des historischen Zweigs des Census of Marine Life. Sie definieren die Forschungsaufgaben, legen prioritäre Forschungsprojekte fest, unterstützen diese oder führen sie durch und stellen sicher, dass die einzelnen Studien synchronisiert werden. Die Zentren schulen außerdem Post-Graduates in den multidisziplinären Methoden ökologischer, historischer und paläoökologischer Forschung, damit der Reichtum aus der Vergangenheit die Managemententscheidungen der Gegenwart beeinflussen und in die künftige Meerespolitik Eingang finden kann.

Zweifellos hat der Census of Marine Life unser Wissen über das Leben in den Weltmeeren in der Vergangenheit und die Faktoren, die die Populationsgrößen von Meerestieren bestimmen, erweitert. Wir wissen heute auch mehr über die Rolle mariner Ressourcen in der Geschichte der Menschheit. Dadurch, dass er die Vorteile multidisziplinärer Teams bei der Bearbeitung komplexer wissenschaftlicher Fragestellungen aufzeigt, hat der umfassende Ansatz dazu beigetragen, die Art und Weise, in der Wissenschaft praktiziert wird, zu verändern. Was vielleicht das Wichtigste ist: Die historischen Referenzlinien für marine Arten und Ökosysteme, die der Census erarbeitete, können bei der Planung von Maßnahmen, die der Erholung bedrohter Ressourcen dienen, hilfreich sein, indem sinnvolle Ziele formuliert werden, die auf der Abundanz, Distribution und Biokomplexität intakter Populationen in der Vergangenheit basieren. Schließlich erfahren wir aus der Geschichte auch, auf wie vielfältige Weise die Menschen, die am Meer lebten, Wirkungen auf das Meer ausübten und von ihm profitierten. In diesem Zeitalter beispielloser Umweltveränderungen werden solche kulturellen Vorbilder, die hoffnungsvolle Alternativen zu Praktiken, die sich als nachteilig erwiesen haben, aufzeigen, immer wichtiger.

# Das Geheimnis der schwindenden Thunfisch-Bestände

Brian MacKenzie, ein Census-Forscher an Dänemarks Technischer Universität in Lyngby bei Kopenhagen, konzentrierte seine Recherchen auf die historischen Thunfisch-Bestände in den verschiedenen Teilen des Atlantiks, was ihn schließlich zu einer Art Privatdetektiv werden ließ. Statt in einem gewöhnlichen Labor oder im Feld zu arbeiten, verbrachte MacKenzie enorm viel Zeit in Bibliotheken, Regierungsgebäuden und an anderen Orten, an denen Dokumente aufbewahrt werden. Während er sich durch Fangstatistiken, Zeitungsausschnitte und alte Sportfischer-Zeitungen hindurcharbeitete, entdeckte er, dass einst üppige Bestände des Roten Thun an Stellen vorkamen, wo sie heute fehlen.

MacKenzies Untersuchung der Geschichte der Roten Thune wurde durch einen Zufall angeregt, unersättliche Neugier trieb sie voran. »Eines Tages saß ich in einer Bibliothek und stolperte über ein Buch über Thunfische in dänischen Gewässern aus dem Jahr 1949, als Thunfischfang sowohl kommerziell als auch als Hobby betrieben wurde. Mehr aus Neugier begann ich zu lesen und entdeckte, dass sich dahinter eine Geschichte verbarg, die erzählt werden musste. Das Buch berichtet von Roten Thunen, die bis 200 Kilogramm schwer und zwei Meter lang waren – so etwas gibt es heute vor der dänischen Küste nicht mehr.«

Sein erster Ausflug in die Bibiothek war der Beginn einer eingehenden Untersuchung und Überprüfung staubiger alter Regierungsberichte und früher wissenschaftlicher Veröffentlichungen über das Fischereiwesen, die auf Fangdaten basierten. Nach etwa 1937 verlangte die dänische Regierung Berichte über kommerzielle Anlandungen und führte eine Statistik, die gelegentlich ein paar Größendaten enthielt. Nachdem das dänische Material ausgeschöpft war, dehnte MacKenzie seine Recherchen auf andere Länder aus, darunter Norwegen, wo fünf- bis zehnmal mehr Fische angelandet wurden als in Dänemark. Die norwegische Regierung verfügte über ausführlichere Daten, zu denen Länge, Gewicht und Informationen zum Alter

*Thunfische waren in nordeuropäischen Gewässern Anfang des 20. Jahrhunderts überaus häufig und die europäischen Auktionshallen waren voll von ansehnlichen Exemplaren. Im Vordergrund sind elf Rote Thune zu sehen, die deutsche Fischer 1910 an einem einzigen Tag fingen.*

*Nordeuropäische Gewässer wimmelten bis Ende der 1950er-Jahre von majestätischen atlantischen Roten Thunen, wie dieser Fangerfolg zeigt.*

– auf der Basis von Schuppenringen – gehörten, die bis in die Mitte der 1960er-Jahre reichten, als die Fangzahlen beim Roten Thun deutlich zurückgingen.

Nachdem er sich zunächst auf Informationen aus formellen und informellen Regierungsdokumenten von den späten 1930er-Jahren bis in die frühen 1950er-Jahre konzentriert hatte, griff MacKenzie auf ältere, weniger formale Auflistungen, wie Berichte kommerzieller Vereinigungen von Fischereiunternehmen, zurück. Er stellte eine Sammlung von Fakten darüber zusammen, wo, wann und wie sich Thunfische sammelten – und gefangen wurden. Aus alten Bestimmungsbüchern entnahm er die Information, wann Rote Thune in der Nordsee, der Norwegischen See, in Skaggerak, Kattegatt und Öresund zu erwarten waren. Daten und Hinweise wie solche, dass Thunfische an Land gespült wurden, Fischer Schulen in bestimmten Gebieten gesehen haben und Thunfische als Beifang in strandnahen Heringsfallen gefangen wurden, verglich er mit genaueren wissenschaftlichen und amtlichen Aufzeichnungen und entwarf ein Bild des „Aufstiegs und Falls" des Roten Thun in nordeuropäischen Gewässern.

MacKenzie schloss sich mit einem Census-Kollegen zusammen, dem inzwischen verstorbenen Ransom A. Myers von der Dalhousie University, der sich mit der künftigen Bestandsentwicklung bei Meerestieren beschäftigte. Sie kombinierten die Ergebnisse ihrer Forschungsgebiete, wandten statistische Modellierungsmethoden darauf an und veröffentlichten 2007 eine Arbeit, in der sie die Abundanz der Populationen des Roten Thun in den nordeuropäischen Gewässern zu Beginn des 20. Jahrhunderts beschreiben. Die Fische erreichten die nördlichen Gewässer üblicherweise zu Tausenden Ende Juni und zogen spätestens im Oktober wieder ab, wobei ihre Nahrungszüge vermutlich mit den jahreszeitlich bedingten Temperaturunterschieden zusammenhingen.

In den 1920er-Jahren nahm die industrielle Fischerei an Fahrt auf. Die Zahl der gefangenen Roten Thune stieg beträchtlich an, was den Bedarf an diesen wohlschmeckenden Fischen weiter anheizte. Verbesserte Angelmethoden förderten auch die Sportfischerei und die damit verbundenen Geschäfte. Die Fänge waren gut und der Sport vergnüglich – es wird berichtet, dass 1928 ein Sportfischer in der Nähe der dänischen Insel Anholt an einem einzigen Tag 62 Rote Thune fing. Solche Erfolge entfachten bei den Sportfischern Begeisterung, und die Nachricht verbreitete sich schnell über Großbritannien, Norwegen und sonst überall im nördlichen Europa. Ein Beispiel für die neue Popularität dieser einst bescheidenen Angelei war die Gründung des Scandinavian Tuna Club, der bis in die frühen 1960er-Jahre in der Meerenge zwischen Dänemark und Schweden Wettangeln auf Rote Thune organisierte.

Boomende Fänge, sowohl durch Sportangler als auch durch Fischereiunternehmen, trugen zu einer Dezimierung der Population des atlantischen Roten Thuns innerhalb einer Generation bei. Ein explosionsartiger Anstieg des intensiven Fischfangs zwischen den späten 1930er-Jahren und der Mitte der 1960er-Jahre führte schließlich zu einem Zusammenbruch der Fischerei auf Thun und dem Verschwinden der Thunfische aus diesen Gewässern. MacKenzie erklärt: „Wir können nicht mit Sicherheit sagen, dass Überfischung der ‚rauchende Colt' beim Verschwinden des Roten Thun war – aber es war eindeutig Mord."

MacKenzie und seine Kollegen wurden dazu aufgefordert, ihre Untersuchungen zu erweitern. Sie fanden heraus, dass „Aufstieg und Fall" der Fischerei auf Roten Thun in nordeuropäischen Gewässern sich anderswo wiederholten: In den späten 1950er- und frühen 1960er-Jahren nahm der Thunfischfang vor der Küste Brasiliens und Nordargentiniens zunächst zu, um anschließend zusammenzubrechen; im Schwarzen Meer endete die Fischerei auf Thunfisch 1986. Diese Erkenntnisse regten MacKenzie dazu an, weiter zu forschen. Heute entschlüsselt er, wie Fischerei und Umweltvariablen wie Meerestemperatur, Nahrungsangebot und Wasserkreislauf die An- oder Abwesenheit von Thunfischen in bestimmten Gebieten beeinflussen, was wiederum Auswirkungen auf das Wander- und Ernährungsverhalten hat. Ziel seines Teams ist es, genau herauszufinden, was mit der Population des Roten Thun geschah, um, falls notwendig, alles unternehmen zu können, um eine erneute Populationsabnahme zu verhindern.

*Thunfische waren in nordeuropäischen Gewässern nach dem Ersten Weltkrieg so zahlreich, dass sich eine aktive Sportfischerszene entwickelte.*

## Thunfisch-Zeitstrahl

### Vor 1910
Vor 1910 wurden Rote Thune in nordeuropäischen Gewässern nur selten gefangen und selbst Sichtungen an den Küsten waren aufregende Ereignisse. Ein 2,7 Meter langer Fisch wurde 1903 an der deutschen Küste angespült. Es gibt jedoch archäologische Nachweise dafür, dass Thunfische im 15. bis 17. Jahrhundert in Dänemark und Norwegen gefangen wurden und sogar noch viel früher, ca. 7000 bis 3900 v. Chr.

### 1910 bis in die 1920er-Jahre
Immer besseres Know-how und bessere Ausrüstung, darunter Harpuniergewehre und hydraulische Netze, ermöglichten es den nordeuropäischen Fischern, steigende Mengen Roter Thune anzulanden. Allein in Göteborg, Schweden, wurden 1915 fast 8 000 Rote Thune (690 Tonnen) angelandet. Zwischen 40 und 700(!) Kilogramm brachten die Fische auf die Waage, die in den 1920er-Jahren gefangen wurden. Das Durchschnittsgewicht lag bei 50 bis 100 Kilogramm. In den 1920er-Jahren kulminierten auch die Fänge in Boulogne in Frankreich, dem Heimathafen der französischen Thun-Fischer in der Nordsee. 1929 baute Dänemark seine erste Thunfisch-Konservenfabrik, ein Meilenstein der industriellen Fischverarbeitung.

### 1940 bis in die 1950er-Jahre
Thunfischfang betreibende Länder wie Norwegen, Dänemark, Schweden und Deutschland hatten für 1910 fast keine Anlandungen des Roten Thun dokumentiert, aber 1940 berichteten sie zusammen Anlandungen von fast 5 500 Tonnen. Anlandungen von Roten Thunen in Rekordzahlen durch nordeuropäische Schiffe setzten sich während der 1940er-Jahre fort, und gegen Ende des Jahrzehnts erreichten sie das Niveau des traditionellen Fischfangs im Mittelmeer. 1949 waren 43 norwegische Schiffe auf Thunfischfang, im Jahr darauf waren es schon 200. In den frühen 1950er-Jahren überstiegen die norwegischen Fänge kurzzeitig 10 000 Tonnen pro Jahr.

*Thunfische waren groß, häufig und konnten ohne besondere Gerätschaften gefangen werden.*

TEIL 2

# WAS LEBT IM MEER?

KAPITEL 3

# Neue Technologien in der Meeresforschung

*Wir haben alles untersucht, von den kleinen Pflanzen, die in oberflächennahem Wasser treiben, bis hin zu den riesigen Walen, die die Meere durchqueren, die Vögel, die über den Wellen fliegen, die Fische, die in der Wassersäule schwimmen, und alle Arten von Invertebraten, die im Meer herumschwimmen und treiben. Wir haben auch die Tiere untersucht, die in, auf oder unmittelbar über dem Meeresboden leben, von den Tiefen der Täler bis zu den Gipfeln der untermeerischen Berge des Mittelatlantischen Rückens. Dabei haben wir Spitzentechnologie eingesetzt, von Satelliten, die die Erde auf zirkumpolaren Umlaufbahnen umkreisen, bis zu hoch spezialisierten Geräten, die in den extremen Tiefen des Meeresbodens operieren. Ich warte mit Spannung auf mehr solcher Gelegenheiten, von jeder bringen wir neues Wissen mit.*
– Birkir Bardarson, Pelagic Ecology Research Group, University of St. Andrews, während der MAR-ECO-Fahrt zum Mittelatlantischen Rücken, 16. August 2007

Reisen und Forschen im Meer ist wie Reisen und Forschen im Weltraum. Hier wie dort ist der Einsatz komplexer Technologien erforderlich, müssen neue Wege beschritten werden, um in extreme Gegenden zu gelangen – und wieder zurück. Und vor Ort brauchen die Wissenschaftler Mut, bisher unerforschte Regionen zu untersuchen. Wie die Erkundung des Weltraums wäre auch der Census of Marine Life nicht möglich ohne vielfältige Techniken und Methoden, durchdachte Ausrüstung und die Zusammenarbeit von Wissenschaftlern und Ingenieuren, die willens sind, bis an ihre Grenzen zu gehen, um neue Wege zu finden, das Leben in den Weltmeeren aufzuspüren, zu sammeln und besser zu verstehen.

Die Census-Forscher versuchen nach allen Regeln der Kunst, die gewaltige Aufgabe zu meistern, die Weltmeere von oben bis unten und von Pol zu Pol zu bepro-

*Seiten 74–75: Eine Qualle (Chrysaora melanaster) bewegt sich im Kanadischen Becken im Nordpolarmeer, einem Gebiet, das im Rahmen des Census of Marine Life untersucht wurde, durch das Wasser.*

*Gegenüberliegende Seite: Eine neue Kraken-Art aus der Gattung* Benthoctopus *hängt an einem Arm des bemannten Forschungs-U-Boots* Alvin. *Sie wurde im Golf von Mexiko gesammelt.*

*Weltraumspaziergang oder Tiefseetauchen? An diesem Tiefseeforscher sind die Parallelen zwischen der Raumfahrt und der Arbeit in der Tiefsee zu erkennen. Ohne diese spezielle Art Tauchgerät, Panzertauchanzug genannt, wäre die Arbeit des Forschers unmöglich.*

ben, wobei sie altbewährtes Handwerkszeug verwenden und neue Techniken implementieren, wenn für die anstehende Aufgabe nichts Passendes vorhanden ist. Verbesserte Techniken erlauben es den Census-Forschern auch, mehr über bereits untersuchte Gebiete zu erfahren. Zu ermitteln, was bekannt und was noch unbekannt ist, und herauszufinden, was wir vermutlich niemals über das Leben im Meer wissen werden, wäre ohne den Einfallsreichtum, die Kreativität und Ausdauer, die hinter den Entdeckungen des Census of Marine Life steht, nicht möglich.

## Die Fahrt in die Untersuchungsgebiete

Um die Tiere aus erster Hand zu beobachten und Material zu sammeln – die Grundlage für die Census-Forschung –, müssen die Wissenschaftler tief ins Herz des Meeres vordringen. Dafür sind sie auf verschiedene Arten von Fahrzeugen angewiesen. Große und kleine Forschungsschiffe (FS) sind ihre Hauptverkehrsmittel. Von kleinen Schiffen für Arbeiten in Küstennähe bis zu sehr großen Schiffen, die mehrere Monate auf See verbringen können, kommt für das Erreichen konkreter Untersuchungsgebiete alles zum Einsatz. Als mobile

*FS* Polarstern, *ein Forschungseisbrecher, setzt Forschungsausrüstung auf dem antarktischen Eis ab. Dieses einzigartige Fahrzeug ermöglicht Forschung in Gebieten, die vorher unerreichbar waren.*

Plattform für die Meeresforschung führen Forschungsschiffe normalerweise eine große Vielfalt an Sammel- und Beobachtungs-Ausrüstung mit; die meisten haben Laborplätze an Bord, sodass die Wissenschaftler noch während der Reise mit der Analyse des gesammelten Materials beginnen können. Manche Schiffe verfügen über spezielle dieselelektrische Motoren zur Verminderung von Lärm, der Fische und Meeressäuger verscheuchen könnte. Der Census of Marine Life setzt eine Vielfalt von Forschungsschiffen ein, darunter Eisbrecher, die die Forscher in die einzigartigen, eisbedeckten marinen Lebensräume bringen.

Ist die Untersuchungsstelle nach einer Reise an Bord eines Forschungsschiffs erreicht, beginnt die eigentliche Arbeit: das Beobachten und Sammeln marinen Lebens in seiner natürlichen Umgebung. Um in größere Tiefen zu gelangen, benutzen Wissenschaftler häufig bemannte Tauchboote, die auf den Forschungsschiffen mitgeführt werden. Diese Unterwasserfahrzeuge sind kompakt und in sich geschlossen, aber von einem Versorgungsschiff an der Oberfläche abhängig. Anders als die bekannteren Militär-U-Boote verfügen Forschungs-U-Boote nur über eine eingeschränkte Energieversorgung und begrenzte lebenserhaltende Kapazitäten. Sie sind für kurze Tauchgänge zum schnellen Sammeln von wissenschaftlichen Daten und Belegexemplaren von Organismen bestimmt. In manchen Fällen wurden jedoch Militär-U-Boote für ozeanographische Forschung umgerüstet. Als bekannte und vielfach eingesetzte bemannte Tauchboote sind *Alvin* und *Johnson Sealink* aus den USA und die russische *Mir* zu nennen. Für den Census ist auch die französische *Nautile* äußerst wichtig.

Die Arbeit in einem bemannten Tauchboot erfordert Geduld und die Fähigkeit, sich lange in äußerst beschränktem Raum aufzuhalten. In diesen Fahrzeugen kann man nicht stehen und sich kaum bewegen, sodass die vielen Stunden, die es dauert, um zu einer Untersuchungsstelle zu tauchen und anschließend an die Oberfläche zurückzukehren, den Arbeitstag sehr lang werden lassen!

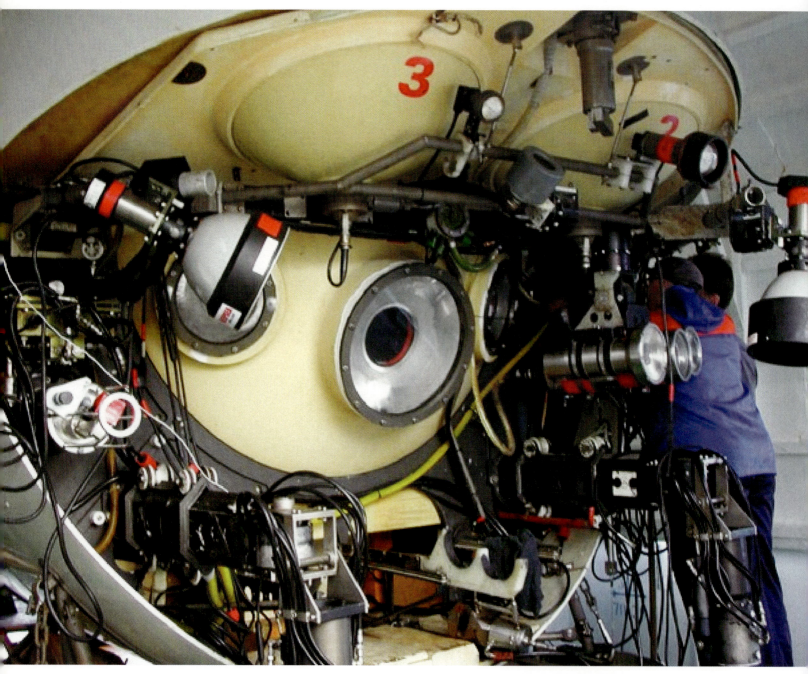

*Das russische Forschungs-U-Boot* Mir *trägt auf seiner Stirnseite eine Vielfalt von Sammel- und Beobachtungsinstrumenten.*

Bedenkt man die Ausdehnung der Tiefsee und das extrem eingeschränkte Blickfeld aus einem Tauchboot, sind manche Entdeckungen nur als Wunder zu betrachten. Trotz der genannten Nachteile wurden solche bahnbrechenden Entdeckungen wie die der Hydrothermalquellen in den späten 1970er-Jahren von Wissenschaftlern gemacht, die in Tauchbooten eingezwängt aus kleinen runden Fenstern den schwach beleuchteten Abgrund prüfend absuchten.

Oben: Das englische ROV (remotely operated vehicle, ein ferngesteuertes Fahrzeug) Isis *wird vom Heck eines Forschungsschiffs zu Wasser gelassen.*

Links: Piloten und Wissenschaftler steuern das ROV Isis *vom Kontrollraum eines Forschungsschiffs aus.*

3. NEUE TECHNOLOGIEN IN DER MEERESFORSCHUNG  81

Bemannte Tauchfahrzeuge sind für die wissenschaftliche Erforschung der Meere von Bedeutung, können aber normalerweise nicht in die tiefsten Regionen vordringen. Ihr Betrieb ist außerdem kostspielig, und es mangelt ihnen an der Vielseitigkeit und Robustheit unbemannter ROVs (kabelgeführte, ferngesteuerte Unterwasserfahrzeuge), die den Wissenschaftlern die Möglichkeit geben, Organismen aus größeren Tiefen zu studieren und zu sammeln – und dies ohne Risiken für Menschenleben, mit niedrigeren Kosten, geringerem Zeitaufwand und weniger Anstrengung. ROVs sind zu einem der wichtigsten Hilfsmittel bei der Untersuchung der Biodiversität von Tiefsee-Ökosystemen geworden und stellen eine Schlüsseltechnologie der Census-Forschung dar. Sie sind durch eine Art Nabelschnur, ein Kabel, mit einem Forschungsschiff verbunden. Dieses Kabel stellt nahezu unbegrenzt Energie zur Verfügung und überträgt Datensignale und Videobilder vom Sensorfeld des ROV an die Kontrollstation an Bord des Schiffs, von der aus die Wissenschaftler die Unterwasseraktivitäten steuern.

Wie die kabelgeführten, ferngesteuerten Unterwasserfahrzeuge sind autonome Unterwasserfahrzeuge (AUVs, *autonomous underwater vehicles*) nützliche unbemannte Forschungsfahrzeuge. Wie ihre ROV-Pendants können sie tiefer und länger tauchen als bemannte Unterwasserfahrzeuge, und das bei geringeren Kosten und geringerem Aufwand. Sie sind autonom, also nicht mit dem Schiff verbunden, und haben den zusätzlichen Vorteil, selbstständig agieren und sich bewegen zu können, wobei sie Proben oder Daten sammeln, ohne dass ein dauernder direkter Input von einer Kontrollstation auf einem FS erforderlich ist. Die Tätigkeiten eines AUV werden entweder durch Kommandos von einem internen Computer oder durch Steuerdateien gesteuert, die in das Kontrollsystem des Fahrzeugs geladen werden, bevor die Mission startet. AUVs können mit Kameraausrüstung und Sensorpaketen ausgestattet werden, die es den Wissenschaftlern ermöglichen, größere Räume zu untersuchen, ohne das Fahrzeug aktiv steuern zu müssen. Das spart Zeit und erlaubt die zeitgleiche Ausführung anderer Arbeiten.

Ein dritter Typ eines unbemannten Fahrzeugs, den die Census-Forscher einsetzen, sind DTVs *(deep-towed vehicles)*, Tiefschleppfahrzeuge, die hinter dem Forschungsschiff hinterhergezogen werden, während es den Ozean durchquert. DTVs sind einfacher als ROVs und AUVs, aber sie sind nützlich als Plattform für eine Vielzahl ozeanographischer Instrumente, die biologische, chemische und physikalische Faktoren im Meer messen. Es gibt viele verschiedenartige Schleppfahrzeuge, z. B. den *moving vessel profiler* (MVP), der Profilmessungen vom fahrenden Schiff aus erlaubt und einen Video-Planktonzähler oder Ähnliches transportieren kann. DTVs können mit externen Sensoren ausgerüstet werden, die Daten wie Wassertemperatur und Strömungsgeschwindigkeit messen. Als Beispiel sei das DTV *Bridget* genannt, das im Rahmen des Census-Projekts bei der

*Dieses digitale Side-Scan-Sonar der amerikanischen Firma Klein, das mit Doppelfrequenzen arbeitet, wird für Kartierungsaufgaben eingesetzt.*

Untersuchung von Hydrothermalquellen zum Einsatz kam und sich in der Nähe des Meeresbodens wie ein Jo-Jo auf und ab bewegt, um die Fahnen mineral- und chemikalienreichen Wassers zu untersuchen, welche den Quellen entströmen.

## Unterwasser-Sehen mittels Schall

Um das Census-Ziel einer quantitativen Abschätzung der Verteilung der Arten und ihrer Dichten in vielen verschiedenen Meeresbereichen und Lebensräumen zu erreichen, müssen Tiere beobachtet und gesammelt und Daten über die Umwelt, in der sie leben, aufgezeichnet werden. Zum einen wird direkt gesammelt, zum anderen werden akustische, chemische und optische Messungen vorgenommen. Die ungeheure Größe der untersuchten Meeresbereiche gab Anlass zur Entwicklung verschiedener innovativer Technologien, um die gesetzten Ziele erreichen zu können.

Das Side-Scan-Sonar ist eine akustische Technik, mit deren Hilfe die Wissenschaftler unter Wasser „sehen" können; für die Kartierung des Meeresbodens und für das Tracking (das Verfolgen) der Bewegungen von Fischschwärmen hat sich das Verfahren etabliert. Schallwellen werden von einem Schiff oder einem an einem Schiff befestigten Gerät ausgesandt. Diese Schallwellen werden von Objekten reflektiert – seien es Lebewesen oder Strukturen auf dem Meeresboden – und zum Schiff zurückgeworfen, wo Geräte sie in Bilder verwandeln. Nicht nur Menschen setzen Sonartechnik ein: Biologen haben herausgefunden, dass viele

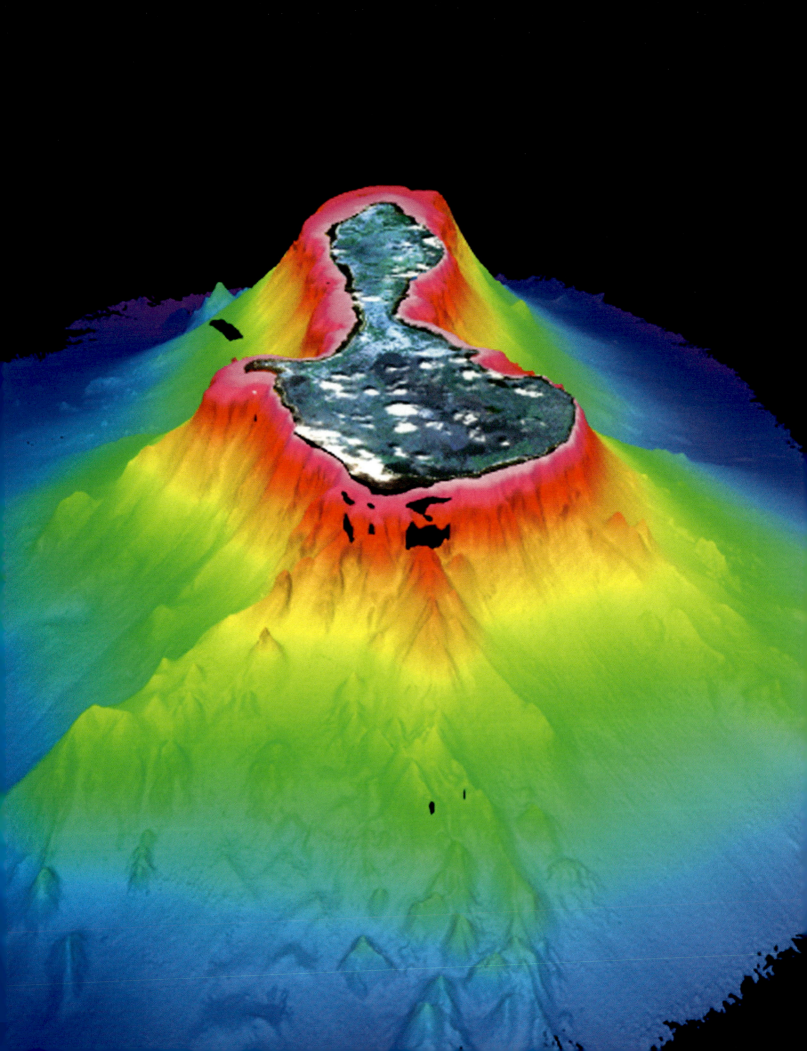

Tierarten, darunter Delfine und Fledermäuse, Echoortung verwenden – eine Art natürliches Sonar –, um Beute zu lokalisieren oder um zu navigieren.

Census-Forscher verwenden höher entwickelte Sonar-Systeme, die als Standard- und Mehrfrequenz-Echolote oder Multibeam-Sonar (Fächerlot) bezeichnet werden. Echoortungsgeräte werden auch zur Artbestimmung benutzt: Fischarten reagieren unterschiedlich auf verschiedene Schallfrequenzen, die reflektierten akustischen Signale und damit die daraus generierten „Bilder" unterscheiden sich. Der Einsatz von Multibeam-Sonaren zeitigte bemerkenswerte Erfolge und verspricht Großes für die Zukunft. In einer Census-Studie vor der Küste von New Jersey haben Census-Forscher beispielsweise eine Gruppe von 20 Millionen Heringen entdeckt, die fast die Fläche von Manhattan Island einnahm.

## Technische Fortschritte bei den optischen Methoden

In Ergänzung zu akustischen Methoden stellen fortgeschrittene optische Methoden eine relativ preiswerte und effektive Möglichkeit dar, große Teile des Meeres auf pelagische (freischwimmende) Organismen zu untersuchen. Ein Beispiel ist der Video-Plankton-Rekorder (VPR), in dem eine kabelgebundene Box Wasser an einer Videokamera vorbeileitet, die entweder kontinuierlich oder zu vorbestimmten Zeiten Bilder aufzeichnet. VPRs können auf verschiedene Auflösungen eingestellt werden und so eine Vielzahl unterschiedlicher Planktonorganismen erfassen, selbst so winzige wie manche makroskopischen Diatomeen. Besonders gut sind sie dafür geeignet, größeres Zooplankton wie Copepoden und die Larven vieler anderer Meerestiere abzubilden. VPRs können von Forschungsschiffen geschleppt werden oder von Frachtschiffen, die große Bereiche des Ozeans durchqueren. Ihre Möglichkeiten werden im Rahmen des Census-Projekts im Golf von Maine ständig erweitert.

Über die Organismen, die in extremen Meerestiefen leben, wissen wir noch sehr wenig, aber eine andere Technik, die die Census-Forscher einsetzen, könnte dies ändern. Freifall-Lander oder ALVs *(autonomous lander vehicles)* wurden für die Untersuchung marinen Lebens auf dem Meeresboden in Tiefen bis 6 000 Meter entwickelt und haben sich als wertvolles Werkzeug erwiesen, um unser Wissen über die Verteilung, Abundanz und Lebensweise der Tiefseeboden-Bewohner zu erweitern. Das Grundgerüst des Landers ist ein Metallrahmen, der wissenschaftliche Instrumente trägt, die unter anderem physikalische Eigenschaften wie Leitfähigkeit, Temperatur, Tiefe und Strömungsgeschwindigkeit messen. Mit hochauflösenden Kameras ausgerüstet, zeichnen die Fahrzeuge autonom Zeitraffer-Aufnahmen über einen beliebigen Zeitraum von Tagen bis zu Monaten auf. Alle Lander sind schwimmfähig; wenn sie ihre Aufgaben erfüllt

*Gegenüberliegende Seite:*
*Diese dreidimensionale Darstellung der Marianen-Insel Pagan im Pazifik wurde auf der Grundlage von Daten, die 2007 mithilfe eines Fächerlots gewonnen wurden, erstellt. Sie deutet auf einen langen Schelf vor der Südküste der Insel hin, während andere Stellen steil bis auf 700 Meter oder tiefer abfallen und Anzeichen für Massenbewegungen und Erosion zeigen.*

*Dieses Bild eines Gewöhnlichen Tiefseedorschs (Mora moro) wurde im Ostatlantik in 1 000 Meter Wassertiefe aufgenommen. Die Kamera war an einem ROBIO-(RObust BIOdiversity-)Lander befestigt. (Lander sind Metallrahmen, die verschiedene Gerätschaften tragen und auf den Meeresboden sinken. Ist ihre Aufgabe erledigt, wird Ballast abgeworfen und die Lander steigen wieder an die Wasseroberfläche.)*

haben, werden mittels eines akustischen Signals vom Forschungsschiff Gewichte ausgeklinkt, woraufhin das ALV an die Meeresoberfläche steigt und geborgen werden kann. Diese Technik wurde bei dem Census-Projekt, das den Mittelatlantischen Rücken untersuchte, ausgiebig genutzt, mit großartigen Ergebnissen.

## Neue Sammelmethoden

Mit den bisher beschriebenen Technologien können die Wissenschaftler Organismen beobachten und zählen, in manchen Fällen müssen sie aber auch Belegexemplare sammeln. Wenn sie beispielsweise ein bisher unbekanntes Lebewesen entdecken, müssen Exemplare gesammelt werden, damit die Art bestimmt und benannt werden kann. Sind sich Wissenschaftler unsicher, was sie an einem bestimmten Ort finden, entscheiden sie sich möglicherweise dafür, dort mithilfe verschiedener Sammelmethoden Proben zu nehmen, um festzustellen, ob sich eine nähere Untersuchung lohnt, bevor sie Zeit und Kosten investieren und ein spezielleres Forschungsequipment einsetzen.

Schleppnetze werden in der Meeresforschung schon lange verwendet, angefangen mit frühen Studien zur ozeanischen Biodiversität, und die Census-Projekte nutzen sie intensiv. Schleppnetze sind spezielle große Netze, ähnlich denen, die Fischer verwenden, es gibt sie in einer Vielzahl von Formen in Abhängigkeit von den Organismen, denen das Interesse gilt. Benthische oder Grundschleppnetze, auch Trawls genannt, werden unmittelbar über dem Meeresboden verwendet, während pelagische oder Schwimmschleppnetze bis in Tiefen von 5 000 Metern eingesetzt werden. Manche Schleppnetze nehmen Probenserien in verschiedenen Wassertiefen, um die Bewegung und Verteilung der Organismen in der Wassersäule zu untersuchen. Planktonnetze sind modifizierte Schleppnetze, um intakte Planktonorganismen fast jeder Größe zu sammeln. Die von einem FS gezogenen Planktonnetze sind tunnelförmig und münden in einem Sammelzylinder, den man Netzbecher nennt.

Während einer Forschungsreise auf dem FS *Ron Brown* im Jahr 2006, die die Diversität in der tiefen Sargasso-See erforschen sollte, setzte das „Census of Marine Plankton"-Projekt erfolgreich drei Multischließnetze (MOCNESS, *multiple opening/closing net and environmental sensing systems*) ein, um in tieferem Wasser als bisher nach Zooplankton zu fischen – in einer Tiefe von 5 000 Metern. Diese neu entworfenen Schleppnetze wurden aus sehr feinem Nylonnetzgewebe (Maschenweite: 335 Mikrometer) hergestellt, und die gesammelten Proben enthielten eine Fülle verschiedenster Arten, darunter 13 Cephalopoden-Arten. Bei dreien handelte es sich um Kraken *(Cirrothauma murrayi, Bolitaena pygmaea* und *Tremoctopus violaceus)*, einer war ein Vampirtintenfisch *(Vampyroteuthis infernalis)* und

die verbleibenden neun waren Kalmare, die zu mindestens fünf größeren Gruppen (Bathyteuthidae, Chiroteuthidae, Chranchiidae, Histioteuthidae und Enoploteuthidae) gehören. Das neue Gewebe erbrachte Exemplare, die in makellosem Zustand waren, was die taxonomische Bearbeitung beträchtlich vereinfachte.

*Diese Art aus der Tintenfisch-Gattung* Histeoteuthis *wurde von Wissenschaftlern des Census of Marine Zooplankton während einer Forschungsexpedition in die Tiefen des Sargasso-Meeres entdeckt.*

*Während einer Forschungsfahrt, die im Astoria Canyon, 16 Kilometer vor der Mündung des Columbia River, in mittleren Wassertiefen Proben nahm, wird ein Schleppnetz vom Heck eines Forschungsschiffs abgelassen.*

*Mit einem pelagischen Schleppnetz kann eine Vielzahl von Organismen gefangen werden.*

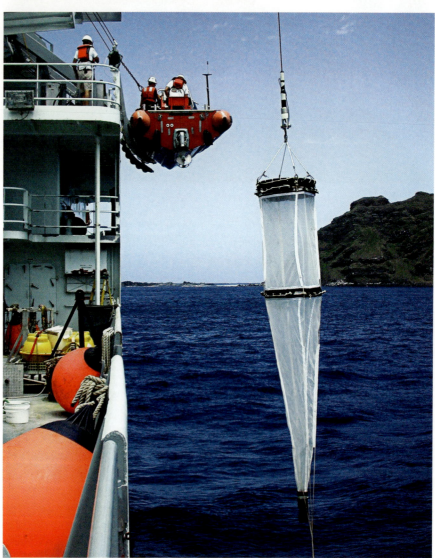

*Planktonnetze werden ausgebracht, um Plankton in der Nähe der Wasseroberfläche zu sammeln. Das Netz ist etwa zwei Meter lang und hat eine Maschenweite von 236 Mikrometern (0,236 Millimetern).*

Auch wenn Schleppnetze bei der Untersuchung der marinen Diversität nützlich sind, haben sie doch ihre Nachteile. Viele Tiere sind sehr geschickt darin, den Netzen auszuweichen, und bei anderen Arten besteht die Gefahr, dass sie beim Fang geschädigt oder getötet werden, was insbesondere auf solche aus großen Tiefen und Lebewesen mit weichen Körpern, wie Quallen, zutrifft. Daher werden Schleppnetze oft in Verbindung mit Video-Plankton-Rekordern, Sonaren und anderem, mit Kameras ausgerüstetem Equipment eingesetzt.

Wenn Wissenschaftler Organismen sammeln wollen, die auf dem Meeresboden oder unmittelbar darunter vorkommen, verwenden sie normalerweise einen Bodengreifer. Bodengreifer greifen buchstäblich Stücke aus dem Meeresboden heraus. Unterschiedliche Größen und Verfahren eignen sich für unterschiedliche Organismen und Sedimenttypen, aber das Ziel ist dasselbe: eine vollständige Probe sowohl des Sediments als auch der Organismen, die darin leben, an die Oberfläche zu bringen. Die Wissenschaftler können die gefundenen Arten beschreiben und deren Abundanz schätzen, vermeiden dabei aber weitgehend, empfindliche Tiere zu verletzen, was bei der Anwendung anderer Methoden leicht passieren kann.

*Ein großer Kastengreifer (kastenförmiger Bodengreifer) wird nach Abschluss der Untersuchungen an Bord geholt. Bodengreifer dienen dazu, ungestörte Proben vom Meeresboden zu nehmen; sie sind für nahezu jeden Sediment-Typ geeignet. Aufgrund ihres Eigengewichts können sie bis zu 50 Zentimeter tief in den Boden eindringen. Falls erforderlich, lässt sich die Antriebskraft durch Anhängen oder Abnehmen von Bleigewichten anpassen, um tieferes oder weniger tiefes Eindringen zu ermöglichen.*

Um Tiefseeboden-Bewohner zu sammeln und zu studieren, setzen die Wissenschaftler auch spezielle Sammler ein, die an Tauchfahrzeugen befestigt werden. Manche, Saugschläuche oder *slurp guns* genannt, arbeiten wie große Staubsauger, die kleine grabende Organismen vom Sediment oder freischwimmende Tiere aus der Wassersäule aufsaugen. Andere Werkzeuge sind dafür gebaut, Klumpen von am Meeresboden festsitzenden Tieren zu packen. Und viele Tauchfahrzeuge, ob ROVs oder bemannt, haben mechanische Arme, die ausholen und ein einzelnes Tier oder ein Stück Seeboden greifen können. Die so gesammelten Lebewesen leben meist noch und sind häufig unverletzt, was die Bestimmung erleichtert. Viele der einzigartigen Geschöpfe, die in den tiefsten Regionen der Ozeane gesammelt wurden, wurden mithilfe dieser Werkzeuge ans Licht gebracht.

## Meeresbewohner unterwegs

Wissenschaftler sammeln Organismen an einem bestimmten Ort und zu einem bestimmten Zeitpunkt. Wenn sie mehr über das Verhalten dieser Organismen wissen wollen, beispielsweise, ob diese wandern oder sich in der Wassersäule auf und ab bewegen, orten die Forscher sie häufig mithilfe spezieller aufwendiger Technik. Biologging ist das Stichwort.

*Eine Steelhead- oder Stahlkopfforelle, die anadrome Wanderform der Regenbogenforelle, wird für das Anbringen eines akustischen Biologgers vorbereitet.*

Akustische Biologger, zu deren Weiterentwicklung der Census wesentlich beigetragen hat, verwenden Audio-Signale, um Informationen über das markierte Tier sowie die Tiefe, in der es sich aufhält, die Wassertemperatur und die Helligkeit im umgebenden Wasser zu übertragen. Die Signale werden entweder über ein mobiles Hydrophon (Unterwasser-Mikrofon) aufgenommen oder über eine Reihe von Empfängern, die sich permanent unter Wasser befinden und die markierten Tiere erfassen, sobald sie sich in Reichweite der Geräte befinden.

Es gibt verschiedene Arten von Biologgern. In manchen arbeiten winzige Computer, die Daten wie Temperatur, Salzgehalt und Tiefe des Wassers, in dem die markierten Tiere schwimmen, aufzeichnen und speichern. Andere erfassen Informationen wie Körper- und Wassertemperatur, Salzgehalt, Tiefe und Lichtverfügbarkeit, die im Hinblick auf das Wanderverhalten wichtig sind.

Beim Biologging, dem Einsatz von Biologgern (im Englischen *tags* genannt, daher auch der häufig verwendete Begriff Tagging), wurden dank des Census große Fortschritte erzielt. PSATs *(pop-up satellite archival tags)*, die zwei Technologien vereinen, um das Wiederauffinden von Biologgern zu erleichtern, sind

*Census-Forscher implantieren einem Roten Thun ein Satelliten-Ortungsgerät. Dieses Ortungsgerät wird es den Wissenschaftlern ermöglichen, die Wanderungen dieser sehr weit wandernden Art aufzuzeichnen, was Einblicke in das globale Verteilungsmuster ermöglicht.*

# Satelliten in der Meeresforschung

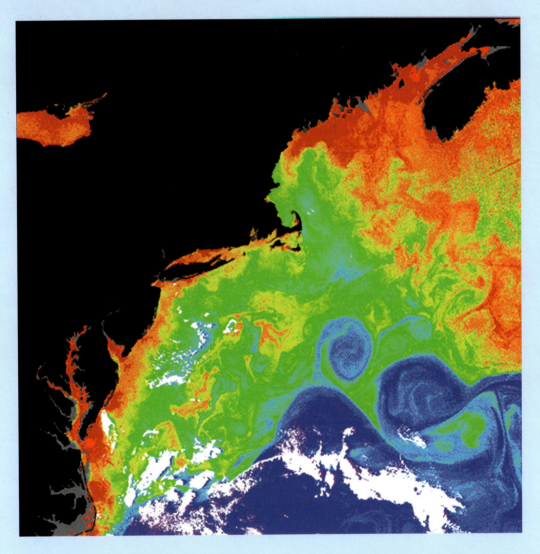

Eine innovative Technologie, die es den Census-Forschern gestattet, einen großen Teil der Weltmeere gleichzeitig zu beobachten, greift auf Satelliten zurück, die die Erde umkreisen. Manche Satelliten sind mit der Erddrehung synchronisiert und stehen daher konstant über einem Punkt der Erdoberfläche in einer geostationären Umlaufbahn. Andere befinden sich auf anders gearteten Umlaufbahnen, beispielsweise von Pol zu Pol, und können weltweit Schnappschüsse aufnehmen, während sie über verschiedene Teile der Erde fliegen.

Satelliten haben sich in der Forschung als Werkzeuge von unschätzbarem Wert erwiesen. Fast jedes Census-Projekt greift auf die eine oder andere Weise auf sie zurück. Satellitenfernerkundung ermöglicht es, verschiedene Bedingungen im Meer, wie Wassertemperatur, Chlorophyllgehalt (der die Abundanz von Phytoplankton anzeigt) und Meeresströmungen, zu bestimmen. Mithilfe von Satelliten können auch Tiere überwacht werden, die Ortungsgeräte oder spezielle Biologger tragen, die eine Vielzahl von Informationen übertragen. Das Census-Projekt „Tagging of Pacific Pelagics" macht sich die Fortschritte bei der Satellitenfernerkundung zunutze.

*Oben: Dieses Wärmebild, von einem geostationären Satelliten über dem Westatlantik aufgenommen, zeigt den Golfstrom und die Nordostküste der USA. Es sind verschiedene große Wärmeringe zu erkennen, die sich vom Golfstrom gelöst haben, ebenso die Gebiete höherer Produktivität in der Nähe der Chesapeake und Delaware Bay. Im Nordosten ist ein Teil der Neufundland-Bank zu sehen. Trotz der hohen Produktivität in dieser Gegend hat Überfischung zum totalen Zusammenbruch der Kabeljaufischerei auf der Neufundland-Bank in den frühen 1990er-Jahren geführt.*

*Die hier zu sehende Diversität mariner Arten zeigt, vor welchen Herausforderungen die Wissenschaftler bei der Artbestimmung stehen.*

ein Beispiel dafür, wie Forschungsprobleme mit Innovationen gelöst werden. Der eigentliche Biologger sammelt dieselben Daten wie jeder archivierende Biologger, zeichnet also Messergebnisse wie Temperatur, Salzgehalt, Tiefe und Lichtverhältnisse auf. Aber er kann die gewonnenen Informationen auch an einen Satelliten übertragen, der sie an die Forscher weiterleitet. Zu einer vorbestimmten Zeit wird eine Batterie angeschaltet, die die Übertragung des Signals auf den Satelliten auslöst. Durch die Batterie-Aktivierung löst sich der Biologger auch vom Träger und steigt an die Wasseroberfläche, von wo aus er seine Daten und Koordinaten senden und ggf. wieder eingesammelt werden kann. PSATs sind zwar kostspieliger als andere Biologger, haben sich aber für die Untersuchung der Wanderungen großer Tiere, wie z. B. Haie, bei denen ein Wiederfang häufig nicht möglich ist, bewährt.

Sogenannte SPOT-(*smart position and temperature-*)*tags* gehören zu den am höchsten entwickelten Gerätschaften, die Census-Forscher heute einsetzen. Wie andere Biologger zeichnen sie eine Vielzahl von Daten auf, wie z. B. Temperatur, Salzgehalt und Tiefe. Sie sind mit sehr starken Transmittern ausgerüstet und können die gewonnenen Informationen in regelmäßigen Abständen an Satelliten übertragen. Sie werden vorwiegend bei Tieren eingesetzt, die sich normalerweise an oder knapp unter der Meeresoberfläche aufhalten – was regelmäßige Übertragungen an die Satelliten ermöglicht. In diese Gruppe gehören Delfine, Schildkröten, Seehunde und alle anderen Tiere, die regelmäßig wenigstens eine gewisse Zeitspanne an der Oberfläche verbringen müssen. Kürzlich wurden SPOT-*tags* auch erfolgreich an den Rückenflossen von Haien angebracht.

## DNA-Barcoding – auch das Bestimmen von Arten wandelt sich

Der Census of Marine Life sammelt während seiner zehnjährigen Laufzeit Millionen von Organismen, und die Wissenschaftler rechnen damit, viele Tausend verschiedener Arten zu entdecken. Die genaue Bestimmung so vieler Organismen ist eine gewaltige Aufgabe. Traditionell würden spezialisierte Wissenschaftler, Taxonomen genannt, die Bestimmung anhand physischer Merkmale vornehmen, aber heute können sie auch das Erbgut eines Organismus zur Bestimmung und systematischen Einordnung nutzen. In Kombination mit traditionellen Ansätzen gibt der Einsatz der Genetik den Census-Forschern eine effektive Methode an die Hand, die vielen Meeresorganismen zu katalogisieren, auf die sie stoßen.

Bei der herkömmlichen Artbestimmung werden die physischen Merkmale eines gesammelten Organismus mit denen einer bekannten Art verglichen. Bestimmungsschlüssel und -bücher beschreiben die körperlichen Merkmale – sowohl äußere als auch innere – von Millionen von Arten und ebenso, was über ihre Lebensräume und allgemeine Biologie bekannt ist. Die Census-Forscher untersuchen gesammelte Exemplare, oft durch ein Mikroskop, um Merkmale wie die Zahl der Tentakel einer Qualle oder die Länge der Stacheln eines Tiefsee-Anglerfisches zu bestimmen und das Ergebnis mit vorhandenen Artbeschreibungen zu vergleichen.

Eine neue Forschungsrichtung erlaubt eine noch genauere Artbestimmung – molekulare Techniken werden genutzt, um den genetischen Code einzelner Arten zu beschreiben. Der Vergleich dieser Codes mit der genetischen Information, die aus gesammelten Exemplaren extrahiert wird, führt schneller zum Ziel als die traditionellen Methoden. Diese Methode beruht nicht auf der Fachkompetenz eines einzelnen Taxonomen oder auf der Kategorisierung körperlicher Merkmale, die manchmal beschädigt oder undeutlich sind. Die Wissenschaftler können anhand des genetischen Codes außerdem die Verwandtschaftsverhältnisse verschiedener Arten feststellen, was es ihnen erlaubt, einen umfassenderen und genaueren „Baum des Lebens" aufzustellen, als das bisher möglich war.

*Ein Wissenschaftler bereitet die DNA eines Organismus auf, um dessen Erbgut zu bestimmen.*

Ein wichtiger, erst kürzlich erzielter Fortschritt ist die Entwicklung von DNA-Barcoding, ein Ansatz, bei dem Organismen mithilfe kleiner Stücke DNA bestimmt werden. Auf Forschungsreisen benutzen Census-Wissenschaftler tragbare Laborausrüstungen, und sie gehörten zu den ersten, die DNA-Barcoding an Bord eines Schiffs auf wogender See betrieben. Diese neue Methode verschafft den Forschern Vorteile, wenn es darum geht, große Mengen gesammelter Arten zu bestimmen. Mithilfe des DNA-Barcoding können neue Arten abgegrenzt werden, ohne dass sie gleich beschrieben und benannt werden müssen. Das ist einerseits ein Gewinn – wenn es darum geht, nah verwandte Arten zu unterscheiden oder taxonomische Verbindungen zweifelsfrei festzustellen –, andererseits aber auch ein Manko, da wir jetzt neue Arten schneller erkennen können, als wir sie beschreiben können und manche Arten möglicherweise unbeschrieben bleiben.

## Census-Daten für jedermann

Die am Census of Marine Life beteiligten Wissenschaftler tragen eine wachsende Datenmenge über das Leben im Meer zusammen. Sie analysieren diese Informationen, teilen sie mit Meeresforschern weltweit und machen sie in einer Online-Datenbank öffentlich zugänglich. Da sämtliche Daten, die bei Census-Projekten anfallen, veröffentlicht werden, wird es möglich, ein umfassendes Bild der marinen Biodiversität in Vergangenheit, Gegenwart und Zukunft zu gewinnen.

Die Forscher wenden sowohl traditionelle als auch Hightech-Methoden an, um zu veranschaulichen, wie sich Lebensräume und Biodiversität über die geographischen Regionen ändern. Dazu zählen Standard-Kartierungsmethoden, deren Ergebnisse auch so präsentiert werden können, dass Änderungen über Zeit und Raum erkennbar sind. Der verbreitetste Ansatz, GIS-Mapping (GIS bedeutet Geographisches Informationssystem), verwendet Computer, um Messwerte verschiedenster physikalischer und biologischer Charakteristika für ein spezifisches geographisches Gebiet bildlich darzustellen. Diese Technik ist sehr hilfreich, wenn es um die Größe von Populationen geht, wie z. B. die Dichte des Planktons in einer Meeresbucht, oder um physikalische Merkmale ihrer Umwelt, wie z. B. die Temperatur des Meerwassers. Spezielle Computerprogramme können die unterschiedlichen Daten in einer Karte zusammenfassen, wobei jedes der ausgewerteten Merkmale mit einer anderen Farbe dargestellt wird. Es ergibt sich ein klares Bild spezifischer Merkmale, die für das fragliche Gebiet miteinander verglichen werden können.

Datenbankmanager setzen Computer ein, um all die Daten, die im Rahmen der Census-Projekte gewonnen werden, miteinander zu korrelieren und zusam-

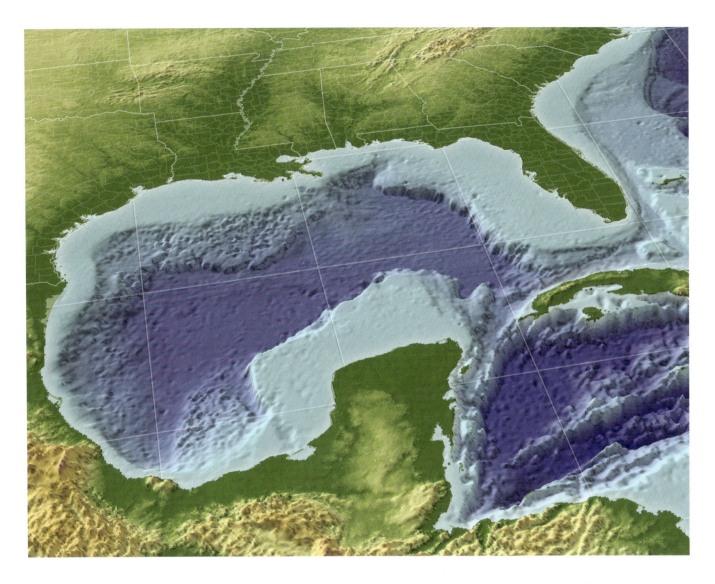

menzufassen, wie beispielsweise Artenzahlen und -verteilung, Wassertemperatur und Nährstoffverfügbarkeit. Wesentliche Aufgabe des Census ist der Aufbau einer interaktiven Online-Datenbank, Ocean Biogeographic Information System (OBIS) genannt, eine webbasierte Quelle globaler georeferenzierter Information zu einzelnen marinen Arten. Nutzer überall auf der Welt können auf ihrem Computer eine Karte anklicken und sich Census-Daten anzeigen lassen über das, was in der interessierenden Meereszone lebt. OBIS gibt dem Nutzer z. B. die Möglichkeit, die Abundanz und Verteilung der Populationen von Räubern denen ihrer Beute zu überlagern, was die dynamischen Beziehungen innerhalb des Nahrungsnetzes erhellt. Bislang war es schwierig, solche Daten über die Wassersäule zu integrieren, aber die offengelegten Standards und Protokolle von OBIS werden das vereinfachen und die Tür zu einem besseren Verständnis der Muster und Prozesse öffnen, die das Leben im Meer bestimmen.

*Dieses GIS-Bild des Golfs von Mexiko wurde aus zahlreichen Informationsquellen generiert. Je dunkler das Blau, desto tiefer ist das Wasser. Das Grün kennzeichnet die Dichte der Vegetation.*

3. NEUE TECHNOLOGIEN IN DER MEERESFORSCHUNG

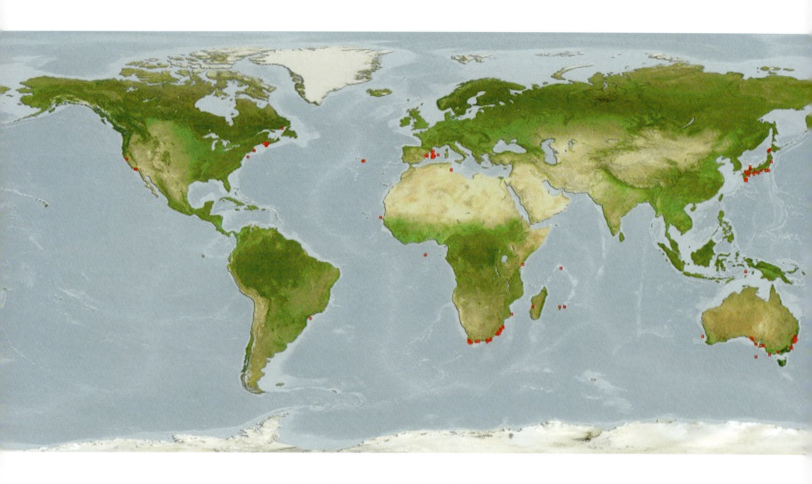

*Diese Karte zeigt in Rot die bekannte Verbreitung des Weißen Hais* (Carcharodon carcharias).

Wenn die Wissenschaftler schnellen Zugriff auf die Daten vorangegangener Untersuchungen haben, können sie effektiver forschen. Die OBIS-Daten werden die Grundlage für Langzeitmodelle und einen umfassenden Überblick über das Leben im Meer über die Zeit liefern. Diese Informationsstruktur der nächsten Generation soll 2010 stehen und voll funktionsfähig sein. Der Census of Marine Life wird auch der wichtigste Prüfstein für die Techniken und Methoden zur Überwachung des Lebens im Meer sein, die im Rahmen des Global Ocean Observing System (GOOS) eingesetzt werden. GOOS ist ein System aus Wetterstationen, Mess-Satelliten und Treibbojen, zu dessen Aufbau innerhalb der nächsten zwei Jahrzehnte sich die Regierungen weltweit verpflichtet haben. Die Fülle an Informationen, die der Census bereitstellt, ist sein entscheidender Beitrag zu unserem Verständnis der Diversität des marinen Lebens – in Vergangenheit, Gegenwart und Zukunft.

Die vielen Technologien, die Meeresforscher im Allgemeinen und die am Census of Marine Life beteiligten Wissenschaftler im Besonderen einsetzen, und die Tatsache, dass sie laufend weiterentwickelt und verbessert werden sowie neue hinzukommen, rufen in Erinnerung, dass unser Wissen über die Weltmeere und ihre Geheimnisse beschränkt ist. Das primäre Ziel des Census ist es, Daten bereit-

zustellen, die als Referenzlinie für weitere Forschung und zukünftiges Ressourcenmanagement dienen. Das Endergebnis von 2010 wird dennoch nicht der Gipfel des Bergs der Erkenntnis sein. Die simple Tatsache, dass all die verschiedenen wissenschaftlichen Werkzeuge, die in diesem Kapitel beschrieben werden, sowie eine Vielzahl weiterer – darunter solche, die erst noch erfunden werden müssen – für eine globale „Volkszählung" in den Weltmeeren erforderlich sind, wirft ein Licht auf die Komplexität der Aufgabe, ein klares Bild der Meeresbewohner in Vergangenheit, Gegenwart und Zukunft zu zeichnen. Die Anwendung aller Regeln der Kunst macht es vielleicht möglich, einen flüchtigen Blick auf das zu erhaschen, was unter der Wasseroberfläche lebt, ein ursprüngliches Ziel des globalen Census. Wie Jesse Ausubel, der das Konzept des Census of Marine Life initiierte, feststellte, »ist für das Leben im Meer das Zeitalter der Entdeckungen noch nicht vorbei«.

*Ein Weißer Hai* (Carcharodon carcharias) *schwimmt mit geöffnetem Maul herum; Gansbaai, Südafrika.*

KAPITEL 4

# Meerestiere als Beobachter

*Unmittelbar nach dem Mittagessen entdeckten wir einen Krabbenfresser. Das Robben-Team hüpfte in das Zodiac und tuckerte durch große Stücke Pfannkucheneis. Mein Herz begann etwas schneller zu schlagen, je näher wir der Robbe kamen. Brigitte McDonald, Ph.-D.-Studentin an der University of California Santa Cruz, zielte mit dem Betäubungsgewehr und schoss. Betäubungsmittel ergoss sich in die Robbe … Mein Adrenalinspiegel stieg. Schließlich kam das Kopfnicken …*
*Bevor ich noch recht wusste, was geschah, rang ich auf einem Eisblock im Antarktischen Ozean mit einer gut 270 Kilogramm schweren Robbe. Wilder geht es nicht! Sobald die Robbe aus dem Wasser gezogen war, trat das Robben-Team in Aktion, jedes Mitglied hat seine Aufgabe. Messungen, Ultraschall, Gewebebiopsie, Blutproben und Wiegen sind die Zielvorgaben bei jedem Fang.*
*Ein großartiger Tag! Ich liebe es, hier draußen zu sein, und ich habe wiederum keine Ahnung, was der nächste Tag bringen wird. Alles was ich sagen kann, ist: „Bring's!"*
– Mark Harris, ein Highschool-Lehrer aus Layton im US-Bundesstaat Utah, beschreibt seine Erfahrungen beim Markieren von Krabbenfresser-Robben mit Census-Forschern in der Antarktis

Tiere als Beobachter zu rekrutieren, wie Mark Harris es oben beschrieben, ist eine bei Census-Forschern immer häufiger genutzte Methode in ihrem Bestreben, den Ozean und die in ihm schlummernden Geheimnisse zu verstehen. Der Einsatz von tierischen Beobachtern und der damit verbundenen Technik trägt dazu bei, die großen Lücken in unserem Wissen über die Weltmeere zu schließen. Meeresteile, die früher zu abgelegen waren, deren Erreichen zu kostspielig oder deren Untersuchung für die Wissenschaftler zu gefährlich war, sind jetzt mithilfe von Messtechnik, die Tiere transportieren, leichter erreichbar. Mit diesen neuen Möglichkeiten können die Census-Forscher Umweltdaten erhe-

*Gegenüberliegende Seite:*
*Census-Forscher drängen sich auf Eisschollen in der Antarktis, um Robben mit der neuesten Generation Biologger zu markieren. Diese Geräte werden den Wissenschaftlern Informationen über Wassertemperaturen, Salzgehalt, Geschwindigkeit und Aufenthalt der Tiere melden. Sie nutzen diese Daten, um mehr über die Robben und die Welt, in der sie leben, zu erfahren.*

*Der Rote Thun, ein weit wandernder pelagischer Räuber, ist einer der Zielarten des TOPP-Projekts des Census. TOPP steht für „Tagging of Pacific Predators", also die Markierung von Prädatoren (Räubern) im Pazifik.*

ben, während das Tier seinem täglichen Leben im Meer nachgeht. Sie erfahren außerdem mehr über das Fress-, Brut- und Schlafverhalten sowie sonstige Verhaltensweisen.

Zwei Census-Feldstudien markieren Meerestiere, um Einblick in die Verbreitungsgebiete der Arten, ihre Verteilung und ihr Wanderverhalten zu erlangen. Mehr als 20 marine Arten, vom nordpazifischen Lachs bis zum Südlichen See-Elefanten in der Antarktis, werden für diese Programme markiert. Die Census-Forscher gehen damit an die Grenzen der Biologging-Technik und sind Vorreiter bei deren Entwicklung und Einsatz in der wissenschaftlichen Meeresforschung.

## Fortschritte beim Biologging

Das Konzept, Meerestiere mit Biologgern zu markieren, um ozeanographische Informationen zu gewinnen, ist nicht neu. Erste Aufzeichnungen zu diesem Verfahren stammen aus den 1930er-Jahren, als Per Scholander die Tauchtiefe eines Finnwals mit einem einfachen mechanischen Tiefenmesser, den er an dem Tier befestigte, maß. Seit dieser Zeit haben jedoch Quantensprünge in der Technik zu Fortschritten beim Biologging geführt, der Praxis, physikalische und biologische Daten mithilfe von Loggern, die an Tieren befestigt werden, fortlaufend aufzuzeichnen und zu übertragen. Modernes Biologging stellt heute Daten zu den Umweltbedingungen und zum Verhalten der Tiere bereit, die weit jenseits der kühnsten Vorstellungen Scholanders liegen.

*Ein Krabbenfresser kommt durch eine Öffnung im antarktischen Eis an die Oberfläche.*

Anfangs wurden Biologger dazu benutzt, um Informationen über die Umwelt des markierten Tieres zu sammeln, mit dem Primärziel, Wissen im Bereich der Physiologie und des Verhaltens von Meeressäugern zu erwerben. Die Biologging-Systeme der 1960er- und 1970er-Jahre waren rein mechanisch und enthielten neben anderen leicht verfügbaren Komponenten Küchenwecker, Tiefenmesser und Papierrollen. Frühe Biologger waren in erster Linie Zeit-Tiefen-Rekorder (TDRs), die die Tauchzeit und -tiefe mariner Säugetiere wie See-Elefanten protokollierten. Der größte Nachteil dieser frühen Systeme war die Herausforderung, sie wieder zu bergen, um an die Daten heranzukommen. Die Wissenschaftler mussten sich ziemlich sicher sein, wieder auf das markierte Tier zu stoßen. Die frühen TDRs waren auch sperrig und schwer, was ihre Anwendbarkeit darüber hinaus auf größere Tiere beschränkte, denen Größe und Gewicht vermutlich weniger ausmachten.

Während der späten 1970er- und der 1980er-Jahre erfuhr die TDR-Technologie Verbesserungen. Wesentliche Fortschritte waren die Verkleinerung der Komponenten, der Ersatz der Papierrollen durch Film und die Verlängerung der Laufzeit – des Zeitraums, in dem ein Biologger Daten aufnehmen und protokollieren kann. Die eigentliche Revolution kam jedoch mit der Verwendung von Mikrochips und integrierten Schaltkreisen, was zu einer explosionsartigen Zunahme des Einsatzes dieser Technik in weiten Bereichen der Meeresforschung führte.

*Ein Leitfähigkeits-/Temperatur-/Tiefen-Logger (CTD), eine neue Generation satellitengestützter Datenlogger, die von der Sea Mammal Research Unit an der schottischen University of St. Andrews entwickelt wurde, ist die Standardtechnologie, die bei vielen Gelegenheiten eingesetzt wird. Außer zur Anwendung bei Robben in der Antarktis eignen sich diese Logger gut zur Markierung anderer Tiere, die erhebliche Zeit an der Meeresoberfläche verbringen, wie z. B. diese Lederschildkröte.*

Elektronische Biologger ermöglichen außerdem die Integration einer Vielzahl zusätzlicher Sensoren. Im Rahmen des Census eingesetzte Biologger stellen Informationen über die Wassertiefe, den Salzgehalt und die Temperatur ebenso bereit wie solche über die Schwimmgeschwindigkeit des Tieres, was die Fülle an Daten, die mithilfe markierter Tiere gesammelt werden können, beträchtlich vergrößert.

Eine andere Neuerung, die Entwicklung der Argos-Satelliten-Telemetrie-Instrumente, hat ein weiteres Tor geöffnet. Diese Technologie zum weltweiten Tracking und zur weltweiten Umweltüberwachung erlaubt es den Forschern, die Bewegungen besenderter Tiere zu verfolgen und anschließend die Ortsinformation mit Daten von den Tiefen-, Salzgehalt- und Temperatursensoren über die Zeit zu überlagern. Im Ergebnis versorgen die Daten die Census-Wissenschaftler mit einer ozeanographischen Karte des Gebiets, in dem sich das Tier bewegt. Das Zeitalter von Tieren als Forschungsassistenten in der Meeresforschung ist in der Tat Realität geworden.

Heute gibt es zahlreiche verschiedene Biologger. Normalerweise werden mindestens Ortsinformationen und eine oder mehrere Arten von Umweltdaten erhoben. Census-Forscher haben beim Einsatz der verschiedensten Geräte einige bemerkenswerte Entdeckungen gemacht.

*Der pelagische Mondfisch (Mola mola) ist eine der mehr als 20 marinen Arten, die von Census-Wissenschaftlern markiert und überwacht werden. Dieser Mondfisch trägt an der Basis seiner Rückenflosse einen pop-up archival tag, einen archivierenden Datenlogger, der sich aufgrund eines Signals vom Tier lösen und an die Wasseroberfläche steigen kann.*

## Satellitengestützte Biologger

Ein SPOT-(*smart position and temperature-*)*tag* funkt jedes Mal, wenn seine Antenne die Wasseroberfläche durchbricht, Informationen an einen Satelliten. Wie der Name andeutet, zeichnen diese Biologger die Position des Tieres und die Wassertemperatur auf, darüber hinaus auch seine Geschwindigkeit und den Wasserdruck (der die Tiefe anzeigt). Da SPOT-*tags* regelmäßig die Wasseroberfläche durchstoßen müssen, um die Daten an einen Empfängersatelliten zu senden, werden sie am besten bei Tieren eingesetzt, die mindestens einen Teil ihrer Lebenszeit an der Meeresoberfläche oder in deren unmittelbarer Nähe verbringen.

Census-Forscher verfolgen mithilfe von SPOT-*tags* beispielsweise Lachshaie entlang der Pazifikküste Nordamerikas und haben manch überraschende Information über den Aktionsraum und die Wanderung dieser Fische gewonnen. Entgegen ihrer Erwartungen bleiben die warmblütigen Haie während des Winters im hohen Norden und verbringen die kältesten Monate des Jahres damit, in den gefrierenden Gewässern rund um Alaska zu fressen. Da diese Gewässer oft für große Teile des Jahres zugefroren sind, wäre dieser Aspekt der Lachshai-Ökologie ohne den Einsatz von Biologgern vermutlich unbekannt geblieben. Darüber hinaus überraschten manche Lachshaie die Forscher damit, dass sie in so südliche Gefilde wie die subtropischen Gewässer um Hawaii wanderten. Da sie sich damit weit außerhalb des erwarteten Aktionsraums für Lachshaie aufhielten, haben diese Individuen die Census-Wissenschaftler dazu veranlasst, die Ökologie und Verbreitung dieser Art zu überdenken. Ihre ausgedehnten Wanderungen, die potenzielle Überschreitungen politischer Grenzen und die Ausweitung ihres Aktionsraums mit sich bringen, bedeuten, dass das Management dieser Haie, ihrer Beutearten und der Gewässer, die sie aufsuchen, schwieriger werden könnte, als bisher vermutet.

Satellitengestützte Datenlogger (SRDLs, *satellite-relayed data loggers*) sind hoch entwickelte, in sich geschlossene, eigenständige Einheiten mit verschiedenartigen Sensoren, die für Zeiträume von Monaten bis Jahren an Tieren befestigt sind. Die einfachsten Einheiten, die die Census-Wissenschaftler einsetzen, messen Tiefe, Temperatur, Salzgehalt und Fortbewegungsgeschwindigkeit. Darüber hinaus zeichnen sie Ortsinformationen auf, indem sie Daten über das Argos-Satellitennetz austauschen. Eine erst seit Kurzem verfügbare Neuerung in der SRDL-Technologie ermöglicht es auch, Daten über Mobilfunkfrequenzen zu übertragen. Das erlaubt einen sehr einfachen und kostengünstigen Datentransfer in Gebieten, wo sich Mobilfunknetze und Untersuchungsgebiete überlappen.

*Forscher befestigen einen SPOT-tag an der Rückenflosse eines Lachshais. Dabei handelt es sich um einen Biologger, der die Position des Tieres und weitere Daten an Satelliten überträgt.*

*Dieser männliche See-Elefant trägt zwei Instrumente am Kopf. Das wichtigste ist ein satellitengestützter Biologger, mit dessen Hilfe die Forscher das Tier über die Meere verfolgen können. Das kleinere darüber ist ein Radiotransmitter, der es ermöglicht, das Instrument zu bergen, wenn das Tier sich an Land aufhält.*

Satellitengestützte Datenlogger sind die Standard-Biologging-Technologie, mit deren Hilfe Census-Forscher Robben im Nordpazifik und im Südpolarmeer überwachen. Die damit gewonnenen Erkenntnisse haben die Wissenschaftler mit Umweltdaten in Beziehung gesetzt, um wertvolle Informationen über die Nahrungspräferenzen der Tiere zu gewinnen. Dieses neue Wissen warf Fragen hinsichtlich anderer, ungenügend verstandener Verhaltensweisen auf. Wenn ein Südlicher See-Elefant beispielsweise dort bleibt, wo die Oberflächentemperatur des Meeres so gering ist, dass die Gefahr der Eisbildung besteht, könnte man sich fragen, warum er nicht einfach in wärmere Gegenden abwandert. Bei der Untersuchung von Daten zur Temperatur und zum Salzgehalt, die mithilfe satellitengestützter Datenlogger gesammelt wurden, entdeckten Census-Forscher, dass die Umweltbedingungen in der Nähe der Untergrenzen der Tauchtiefe dieser Robben den perfekten Lebensraum für ihre bevorzugte Beute darstellen. Diese Erkenntnis half den Forschern, das vorher unerklärliche, ziemlich merkwürdige Verhalten der See-Elefanten zu verstehen. Darüber hinaus konnten sie die Umweltbedingungen in diesen Gebieten kartographisch darstellen.

### Archivierende Biologger

Archivierende Biologger, die so programmiert sind, dass sie sich nach einer bestimmten Zeit lösen und an die Oberfläche steigen, sogenannte *pop-up archival tags*, eignen sich für fast jedes Tier, das ihr Gewicht tragen kann, unabhängig davon, wie viel Zeit es an der Meeresoberfläche verbringt. Sobald die Biologger die Wasseroberfläche erreicht haben, senden sie ihre Daten an Satelliten, bis ihre Batterie leer ist. Zu den gelieferten Daten gehören Wassertemperatur, Tiefenprofile und Informationen zu den Lichtverhältnissen. Inzwischen sind sie auch in der Lage, die geographische Breite und die geographische Länge auf ein Grad genau zu bestimmen.

Census-Forscher haben diese Biologger erfolgreich bei Haien, Thunfischen und Mondfischen eingesetzt und mehr über die Tiere und die Umwelt, die sie bevorzugen, erfahren. Die Census-Forscher haben z. B. ein Gebiet im Pazifik entdeckt, wo sich die Weißen Haie zu gewissen Zeiten des Jahres sammeln. Bis jetzt war wenig über Weiße Haie im Pelagial (im offenen Meer) bekannt. Die ungeheure Größe dieser unwirtlichen Gegend – manchmal als „Blaue Wüste" bezeichnet – hat die Untersuchung ihrer Bewohner zumindest erschwert. Durch den Einsatz von Biologgern bei den Weißen Haien wissen wir nun mehr über ihre pelagischen Wanderungen und die Bedingungen in den Meeresteilen, die sie aufsuchen.

Die Wissenschaftler entdeckten, dass sich jedes Jahr markierte Haie in einem Gebiet des Nordpazifiks versammeln, das sie „White Shark Café" getauft haben. Haie aus verschiedenen Heimatgebieten sammeln sich in diesem Areal, verbringen dort beträchtliche Zeit und tauchen wiederholt in große Tiefen. Die Wissenschaftler konnten zwar noch nicht feststellen, welche Rolle dieses Wander- und Tauchverhalten im Lebenszyklus oder in der Ökologie der Weißen Haie spielt, aber die mithilfe der Biologger gewonnenen Umweltdaten helfen ihnen dabei, dieses merkwürdige Verhalten zu erklären.

## Schallortung von Tieren

Archivierende akustische Biologger sind eine neue Generation akustischer Biologger, die permanente akustische Arrays (akustische Vorhänge oder Lauschvorhänge) einsetzen, um die Position eines Tieres zu übermitteln. Die Biologger enthalten archivierende Sensorpakete, die Daten zur Wassertiefe und Wassertemperatur speichern. Schwimmt ein markiertes Tier an einem akustischen Array vorbei, funkt der Biologger die archivierten Daten an Empfänger im Array. Diese

*Yurok-Stammesmitglied und Biologe Barry McCovey Jr. (links) und Scott Turo von Yurok Tribal Fisheries sind dabei, einen Grünen Stör freizulassen. Das Tier, das in Kalifornien von Census-Wissenschaftlern markiert worden war, wurde später vor der Küste von British Columbia entdeckt, was die Wissenschaftler überraschte, die diese Art noch nie so weit nördlich angetroffen hatten.*

Technik hat sich als kostengünstige Methode erwiesen, ozeanographische Daten unter Mithilfe von Tieren zu sammeln, die wie der pazifische Lachs (*Oncorhynchus* spec.) und der Grüne Stör *(Acipenser medirostris)* regelmäßig küstennahe Gebiete aufsuchen.

Nach vorläufigen Ergebnissen folgt das Überleben der Junglachse einem Muster, das im Gegensatz zu dem allgemein anerkannten steht. Fischereibiologen gingen lange davon aus, dass die Sterblichkeit der Lachse in gestauten Flüssen höher ist als in solchen, die unbehindert fließen. Census-Forscher liefern Ergebnisse, die etwas anderes beweisen. Mithilfe von Biologgern konnten sie zeigen, dass die Überlebensrate von Junglachsen im Columbia River, der stark verbaut ist, genauso hoch ist oder höher als die von Junglachsen im Fraser River, einem natürlich fließenden Flusssystem. Dies legt nahe, dass die Umstände für junge Lachse in verbauten Flusssystemen nicht schlechter sind und dass die wirklichen Prüfungen des Lebens für diese Fische beginnen, sobald sie ins Salzwasser kommen. Unterschiede in der Sterblichkeit von einem Flusssystem zum nächsten haben möglicherweise mehr mit dem Zustand der angrenzenden Meereslebensräume zu tun als mit den Flüssen selbst. Da diese Information den bisherigen Theorien zur Lachs-Ökologie widerspricht, werden die Ergebnisse der Census-Arbeit vermutlich einen beträchtlichen Einfluss darauf haben, wie die Lachsbestände zukünftig bewirtschaftet werden.

*Akustische Biologger werden chirurgisch in die Abdominalhöhle des Zielfisches implantiert. Sie sammeln Daten und funken sie an Empfänger, die entlang der nordamerikanischen Pazifikküste ausgebracht wurden.*

*Akustik-Empfänger, wie die hier gezeigten, nehmen die Signale auf, die von akustischen Biologgern ausgesandt werden. Die Empfänger werden im Meeresboden verankert und bilden einen „Lauschvorhang", der Daten von markierten Tieren empfängt, wenn diese in das abgegrenzte Gebiet ein- oder aus diesem heraus wandern.*

## Datengewinnung in extremen Lebensräumen

Zwar haben die Census-Forscher viele verschiedene Tierarten mit Biologgern versehen, aber wenn es darum geht, ozeanographische Daten zu sammeln, sind die „Hauptdarsteller" meist größere Tiere, die über weite Entfernungen wandern oder großräumige Bewegungsmuster zeigen. Meeressäuger wie Robben, Wale und Seelöwen, pelagische Fische wie Thunfische, Mondfische und Haie, anadrome Fische wie Lachse, Meeresschildkröten, verschiedene Meeresvogelarten und bestimmte Kalmare – sie zeigen alle die Art von Wanderungen, die sie zu idealen Kandidaten für die Verwendung als Meeresbeobachter machen.

Dass Census-Forscher diese weit wandernden Tiere als Beobachter eingesetzt haben, um in schlechter untersuchten Gebieten wie den Polarmeeren, dem Pelagial und der Tiefsee ozeanographische Daten zu sammeln, hat unser Wissen über die Weltmeere erweitert. Dank Biologging sind die Wissenschaftler bei der Informationsgewinnung weniger auf bemannte Tauchboote, RUVs und AUVs angewiesen. Meeressäuger zu markieren, die wiederholt in große Tiefen tauchen, bedeutet sichere Datengewinnung und ist mit geringeren Risiken für die Forscher verbunden.

*Census-Forscher trotzen den antarktischen Verhältnissen, um Robben zu markieren, die sowohl verhaltensbiologische als auch ozeanographische Daten liefern werden.*

4. MEERESTIERE ALS BEOBACHTER   107

# Das Markieren von Robben

Auf einer Eisscholle in der Antarktis, die kaum größer als ihr Zodiac ist, sind die Forscher dabei, einen Krabbenfresser zu markieren, bevor das letzte bisschen von insbesamt nur sechs Stunden Tageslicht verschwindet.

Dan Costa, Meeressäuger-Experte und Census-Wissenschaftler, und sein Team markieren seit mehreren Jahren See-Elefanten und Krabbenfresser-Robben im Südpolarmeer. Sie arbeiten bei bitterer Kälte und heulendem Wind auf Eisschollen, die kaum groß genug sind, um das ganze Team zu tragen. Ihre Tätigkeit steht beispielhaft für die Spitzenforschung des Census of Marine Life und seiner Feldprojekte. Durch den Einsatz neuester Biologging-Technologie konnten sie das Nahrungssuchverhalten dieser Robben erhellen und darüber hinaus unser ozeanographisches Wissen über das Südpolarmeer erweitern. Nach Costas Angaben übertragen die verwendeten Biologger Informationen zum Aufenthaltsort der Robbe sowie zu den Temperaturen und dem Salzgehalt des Wassers, in dem sie taucht. Solche Daten sind wichtig, um zu verstehen, warum sich Robben gerade dort aufhalten, wo sie es tun, aber auch für das Verständnis der grundlegenden Physik des Meeres. Physischen Ozeanographen dienen die Daten als Grundlage für die Modellierung von Meeresströmungen.

*Oben: Eine markierte Robbe prustet den Forschern ein letztes „Auf Wiedersehen" zu, bevor sie sich auf ihre Datensammel-Mission begibt.*

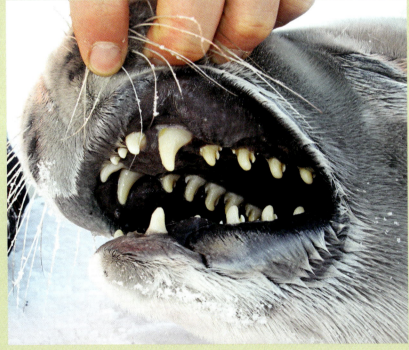

*Rechts: Census-Forscher laufen Gefahr, gebissen zu werden, wenn sie Robben markieren. Krabbenfresser ernähren sich zwar hauptsächlich von Krill, den sie aus dem Meerwasser seihen, aber ihre Zähne erinnern die Wissenschaftler daran, dass diese gewaltigen Tiere nicht unterschätzt werden dürfen.*

4. MEERESTIERE ALS BEOBACHTER

*Eine antarktische Robbenmutter und ihr Junges repräsentieren die aktuelle und die künftige Generation potenzieller tierischer Beobachter. Mithilfe dieser Forschungsassistenten kann es den Wissenschaftlern gelingen, den Verlust ihrer polaren Lebensräume durch den Klimawandel zu verhindern.*

Sich in einem kleinen aufblasbaren Boot durch 20 Zentimeter dickes Packeis zu kämpfen, auf schwimmenden Eisbrocken mit temperamentvollen Robben zu ringen und vom Wetter herumgewirbelt zu werden, all das gehört zum Alltag dieser unerschrockenen Wissenschaftler. Mark Harris, ein Mitglied des Teams, notierte in seinem Forschungstagebuch: »Mutter Natur hat sich gegen uns gewandt. Die Temperatur lag bei −8 °C bei Windgeschwindigkeiten von 80 Stundenkilometern, es schneite bei einem Windchill von −44 °C. Kein guter Tag, um Robben zu fangen; es wurde früh entschieden, dass heute keine Arbeiten stattfinden.«

Selbst wenn die Wissenschaftler einen Monat oder längere Zeit am Stück in diesen eisigen Gewässern verbringen, können sie möglicherweise nur etwa ein Dutzend Robben markieren. Das Engagement des Teams, während der Expedition 2006 stets so viele Tiere zu markieren, wie es ohne Gefährdung der Teilnehmer möglich war, hat sich aber ausgezahlt. Die ozeanographischen Daten, die Costas Robben gesammelt haben, wurden mit solchen verglichen, die auf traditionellem Weg gewonnen worden waren, und haben sich als genau und nützlich erwiesen. Der Einsatz von Biologgern erbringt demnach genauso gute Ergebnisse wie die traditionellen Methoden.

Viele von Costas Daten stammen aus eisbedeckten Gebieten, die aufgrund logistischer und technischer Einschränkungen bisher mangelhaft untersucht sind. Die mit den markierten Robben gesammelten Daten erlauben Einblicke in diesen „blinden Fleck" und könnten sich bei der Untersuchung des Klimawandels als wertvoll erweisen. Antarktisches Tiefenwasser ist eine Schlüsselkomponente des globalen ozeanischen Förderbands, das das globale Klima beeinflusst, aber es ist schwierig, es zu untersuchen. Daten, die mithilfe tierischer Beobachter gewonnen werden, tragen dazu bei, dieses Milieu und die Mechanismen, die es beeinflussen und durch die es verändert werden kann, zu verstehen.

„Seal Team 1" posiert mit seinem jüngsten Partner auf der Mission, Daten über das unzulänglich erforschte Südpolarmeer zu sammeln. „Im tiefsten Winter Robben auf einer Eisscholle jenseits des südlichen Polarkreises zu besendern – tougher geht nicht!", sagt Mark Harris.

4. MEERESTIERE ALS BEOBACHTER

# Rote Thune: Meeresfrüchte, Biologger und der Census

Die Majestät der Roten Thune hat die Menschen seit jeher beeindruckt. Dank ihrer Kraft, ihrer Anmut und ihrer räuberischen Fähigkeiten wurden sie in vielen Gesellschaften zur Ikone. Ihr Wohlgeschmack trägt jedoch zu ihrem Niedergang bei. Rote Thune, auf dem japanischen Markt als Kuromaguro bekannt, sind weltweit sehr gefragt und erzielen höchste Preise, auch wenn die Bestände ständig abnehmen. Daher hat der Aufwand, der betrieben wird, um diese Kult-Meeresfrucht zu fangen, beträchtliche Ausmaße erreicht.

Experten warnen nun, dass die Bestände der Roten Thune diesem Druck nicht standhalten können, und es wird viel Arbeit in das Sammeln von Informationen über die Art investiert, um darauf aufbauend das Bestandsmanagement zu verbessern. Barbara Block, Chef-Wissenschaftlerin beim Census-Programm „Tagging of Pacific Predators" (TOPP), sagt dazu: „Ihre Bestände stehen am Rande des Zusammenbruchs, und das ist unter unseren Augen geschehen, während meiner Lebenszeit. Wir wissen heute genug, um die Bestände wieder aufbauen zu können und zu verhindern, dass sie das Schicksal des Kabeljaus teilen."

Der Rote Thun ist eine der Arten, die von Census-Forschern gründlich untersucht werden. Die Wissenschaftler, die die Wanderungen und das Tauchverhalten der Roten Thune mit Biologgern verfolgt haben, haben herausgefunden, dass diese Giganten der Meere während ihrer jährlichen Wanderungen routinemäßig ganze Ozeanbecken durchmessen. Thunfische, die zusammen in irischen Gewässern markiert worden waren, wurden acht Monate später mehr als 4 800 Kilometer voneinander entfernt angetroffen. Die herkömmlichen Strategien für das Management der Thunfischbestände berücksichtigen diese ausgedehnten Wanderungen nicht und gehen außerdem von der irrigen Annahme aus, dass es im Meer Grenzen gibt. Das macht den erfolgreichen Schutz der Bestände unwahrscheinlich. Rote Thune halten sich nicht an vom Menschen gezogene Grenzen. Wegen ihrer weltweiten Wanderungen beeinflusst Fischerei in europäischen Gewässern den Bestand im Golf von Mexiko, und Wilderei im Südpolarmeer wirkt sich auf die Bestände im Nordpazifik aus. Gemeinsames Management über politische Grenzen hinweg ist ein Schlüsselerfordernis, wenn die Thunfischbestände sich erholen und überleben sollen.

Die Markierung von Roten Thunen durch die Census-Forscher und nahe stehende Gruppen – wie z. B. die Tag-a-Giant Foundation, das Large Pelagics Research Center und das Pelagic Fisheries Conservation Program, um nur einige zu nennen – trägt zu einer Verbesserung der Managementbemühungen bei, da die Ergebnisse ein klareres Bild davon vermitteln, wie dieser Kult-Fisch das Meer nutzt. Zunehmendes Wissen über den Lebensraum und ozeanographische Daten, die mittels hoch entwickelter Biologger gewonnen wurden, machen besser nachvollziehbar, wie Umweltbedingungen die Nahrungs- und Laichökologie der Thune beeinflussen. Letztlich kann dieses Wissen dazu beitragen, ihren Untergang zu verhindern.

*Ein Trio Roter Thune zeigt die Majestät der Art. Die Bestände dieser hoch begehrten Meeresfrucht schwinden. Markierungsprojekte des Census haben jedoch Aufschluss über die Ökologie der Roten Thune gegeben und liefern wertvolle Informationen für das künftige Management dieser Art.*

*Technische Fortschritte beim Biologging ermöglichen es Forschern, weit wandernde Rote Thune, wie diesen hier, dem gerade ein solches Gerät implantiert wird, für das Sammeln ozeanographischer Daten einzusetzen.*

Die Probenahme in den Polarmeeren stellt seit den frühen Tagen der Polarforschung eine Herausforderung dar. Meereskundliche Forschung in Polargebieten erfordert spezielle Ausrüstung, Forschungsschiffe und Personal. Dazu kommt, dass die Untersuchungen nur zu bestimmten Jahreszeiten möglich sind und oft von Meereis behindert werden. Daher galt sie zumindest als kostspielig und schwierig. Sensoren, die von Tieren transportiert werden, haben der Forschung in den Polarmeeren einen beträchtlichen Schub versetzt. Probenahmen werden nicht länger durch die eingeschränkten Möglichkeiten der Wissenschafter, die nur in eng begrenzten Zeitfenstern tätig werden können, behindert. Heute werden tierische Beobachter mit Biologgern ausgerüstet, die Umweltbedingungen erfassen und Daten übermitteln, während ihre Träger dem alltäglichen Leben nachgehen – noch lange nachdem die Wissenschaftler das Gebiet wieder verlassen haben.

Der Forschung im Pelagial der Weltmeere und in der Tiefsee hat der Einsatz von Biologgern einen ähnlichen Schub versetzt. Tierische Forschungsassistenten öffnen Fenster der Erkenntnis in diesen aus Kosten- und Sicherheitsgründen und wegen ihrer Ausdehnung traditionell schlecht untersuchten Gebieten. Durch das Markieren so weit wandernder Tiere wie der Thunfische und Haie haben die Census-Forscher, die das Pelagial der Meere untersuchen, in bestimmten Regionen einen überraschenden biologischen Reichtum aufgedeckt. Im Pazifik wurden sogenannte biologische Hotspots – wahre Oasen in den Weiten des offenen Meeres – entdeckt. Die bereits beschriebene Besenderung so tief tauchender Tiere wie der See-Elefanten hat den Reichtum mancher Tiefsee-

*Dieser markierte junge Lachs, ein eher ungewöhnlicher Forschungsassistent, ist eines der vielen Tiere, die Wissenschaftlern helfen, den Lebensraum Meer besser zu verstehen.*

Lebensräume und deren Verbindungen zu Ökosystemen in geringeren Tiefen aufgedeckt. Früher war die Tiefsee einer der am schwierigsten zu untersuchenden Meeresbereiche, aber dank tief tauchender Robben, Wale und anderer Tiere, die für die Census-Forscher Sensorpakete in die Tiefe tragen, nimmt die Menge der erhobenen Daten Jahr für Jahr zu.

Man kann sich eine ganze Armada tierischer Beobachter vorstellen, wie sie – mit den aktuellsten, am höchsten entwickelten Biologgern ausgestattet – in den Meeren herumschwimmen, ihr Leben leben und gleichzeitig passiv unser Wissen über das Meer fördern. Census-Forschung trägt dazu bei, diese Vision Realität werden zu lassen. Wenn es technische Fortschritte gibt, Batterien kleiner und kraftvoller werden und Sensoren genauer, widerstandsfähiger und weniger kostspielig, wird die Census-Forschung von der größeren Genauigkeit und einem klareren Fokus profitieren. Es ist unwahrscheinlich, dass tierische Beobachter die Wissenschaftler bei der Erforschung der Meere vollständig ersetzen, aber es wird immer wahrscheinlicher, dass die Wissenschaftler noch viel mehr Unterstützung von den Lebewesen erhalten, die sie untersuchen.

# Der Dunkle Sturmtaucher – ein Streckenweltrekordler

*Wegen der Fortschritte bei der Miniaturisierung der Biologger können Tiere, die so klein sind wie der Dunkle Sturmtaucher, markiert und ihre Wanderungen verfolgt werden, was Aufschluss über ihre Ökologie und ihre Umwelt gibt.*

Eine 64 000 Kilometer weite Reise ist eine ziemliche Tour, aber stellen wir uns vor, diese Entfernung überwindet ein kleiner Vogel! Auch wenn der weltweite Flugverkehr die Welt hat zusammenschrumpfen lassen, werden die meisten Menschen auf diesem Planeten diese Entfernung nicht einmal in ihrem gesamten Leben zurücklegen. Ein kleiner Watvogel jedoch, der Dunkle Sturmtaucher, überfliegt diese Distanz alljährlich auf seiner Wanderung von Neuseeland in den Nordpazifik und zurück. Census-Forscher versahen zu Beginn des Jahres 2005 in Neuseeland 33 Dunkle Sturmtaucher mit Biologgern. Als die Sturmtaucher später im Jahr von ihrer jährlichen Wanderung nach Neuseeland zurückkehrten, konnten 20 der Geräte wieder gewonnen werden. Die Geschichte, die sie erzählten, schockierte die Forscher und veränderte ihr Wissen über die Ökologie der Dunklen Sturmtaucher wesentlich.

Die Biologger-Daten zeigten, dass Dunkle Sturmtaucher auf ihrer Wanderung von den Brutgebieten in Neuseeland zu den nordpazifischen Nahrungsgebieten in Japan, Alaska und Kalifornien bis zu 880 Kilometer am Tag flogen, und manche Individuen legten in einer Saison bis zu 62 400 Kilometer zurück! Zu diesem Zeitpunkt war das die weiteste je registrierte Tierwanderung. Die Biologger zeichneten außerdem den Wasserdruck auf, aus dem sich die Tiefe bestimmen lässt, und es zeigte sich, dass Dunkle Sturmtaucher darüber hinaus bei der Verfolgung von Fischen, Kalmaren und Krill mehr als 60 Meter tief tauchten.

Die Forscher hoffen, dass die fortgesetzte Überwachung von Sturmtauchern weitere Erkenntnisse über ihr Wanderungsverhalten im immerwährenden Sommer zutage fördert und den Wissenschaftlern hilft, vorherzusagen, wie sich der globale Klimawandel auf ihre Bestände auswirkt. Darüber hinaus können genaue Zugdaten zum Schutz der Dunklen Sturmtaucher, deren Bestände nach verschiedenen Studien abnehmen, beitragen, indem sie aufzeigen, wo im Pazifik die entscheidenden Nahrungs- und Brutgebiete liegen.

KAPITEL 5

# Das Schwinden der Eisozeane

*Es ist mehr als wissenschaftliche Neugier, was dieses Vorhaben antreibt. Die Polarregionen der Erde sind besonders anfällig für die Wirkungen des globalen Klimawandels. Auf die laufende Erderwärmung reagieren sie immer unvorhersehbarer und dramatischer.*
– RON O'DOR, LEITENDER WISSENSCHAFTLER, CENSUS OF MARINE LIFE

An Nord- und Südpol unseres Planeten finden dramatische Veränderungen statt. Ein durch globale Erwärmung verursachter Klimawandel hinterlässt dauerhafte Spuren in den Eisozeanen und bei den Organismen, die dort leben. Das Eis an den Polen unterlag schon immer jahreszeitlichen Schwankungen. Mit dem globalen Anstieg der Durchschnittstemperaturen nimmt aber die Gesamtmenge des Eises an den Polen ab. Üblicherweise ist im September die Eisbedeckung des Nordpolarmeeres am geringsten. 2007 erreichte der Verlust arktischen Meereises im September einen neuzeitlichen Rekord: Die Eisbedeckung schrumpfte auf ungefähr 4,1 Millionen Quadratkilometer – das waren 43 Prozent weniger als 1979, als die genauen Satellitenbeobachtungen begannen.

Entsprechend verliert das Eisschild der Antarktis, das ca. 98 Prozent des Kontinents bedeckt und durchschnittlich über 1600 Meter dick ist, ungefähr 150 Kubikkilometer Eis pro Jahr, wie eine aktuelle Studie, die sich auf Satellitenbeobachtungen stützt, ergab.

Aufgrund dieser dramatischen, vergleichsweise rasanten Veränderungen halten Wissenschaftler, die das Leben in den Polarmeeren untersuchen, es für absolut dringlich, so schnell wie möglich so viel wie möglich zu erforschen, bevor die Gebiete irreversibel verändert sind. Glücklicherweise war mit dem vierten Internationalen Polarjahr, das vom International Council for Science und der World Meterological Organization ausgerufen wurde, bereits ein Programm zu einer umfassenderen Erforschung dieser Regionen in Arbeit. (Die

*Gegenüberliegende Seite: Wissenschaftler an Bord des FS* Polarstern *fingen dieses Bild eines driftenden Tafeleisbergs in fast völlig ruhiger See in der Antarktis ein. Dieser Eisberg war einer von Tausenden, den die Forscher auf einer zehnwöchigen Expedition ins Weddell-Meer 2006/2007 sahen.*

*Dieser Presseisrücken wurde aus der Perspektive eines Gerätetauchers während einer Expedition ins Kanadische Becken 2005 fotografiert.*

ersten drei Internationalen Polarjahre fanden 1882–1883, 1932–1933 und, unter der Bezeichnung Internationales Geophysikalisches Jahr, 1957–1958 statt.) Um Arktis und Antarktis vollständig und gleichwertig abdecken zu können, brachte das vierte Internationale Polarjahr (genauer gesagt waren es zwei Jahre – von März 2007 bis März 2009) Tausende Wissenschaftler aus über 60 Ländern zusammen, die ein weites Spektrum von Themenfeldern aus der Physik, Biologie und Sozialforschung bearbeiteten. Zwei Census-Projekte spielen beim Internationalen Polarjahr eine wesentliche Rolle; allein in der Antarktis sammelt der Census of Marine Life innerhalb dieser zwei Jahre Daten von 18 Expeditionen.

Wissenschaftler beeilen sich, diese Gebiete zu untersuchen, bevor sie noch weiter durch den Klimawandel beeinträchtigt werden, um eine Referenzlinie zu bestimmen, an der sich künftige Veränderungen bemessen lassen. Die Forscher nutzen auch die Gelegenheit, herauszufinden, welche Lebewesen diese Regionen besiedeln, bevor deren Charakter sich durch klimatisch bedingte Umweltveränderungen wandelt.

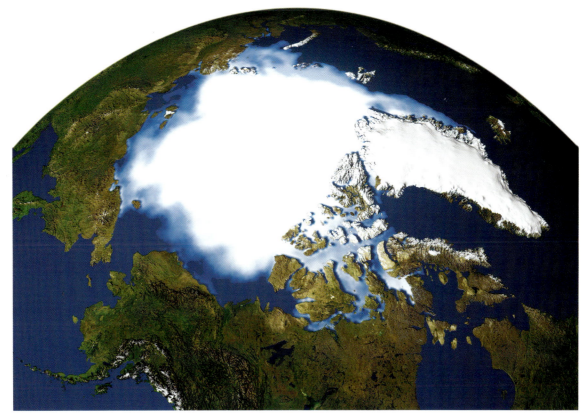

*Dieses Satellitenbild zeigt die durchschnittliche minimale Eisbedeckung der Arktis für die Jahre 1979 bis 1981. Satellitenbeobachtungen wurden erstmals 1979 möglich.*

*Dieses Bild verdeutlicht, wie sich die durchschnittliche minimale Eisbedeckung der Arktis in den Jahren 2003 bis 2005 gegenüber dem Zeitraum von 1979 bis 1981 verändert hat.*

*Wer in der Arktis forscht, muss auf kalte, extrem harte Bedingungen vorbereitet sein, wenn er schwer zugängliche Polargebiete untersucht. Dies ist eine typische Meereis-Station während einer Expedition in das Kanadische Becken im Nordpolarmeer 2005. Zur Ausrüstung gehören ein Stromgenerator, Schlitten zum Ziehen der Geräte, ein Eiskernbohrer sowie Licht- und Temperatursensoren.*

„Die aktuell ablaufenden enormen Veränderungen in der Arktis machen die Anstrengungen, die Vielfalt des Lebens in den drei großen Bereichen [Meereis, Wassersäule, Meeresboden] zu bestimmen, zu einer dringenden Angelegenheit", erklärt Rolf Gradinger, der zusammen mit seinen Kollegen Bodil Bluhm und Russ Hopcroft von ihrer Basis an der University of Alaska in Fairbanks aus die Census-Projekte im Nordpolarmeer leitet. Das Ausmaß des vorausgesagten Umweltwandels und seine Effekte auf das Leben im Meer erfordern ein Langzeit-Monitoring, für das das Vorhandensein von Referenzdaten entscheidend ist. „Informationen auf Artniveau sind für Diskussionen des Klimawandels, seiner Ausprägungen und Wirkungen unerlässlich", ergänzt Gradinger.

Gradingers Kollege auf der Südhalbkugel stimmt dem zu. „Was wir auf dieser Expedition [an Bord des Forschungseisbrechers *Polarstern* im Dezember 2007 und Januar 2008] gesehen haben, ist sozusagen die Spitze eines Eisbergs. Einsichten von dieser und weiterer Reisen im Rahmen des Internationalen Polarjahres werden näher beleuchten, wie sich klimatische Veränderungen auf die an Eis angepassten Lebewesen in dieser Region auswirken", erläutert Michael Stoddart von der Australian Antarctic Division, einer der Leiter des Census-Programms für die Antarktis.

Ohne Zweifel haben diese Wissenschaftler alle Hände voll zu tun. Wissenschaftliche Untersuchungen in diesen Breiten sind mit Kälte, Schwierigkeiten und Gefahren verbunden – und mit hohen Kosten. In der Tat ist Forschung im Südpo-

*Ferngesteuerte Unterwasserfahrzeuge (remotely operated vehicles, ROVs) wie das hier gezeigte dienen den Wissenschaftlern als Augen und Ohren unter dem Eis ebenso wie als Mittel, um Proben für spätere Beobachtungen und Untersuchungen zu sammeln. Dieses ROV wurde bei der Untersuchung des Kanadischen Beckens im Nordpolarmeer genutzt, einem ausgedehnten, weitgehend eisbedeckten Unterwasserloch von etwa 3 800 Meter Tiefe.*

larmeer die teuerste Forschung weltweit: Eine Expedition mit dem Forschungseisbrecher ins Südpolarmeer kostete 2005 einen Euro pro Sekunde! Polarforschung erfordert sorgfältige Planung und die Dienste hoch entwickelter eisbrechender Forschungsschiffe, um die abgelegenen, frostigen Gegenden an den Polen zu erreichen. Trotz der enormen Herausforderungen haben Census-Forscher beträchtliche Erfolge dabei erzielt, unser Wissen über das Leben unterhalb des Meereises zu erweitern – und tun dies weiterhin.

Da die Polargebiete wegen ihrer relativen Unzugänglichkeit nur schlecht erforscht sind, erwies sich die Zahl der Neuentdeckungen bei den Probenahmen als absolut außergewöhnlich. Auf praktisch allen Expeditionen in diese abgelegenen Regionen fanden die Forscher neue Lebensformen. Man schätzt, dass die Hälfte aller Arten, die unterhalb 3 000 Meter Tiefe in den Weltmeeren gefunden wurden, für die Wissenschaft neu sind; in isolierten Teilen der Welt wie im Südpolarmeer liegt diese Zahl vermutlich sogar eher bei 95 Prozent. Bei drei Expeditionen ins südliche Eismeer zwischen 2004 und 2007 wurden beispielsweise mehr als 700 neue Arten entdeckt.

## Die Entdeckung verborgener Ozeane

2005 gingen 24 Wissenschaftler aus vier verschiedenen Ländern (USA, Kanada, Russland und China), darunter elf Census-Forscher, an Bord des Eisbrechers *Healy* der amerikanischen Küstenwache, um eine 30-tägige Reise in den äußersten Norden unseres Planeten zu unternehmen. Ihre Reise durch den kurzen

*Diese Rippenqualle, eine Aulacoctena-Art, wurde von einem ferngesteuerten Unterwasserfahrzeug im hocharktischen Kanadischen Becken gesammelt.*

*Seegurken wie dieses Exemplar dominierten die Meeresbodenfauna an verschiedenen Stationen der „Hidden Ocean"-Expedition 2005.*

*Dieser Federstern wurde während der „Hidden Ocean"-Expedition ins Kanadische Becken von einem ferngesteuerten Unterwasserfahrzeug gesammelt.*

*Dieser hocharktische Seestern wurde mithilfe eines ferngesteuerten Unterwasserfahrzeugs auf dem Tiefseeboden des Kanadischen Beckens gesammelt.*

*Die ausgewählten Untersuchungsmethoden sollten die Umwelt möglichst wenig beeinträchtigen. Eine dieser Methoden war das Gerätetauchen. Hier bereiten sich Taucher auf ihren Einsatz unter dem Eis vor.*

Polarsommer offenbarte eine überraschende Dichte und Vielfalt des tierischen Lebens im Arktischen Ozean, auch Nordpolarmeer genannt.

Während dieser Reise wurden eine unerwartet hohe Anzahl und Vielfalt großer arktischer Quallen, Tintenfische, Dorsche und anderer Tiere gefunden, die in dieser extremen Kälte gediehen, über Jahrtausende unter einer Eisschicht von bis zu 20 Metern Dicke geschützt. *Healy* kehrte von dieser durch die U.S. National Oceanic and Atmospheric Administration finanzierten Expedition mit Tausenden von Proben aus der Tschuktschen- und der Beaufort-See sowie dem Kanadischen Becken, einer gewaltigen, von steilen Rücken begrenzten und mit Eis bedeckten „Schüssel", zurück.

Die Wissenschaftler nahmen an 14 Stellen Proben, von denen fünf aus Tiefen von 3 300 Metern und mehr kamen. Dabei waren die Forscher rund um die Uhr tätig, um die kostbare Schiffszeit optimal zu nutzen. Sie brachten ein ganzes Arsenal an Probenahmegeräten zum Einsatz, darunter ein ferngesteuertes Unterwasserfahrzeug, eine Benthos-Kameraplattform, Unter-Eis-Kameras und Gerätetaucher; hinzu kamen pelagische Fangnetze, benthische Bodengreifer und ein Eiskernbohrer.

Unter den mehreren Tausend zusammengetragenen Exemplaren und Bildern vermuten Wissenschaftler neue Arten von Quallen und benthischen Borstenwürmern, außerdem befinden sich darunter der erste Kalmar *(Gonatus fabricii)* und die erste Krake *(Cirroteuthis muelleri)*, die jemals im Arktischen Ozean gefunden wurden. Es können jedoch noch Jahre vergehen, bevor die gesammelten Exemplare formal als neue Arten bestätigt sind; der gutachterlich begleitete Prozess ist anspruchsvoll, geht in kleinste Details und erfordert die

*Bei der Erforschung der Arktis benötigt man sowohl Abenteuerlust als auch Sinn für Humor. Die Taucherin Elizabeth Siddon zeigt hier beides.*

5. DAS SCHWINDEN DER EISOZEANE     123

Zusammenarbeit mit Taxonomie-Experten sowie Vergleiche mit ähnlichen Arten. Außer von den potenziellen neuen Arten waren die Wissenschaftler von zwei Arten Sandfloh-ähnlicher Crustaceen (Flohkrebse) fasziniert, die, obwohl bekannt, nie zuvor im Eis gefunden worden waren.

„Insgesamt war die Tierdichte viel höher als erwartet", sagt Census-Forscherin Bodil Bluhm. „Es scheint nun möglich zu bestätigen, dass die hohe Biodiversität, die Tiefseeforscher weltweit überrascht, auch in den Tiefen der Polarmeere zu finden ist, den am schlechtesten untersuchten Meeresgebieten."

## Überraschungen im Südpolarmeer

Das Südpolarmeer, auch Südlicher oder Antarktischer Ozean genannt, besteht aus den südlichen Teilen von Atlantik, Pazifik und Indischem Ozean, wird aber auch als eigenständiges Meer betrachtet, da die Durchschnittstemperaturen und der Salzgehalt dort geringer sind als in den beteiligten Wasserkörpern. Es hat eine Fläche von 35 Millionen Quadratkilometern, was zehn Prozent der gesamten Meeresoberfläche entspricht, und ist das geheimnisumwobenste und tückischste der Weltmeere. Jahrhundertelang sprachen die Seeleute von den „Roaring Forties", den „brüllenden Vierzigern", eine Referenz an die unaufhörlichen Winde in diesen öden südlichen Breiten.

Das Südpolarmeer wird auch durch den Antarktischen Zirkumpolarstrom beeinflusst, eine kräftige Strömung von West nach Ost, die 145 Millionen Kubikkilometer Wasser pro Sekunde transportiert. Zum Vergleich: Die globale Jahresabflussmenge aller Fließgewässer liegt etwa bei 35 000 bis 40 000 Kubikkilometern. Diese starke Strömung bildet im Südpolarmeer einen riesigen „physikalischen Wirbel", den die Wissenschaftler untersuchen, um die Rolle dieser Strömung bei der Verteilung von Leben in den Weltmeeren und bei fortgesetztem Klimawandel zu bestimmen.

Eine Census-Expedition hatte sich 10 000 Quadratkilometer antarktischen Meeresbodens als Ziel ausgesucht, der als Ergebnis des Klimawandels zugänglich geworden war. Eine Gruppe von 52 Meereswissenschaftlern erstellte die erste umfassende biologische Bestandsaufnahme des Gebiets, das durch den Abbruch der beiden Schelfeisplatten Larsen A und Larsen B 1995 bzw. 2002 freilegt wurde – das zugänglich gewordene Gebiet hat etwa die Fläche von Jamaika.

An Bord des deutschen Forschungseisbrechers *Polarstern*, der vom Alfred-Wegener-Institut für Polar- und Meeresforschung in Bremerhaven betrieben wird, verbrachten die Wissenschaftler zehn Wochen mit der Untersuchung eisigen Meerwassers bis in eine Tiefe von 850 Metern vor der Antarktischen Halbinsel. Ihre Mission hatte drei Ziele: Die Forscher sollten die Auswirkungen des

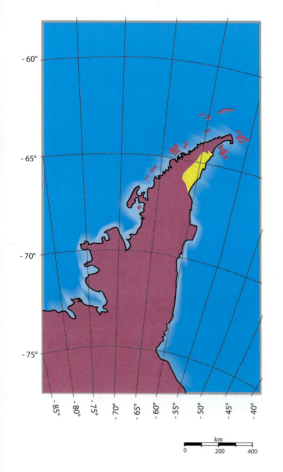

*Das gelb markierte Gebiet zeigt die ungefähre Lage der Schelfeisplatten Larsen A und Larsen B vor ihrem Zusammenbruch.*

*Wenn die großen antarktischen Gletscher die Küste des Kontinents erreichen, schwimmen sie auf, da ihre Dichte geringer ist als die des Meerwassers, und werden Teil eines Eisschelfs, von dem große Blöcke kalben, die Eisberge. Seit 1974 haben sich insgesamt 13 500 Quadratkilometer Schelfeis von der Antarktischen Halbinsel gelöst, ein Phänomen, das mit dem regionalen Temperaturanstieg in den letzten 50 Jahren zusammenhängt.*
*Wissenschaftler befürchten, dass ähnliche Abbrüche in anderen Gebieten zu einem größeren Eisfluss ins Meer und zu einer Anhebung des Meeresspiegels führen. Das Bild zeigt einen abendlichen Blick auf die Stelle, an der sich früher das Larsen-B-Schelfeis befand.*

*Ein Teil der gebrochenen Verbindung zwischen dem Larsen-B-Schelfeis und der Antarktischen Halbinsel. Das Bild wurde während der Polarstern-Expedition ANTXXIII/8 in das Weddell-Meer im Südsommer 2006/2007 aufgenommen.*

größten in der Geschichte bekannten Zusammenbruchs von Schelfeisplatten auf die Umwelt darstellen, sie sollten herausfinden, welche endemischen Formen marinen Lebens unter Larsen A und B existierten, und in Erfahrung bringen, welche Organismen die Chance genutzt haben, nach den Abbrüchen in das Gebiet einzuwandern. Unter Einsatz hoch entwickelter Sammel- und Beobachtungsausrüstung gewannen die Experten auf der *Polarstern* eine Fülle neuer Einsichten. Unter den schätzungsweise 1 000 gesammelten Arten entdeckten sie mehrere unbekannte und möglicherweise für die Wissenschaft neue.

„Das Abbrechen dieser Schelfeisplatten eröffnete riesige, nahezu unberührte Flächen auf dem Meeresboden, die mindestens 5 000 Jahre und im Fall von Larsen B wohl mindestens 12 000 Jahre lang von oben her abschlossen waren", erklärt Julian Gutt, Meeresökologe am Alfred-Wegener-Institut und wissenschaftlicher Leiter der *Polarstern*-Expedition. „Der Zusammenbruch von Larsen A und B kann uns Hinweise darauf geben, wie sich klimatisch bedingte Veränderungen auf die Biodiversität und die Funktionsweise des Ökosystems auswirken."

Bis zu dieser Expedition hatten die Forscher lediglich durch Bohrlöcher einen Blick auf das Leben unter dem antarktischen Schelfeis werfen können. Jetzt bot

*Seegurken waren im Gebiet von Larsen B reichlich vorhanden. Interessanterweise scheinen hier alle in die gleiche Richtung ausgerichtet zu sein.*

sich den Wissenschaftlern an Bord der *Polarstern* die einzigartige Chance, das marine Ökosystem hautnah zu beobachten, welches das auf unserem Planeten am wenigsten von Menschenhand beeinflusste sein dürfte.

Die Forscher an Bord des FS *Polarstern* machten eine Anzahl interessanter Beobachtungen. Sie fanden heraus, dass der Untergrund des Südpolarmeeres alles andere als einheitlich ist, das Spektrum reicht von Felsen bis zu reinem Schlamm. Infolgedessen gibt es große Unterschiede bei der Epifauna, den Tieren, die den Meeresboden besiedeln, obwohl ihre Zahl lediglich ein Prozent der im östlichen Weddell-Meer gefundenen ausmacht. Trotz der geringeren Abundanz der Epifauna waren die Wissenschaftler begeistert: Sie fanden in den relativ flachen Gewässern der Larsen-Zone zahlreiche Tiefsee-Seelilien (aus der Gruppe der Crinoiden) und deren Verwandte, Seegurken und Seeigel. Normalerweise sind diese Arten in Tiefen von mehr als 2000 Metern zu finden, sie können mit knappen Ressourcen leben – Bedingungen, die denen unter Schelfeis ähneln.

Zu den offensichtlichen Neubesiedlern der Larsen-Zone gehören schnell wachsende gallertige Seescheiden. Die Forscher fanden dicht mit Seescheiden besiedelte Stellen und gehen davon aus, dass sie das Larsen-B-Gebiet erst besiedeln konnten, nachdem 2002 die Schelfeisplatte abgebrochen war. Sehr langsam wachsende Glasschwämme wurden ebenfalls entdeckt; sie hatten ihre größte Dichte im Larsen-A-Gebiet, wo Lebensformen sieben Jahre länger Zeit hatten, sich anzusiedeln, als bei Larsen B. Die große Zahl beobachteter juveniler Formen der Glasschwämme deutet auf eine Veränderung der Artenzusammensetzung und Abundanz seit 1995 hin. Die Census-Forscher stießen auch

*Oben: Diese schnell wachsenden Ascidien oder Seescheiden wurden im Gebiet Larsen A gefunden und zeigen möglicherweise eine natürliche Veränderung der Biodiversität infolge des Zusammenbruchs der Schelfeisplatten an. Auf dem Tier im Vordergrund haben sich zwei Crustaceen und ein Schlangenstern angesiedelt.*

*Rechts: Im Gebiet Larsen A fand die Expedition große Glasschwämme, die sehr langsam wachsen, was bedeutet, dass sie sich vermutlich schon vor dem Abbruch des Schelfeises an Ort und Stelle befanden.*

128   SCHATZKAMMER OZEAN

auf eine Anzahl potenziell neuer Arten, die der taxonomischen Bearbeitung harren.

Im Rahmen der Erfassung mariner Säugetiere und ihres Verhaltens im Südpolarmeer haben die *Polarstern* und die Besatzungen der bordeigenen Helikopter insgesamt ungefähr 700 beziehungsweise 8 000 Seemeilen (1 300 bzw. 15 000 Kilometer) zurückgelegt. Zu den bedeutsamen Beobachtungen gehörten Minkwale in der Nähe der Packeisgrenze und sehr seltene Schnabelwalarten bei Elephant Island. „Es war erstaunlich zu sehen, wie schnell die Minkwale einen neuen Lebensraum angenommen und in beträchtlichen Dichten besiedelt haben", sagt die Spezialistin Meike Scheidat vom Forschungs- und Technologiezentrum Westküste in Büsum. „Sie zeigen an, dass sich das Ökosystem in der Wassersäule deutlich verändert hat."

Für Michael Stoddart, den Leiter des Census-Projekts in der Antarktis, ist die langsame Abnahme des Meereises und der Planktonalgen, die darunter leben, eine signifikante Folge der steigenden Temperaturen auf der Antarktischen Halbinsel, des nördlichsten Teils des antarktischen Festlands. Diese Algen ernähren Krill, kleine Garnelen-ähnliche Tiere, und stellen so die unterste Ebene eines marinen Nahrungsnetzes dar, an dessen Spitze die großen antarktischen Arten mit Kultcharakter – Pinguine, Wale und Robben – stehen. Ein adulter Blauwal frisst pro Tag etwa vier Millionen Krillkrebse. „Algen sind die Quelle zahlreich vorhandenen, hochwertigen Winterfutters und spielen für die Intaktheit des gesamten Ökosystems eine zentrale Rolle", sagt Stoddart. Er ergänzt, dass neuere Untersuchungen von Kollegen aus Großbritannien zeigen, dass die Krill-Bestände rund um die Antarktische Halbinsel deutlich abnehmen.

## Neue Fenster des Wissens

2008 kehrten drei weitere Forschungsschiffe aus dem Südpolarmeer zurück. Wie ihre Vorgänger hatten sie in den kalten Gewässern in der Nähe der ostantarktischen Landmasse ein breites Spektrum ozeanischen Lebens gesammelt, darunter eine Anzahl bisher unbekannter Arten.

Das australische Forschungsschiff *Aurora Australis* und seine Partnerschiffe *L'Astrolabe* (Frankreich) und *Umitaka Maru* (Japan) – alle Teilnehmer am Internationalen Polarjahr – zeigen, dass die Vorteile einer Zusammenarbeit nicht nur in der erweiterten Nutzung von Ressourcen bestehen, sondern dass auch der Zuwachs an Wissen und Einsichten deutlich größer ist. Die Wissenschaftler-Teams an Bord des französischen und des japanischen Schiffs untersuchten die Bedingungen in mittleren und geringeren Meerestiefen, während sich das Team an Bord der *Aurora Australis* auf den Meeresboden konzentrierte. Der Einsatz von Technik spielte bei den Untersuchungen eine zentrale Rolle.

*Sadie Mills (links) und Niki Davey halten gewaltige Seesterne der Gattung* Macroptychaster *– bis zu 60 Zentimeter im Durchmesser –, die in antarktischen Gewässern gefangen wurden, in die Kamera.*

Der Fahrtleiter auf der *Aurora Australis*, Census-Forscher Martin Riddle von der Australian Antarctic Division, sagt, ihre Expedition habe in einer bisher unbekannten Umgebung eine bemerkenswert reiche, farbenprächtige und komplexe Tierwelt entdeckt. Die Wissenschaftler befestigten Video- und Digitalkameras am oberen Baum eines Schleppnetzes. „Das Material, das mit einem Schleppnetz gewonnen wird, sieht an Bord erst einmal wie ein Meerestier-Mischmasch aus, aber durch die Kameras wissen wir genau, wie die Tiere in ungestörtem Zustand aussahen", sagt Riddle. „An manchen Stellen ist jeder Zentimeter Meeresboden voller Leben. An anderen schrammten Eisberge über den Meeresboden und hinterließen tiefe Kerben und Furchen. Gigantismus ist in antarktischen Gewässern sehr verbreitet – wir haben enorme Würmer, riesige Crustaceen und Seespinnen von Essteller-Größe gesammelt."

Martin Riddle schlägt vor, die Ergebnisse dieser Untersuchungen als Referenzpunkt für das Monitoring des Einflusses von Umweltveränderungen auf die antarktischen Gewässer zu verwenden. Von besonderer Bedeutung ist die Entdeckung von Kaltwasserkorallen-Gemeinschaften in Tiefen von etwa 800 Metern in Canyons, die vom Kontinentalschelf in tieferes Wasser führen. Diese vom Kalziumkarbonat-Gehalt des Meerwassers abhängigen Gemeinschaften werden wohl zu

*Ein riesiger Seestern am Boden des Südpolarmeeres.*

den ersten gehören, die durch die Versauerung der Meere beeinträchtigt werden, deren Ursache der steigende Kohlendioxid-($CO_2$-)Gehalt in der Atmosphäre ist.

Ein höherer $CO_2$-Gehalt im Meer erhöht den Gehalt an Kohlensäure, die wiederum Kalziumkarbonat – aus dem die Schalen und Skelette vieler mariner Lebewesen bestehen – leichter löslich macht. Dieser Effekt ist in kaltem und tiefem Wasser am ausgeprägtesten. An Kaltwasserkorallen zeigen sich daher schon frühzeitig die Auswirkungen, die früher oder später in anderen Teilen der Weltmeere zu beobachten sein werden. Riddle geht auch davon aus, dass die im Rahmen dieser Forschung gewonnenen Erkenntnisse über die Beziehungen zwischen fragilen Kaltwasserriffen und wirtschaftlich wertvollen Fischen sich bei der Vorhersage der Auswirkungen kommerzieller Fischerei, inbesondere der zerstörerischen Wirkung des Einsatzes von Bodenschleppnetzen und auf dem Meeresboden ausgelegten Langleinen, als hilfreich erweisen wird.

Wie seine Kollegen, die das Larsen-Eisschelf untersuchten, postuliert auch Riddle, dass die Wissenschaftler erst beginnen, die komplexe Biodiversität im Südpolarmeer und ihre Bedeutung für lokale, regionale und globale Ökosysteme zu verstehen. Er und seine Forschungskollegen glauben, dass ihre Untersuchungen zwei Dinge leisten: Sie sind der Grundstein dafür, dass wir verstehen, wie sich die Tiergemeinschaften an die einzigartigen Umweltbedingungen in der Antarktis angepasst haben. Und sie liefern gleichzeitig einen Rahmen für die Nutzung dieses Wissen, wenn sich die laufenden Veränderungen in der Region beschleunigen.

# Polare Gegensätze:
# Die Eisozeane unterscheiden sich

*Mitglieder des Wissenschaftlerteams zur Untersuchung des Meereises an Bord des Eisbrechers* Healy *der amerikanischen Küstenwache werden während einer Census-Expedition in die Arktis 2005 im Kanadischen Becken auf dem Eis abgesetzt.*

Antarktika und die Arktis sind im wahrsten Sinne des Wortes polare Gegensätze, aber ihre geographische Lage ist nur einer der vielen Unterschiede. Antarktika ist ein Kontinent, von einem Meer umgeben und nahezu vollständig von Eis bedeckt, während es sich bei der Arktis um ein Meer handelt, das von Kontinenten und Grönland umgeben ist. Diese Gegebenheiten führen dazu, dass sich das Meereis ebenfalls unterscheidet. Die Landmassen, die das Nordpolarmeer fast völlig umschließen, wirken als Barriere – das Meereis kann sich nicht so frei bewegen wie das Eis, das Antarktika umgibt. Arktisches Meereis verschiebt und bewegt sich jedoch innerhalb seines Beckens; die Eisbrocken stoßen aneinander, stauen sich auf und bilden auf diese Weise dicke Eisrücken. Diese sich verbindenden Eisschollen führen dazu, dass das arktische Eis dicker ist als das Meereis im Südpolarmeer vor der Küste Antarktikas.

Die Dicke des Eises in den Eisrücken des Nordpolarmeeres führt dazu, dass ein Teil des Eises während der sommerlichen Schmelzperiode erhalten bleibt und im folgenden Herbst weiterwächst. Man nimmt an, dass von den winterlichen 15 Millionen Quadratkilometern Meereis am Ende der sommerlichen Schmelzperiode noch sieben Millionen Quadratkilometer übrig sind. Die Entwicklung wird wegen der Klimaerwärmung genau überwacht.

Das Meereis im Südpolarmeer bildet weit weniger häufig Eisrücken als das in der Arktis. Da es im Norden nicht durch Land behindert wird, treibt das Eis in wärmeres Wasser, wo es schließlich schmilzt.

*Das Nordpolarmeer ist fast vollständig von Land umgeben, was die Bewegung von Meereis aus dem Meeresbecken hinaus einschränkt.*

5. DAS SCHWINDEN DER EISOZEANE   133

*Eine Eisbärin und ihr Junges statten den Census-Forschern an Bord des Eisbrechers* Healy *der amerikanischen Küstenwache einen Besuch ab. Die neugierigen Bären näherten sich dem Schiff bis auf 200 Meter.*

Im Gegensatz zum Norden schmilzt während des Sommers fast das ganze Meereis, das sich im antarktischen Winter bildet. Im Winter sind bis zu 18 Millionen Quadratkilometer Meeresfläche mit Meereis bedeckt, aber am Ende des Sommers sind nur noch etwa drei Millionen Quadratkilometer übrig.

Da das Meereis in den Gewässern rund um Antarktika jedes Jahr neu entsteht, ist es auch weniger dick als das Meereis der Arktis. Antarktisches Eis ist typischerweise ein bis zwei Meter stark im Gegensatz zum arktischen Meereis, das oft Stärken von zwei bis drei Metern, in manchen Gebieten bis zu vier oder fünf Metern erreicht.

Bei den Landbewohnern gibt es ebenfalls Unterschiede. Beispielsweise leben Eisbären nur in der Arktis. In Antarktika leben keine Landsäugetiere – abgesehen von den gelegentlichen menschlichen Besuchern in Gestalt von Forschern oder Touristen –, während das Land, das das Nordpolarmeer umgibt, mehrere Arten beherbergt: Rentiere, Wölfe, Moschusochsen, Hasen, Lemminge, Füchse und Menschen. Die Arktis ist die Heimat von mehr als 100 Vogelarten, die Zahl der Vögel, die den südlichsten Kontinent unseres Planeten als Heimstatt ausgewählt haben, liegt bei weniger als der Hälfte.

Ungeachtet der zahlreichen Unterschiede, von den Eisverhältnissen bis hin zu den Arten, die sie besiedeln, stehen die Eisozeane vor einer gemeinsamen Herausforderung: sich schnell an die steigenden Temperaturen und die sich ändernden Bedingungen in diesen fragilen Ökosystemen anzupassen.

*Es gibt 17 Pinguin-Arten, von denen sechs in Antarktika zu finden sind. Dieser Eselspinguin wurde während einer der 18 Census-Expeditionen in die Antarktis während des Internationalen Polarjahres (März 2007 bis März 2009) fotografiert.*

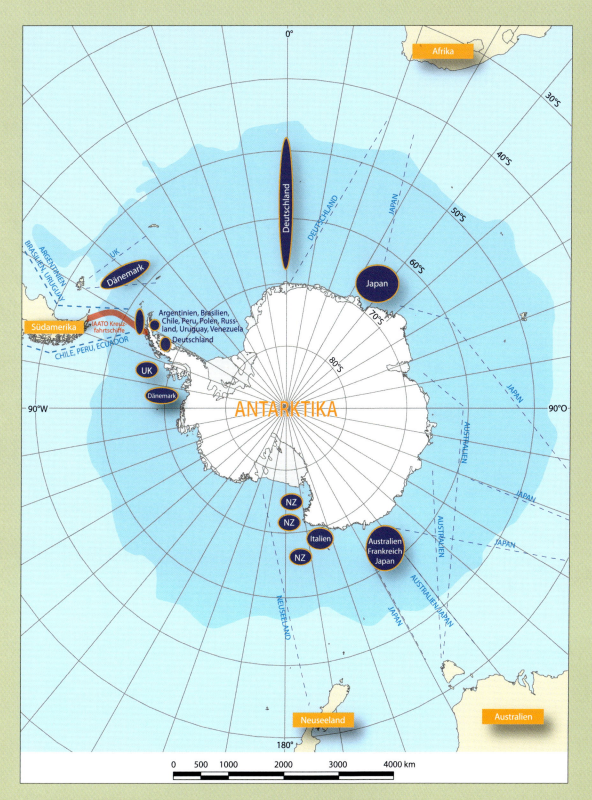

*Achtzehn Forschungsexpeditionen beteiligten sich während des Internationalen Polarjahres in den Jahren 2007 bis 2009 am Census of Antarctic Marine Life und erweiterten unser Wissen über dieses wenig erforschte Gebiet beträchtlich.*

5. DAS SCHWINDEN DER EISOZEANE 135

KAPITEL 6

# Unerwartete Diversität an den Küsten

*Was ich in meinem Leben sicher tun möchte, ist, soviel wie möglich über unseren Planeten herauszufinden, so wie er sich heute darstellt, damit künftige Generationen einen Richtwert dafür haben, wie die Erde aussah, bevor sie durch menschliche Aktivitäten unwiderruflich verändert wurde.*
– Gustav Paulay, Kurator/Professor am Florida Museum of Natural History und Teilnehmer an der „French Frigate Shoals"-Expedition im Rahmen des Census of Coral Reefs

Die Interaktion mit dem Meer hat die Entwicklung menschlicher Gesellschaften geprägt und die Weltgeschichte beeinflusst. Das Meer hat der Menschheit lange gedient: Es sorgte für ein – bis heute – relativ stabiles Klima, lieferte Nahrung und Arzneimittel, diente als Plattform für Handel und Verkehr sowie als Ort der Erholung. Außerdem spielte es eine wichtige Rolle für Menschenwanderungen und ermöglichte aufregende Entdeckungen. Trotz dieser langen gemeinsamen Geschichte weiß die Menschheit über das Meer weniger als man erwarten sollte – nicht einmal fünf Prozent des Meeresbodens sind bisher erforscht. Obwohl der Census die Vielfalt des Lebens im Meer systematisch untersucht, entdecken Forscher neue Arten, Lebensräume und Lebensgemeinschaften manchmal völlig zufällig, einfach, weil sie zur richtigen Zeit am richtigen Ort sind. Das trifft nicht nur auf die unzugänglichen Bereiche der Tiefsee zu, sondern auch auf die küstennahen Gebiete, in denen der Mensch den direktesten Kontakt zum Meer hat.

Neuentdeckungen erinnern regelmäßig daran, wie wenig wir über das Leben im Meer wissen. Da ihre Untersuchungsgebiete kaum erforscht sind, würde man vermuten, dass die Wissenschaftler, die in den entlegenen „speziellen" Lebensräumen – den Tiefsee-Ebenen, Hydrothermalquellen und Tiefseegräben – tätig

*Gegenüberliegende Seite:*
*Auf La Pelona Island in der Inselgruppe Los Roques in Venezuela befindet sich dieser Schalenhaufen aus Gehäusen der Großen Fechterschnecke (Strombus gigas) aus vorspanischer Zeit. Mindestens 5,5 Millionen dieser Schnecken wurden zwischen 1200 und 1500 n. Chr. in dieser Inselgruppe verwertet. Die Großen Fechterschnecken, die in den seichten sandigen Gebieten leben, die Seegraswiesen und Korallenriffe säumen, lassen sich leicht ernten, wie der massive Einfluss zeigt, den selbst vorkoloniale Völker auf ihre Bestände hatten. Die intensive Nutzung der Art im Gebiet dauerte an, bis die Regierung Venezuelas sie 1991 verbot.*

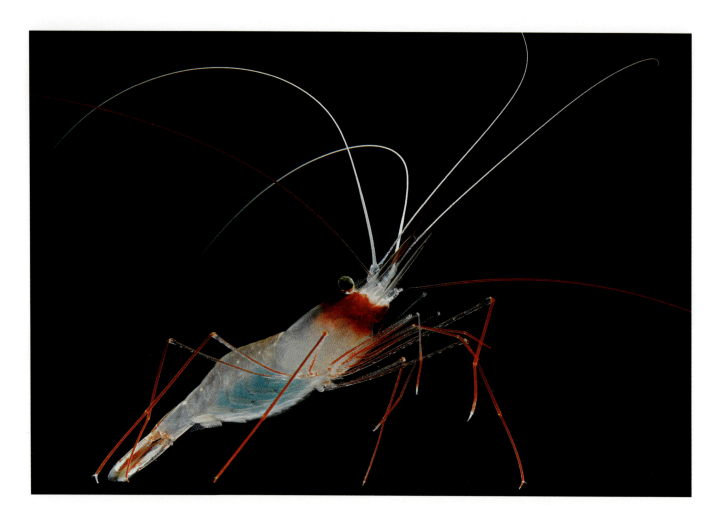

*Diese Tiefwassergarnele, ursprünglich als* Plesionika chacei *bestimmt, könnte eine Neuentdeckung für Hawaii sein. Wissenschaftler führen weitere Untersuchungen durch, um ihre Artzugehörigkeit zu bestätigen und zu ermitteln, ob es frühere Hinweise auf ihr Vorkommen auf den Nordwestlichen Hawaii-Inseln gibt.*

sind, überraschende Entdeckungen machen. Aber auch Forscher, die in den am stärksten beeinflussten küstennahen Gebieten arbeiten, stoßen auf unerwartete Lebensgemeinschaften und sind immer noch dabei, Richtwerte oder Referenzlinien für viele küstennahe Ökosysteme zu erarbeiten. Ihre Entdeckungen illustrieren den Wert der Census-Forschung und rechtfertigen die Eile, mit der Meeres- und Küstenforscher daran arbeiten, Wissenslücken zu schließen. Wenn wir nicht wissen, was in diesen küstennahen Ökosystemen gelebt hat und aktuell lebt, besteht wenig Hoffnung, die Qualität dieser Ökosysteme zu bewahren und sie angemessen zu schützen. Doch nur wenn dies geschieht, können wir sicherstellen, dass sie dem Menschen wie bisher dienen. Vordringliche Aufgabe ist es, die Referenzlinie festzulegen, an der künftige Veränderungen in den küstennahen Gebieten gemessen werden können – eine Herausforderung, der sich der Census of Marine Life stellt.

Innerhalb des Census of Marine Life beschäftigen sich drei Projekte speziell mit den küstennahen Lebensräumen, von den Wissenschaftlern auch als „*Human Edges*" bezeichnet. (Eine Handvoll anderer Census-Projekte ist ebenfalls dort tätig, auch wenn ihr Programm breiter angelegt ist oder sie sich primär mit anderen Meeresbereichen beschäftigen.) Sie erforschen den relativ schmalen Streifen des Meeres, der an das Land angrenzt und von den Menschen beeinflusst wird, die dort leben. Ein großer Teil der Meeresforschung konzentriert sich auf diese küstennahen Lebensräume, da sie vergleichsweise einfach zu untersuchen sind und wir von den Ressourcen, die sie – insbesondere die Korallenriffe, Küstenstreifen, Meerbusen und Küstenmeere – bieten, abhängig sind.

Angesichts der Tatsache, dass wir über die Weltmeere und ihre Bewohner vieles immer noch nicht wissen – und etliches vermutlich nie wissen werden –, ist fraglich, ob wir das Leben im Meer schützen und bewahren können. Selbst unser Wissen über die Arten, auf die wir als Nahrung oder aus anderen Gründen angewiesen sind, ist mangelhaft. Der Census arbeitet hart an einer Wissensbasis als Grundlage für die Festlegung eines Referenzpunkts, an dem sich Forschung und Managementplanung in Zukunft orientieren können.

## Korallenriffe der Nordwestlichen Hawaii-Inseln

Census-Wissenschaftler, die Korallenriffe untersuchen, erfassen und bewerten die Diversität und Artenzusammensetzung dieser gefährdeten Ökosysteme weltweit. Ausgehend von den Hawaii-Inseln arbeiten sie sich rund um den Globus vor. Im Oktober 2006 startete die erste Expedition zur Erkundung der Korallenriffe des Northwest Hawaiian Islands Marine National Monument, einer unberührten marinen Wildnis und gleichzeitig das abgelegenste Inselschutzgebiet der Welt. Eine Gruppe von Census-Forschern von vielen unterschiedlichen Universitäten, Behörden und Museen untersuchte drei Wochen lang die Umgebung des Atolls French Frigate Shoals in dieser abgelegenen Inselgruppe. Ziel dieser Expedition war die Untersuchung der biologischen Vielfalt des Gebiets, gleichzeitig sollte es um unzulänglich erforschte Tiergruppen gehen, in der Hoffnung, das Wissen über deren Ökologie und Taxonomie zu erweitern.

Die Census-Forscher betreiben einen beträchtlichen Aufwand, um beim Sammeln von Riffbewohnern die Riffe nicht zu beeinträchtigen oder zu zerstören. Mit unterschiedlichsten Sammelmethoden – vom Absaugen der Organismen über die sorgfältige Durchsicht von Korallenschutt mit dem Pinsel bis zum Auslegen von Fallen – sammelten die Wissenschaftler rund 4 000 Proben, darunter mehr als 1 200 DNA-Proben für taxonomische Analysen. Nach Sortierung der Proben schätzten die Wissenschaftler, dass

*Wissenschaftler sind auf innovative Methoden wie diese Pumpe, mit der der Meeresboden vorsichtig abgesaugt wird, angewiesen, um Organismen vom Meeresboden aufzusammeln.*

*Die gehäuselose Hinterkiemerschnecke* Thurunna kahuna *zeigt ihre giftigen, der Verteidigung dienenden Manteldrüsen (der herausgeputzte Halbmond am einen Ende), die Fressfeinde mit toxischen Sekreten abschrecken. Dieses Exemplar wurde bei der Untersuchung von Korallenschutt vor der Keehi Lagoon auf Hawaii gefunden.*

aus dem gewonnenen Material mehr als 100 neue Arten von Crustaceen, Korallen, Seescheiden, Würmern, Seegurken und Mollusken beschrieben werden können. Ein weiteres Ergebnis der Expedition war die Erweiterung des bekannten Verbreitungsgebiets für viele Arten. Es wurden z. B. mindestens 18 Korallenarten im Atoll French Frigate Shoals nachgewiesen, die in diesem Gebiet bisher unbekannt waren.

Über die genannten Ergebnisse hinaus hat die Expedition zu den Nordwestlichen Hawaii-Inseln noch ein anderes dauerhaftes Erbe hinterlassen. 2006 versenkten die Forscher sogenannte ARMS (*autonomous reef-monitoring structures*), die 2007 wieder eingesammelt wurden. Diese „Autonomen Riff-Monitoring-Strukturen" sind künstliche Riffe im Kleinformat. Ziel war die Entwicklung einer Methode, mit der man die Wiederbesiedlung von Riffen studieren kann. Aus den anhand solcher künstlicher Habitatstrukturen gewonnenen Informationen können die Wissenschaftler darauf schließen, wie sich Riffe von Störungen wie Verschmutzungsereignissen, Stürmen oder Strandungen von Schiffen erholen. Dieses Wissen ist eine wertvolle Grundlage für das Management und den Schutz von Korallenriffen.

## Der Golf von Maine: Vergangenheit und Gegenwart

Der Golf von Maine ist eines der am intensivsten genutzten Ökosysteme der Welt. Schon immer hat er denjenigen, die an seinen Küsten leben, Nahrung und Bodenschätze geliefert und ihnen als Verkehrsweg gedient. Weil er im täglichen Leben so vieler Leute eine so bedeutende Rolle spielt, wurde der Golf von Maine auch intensiv wissenschaftlich untersucht. Die Tätigkeit des Census of Marine Life im Golf förderte eine ungeahnte biologische Vielfalt zutage. Während man

*Census-Forscher versenken bei den Nordwestlichen Hawaii-Inseln eine* autonomous reef-monitoring structure (ARMS), *eine Art Gerüst aus PVC, das die Ecken und Winkel eines natürlichen Riffs nachahmt. Diese künstlichen Riffe im Kleinformat werden bei Studien zur Wiederbesiedlung frisch gestörten Meeresbodens eingesetzt.*

6. UNERWARTETE DIVERSITÄT AN DEN KÜSTEN

früher von etwa 2 000 Arten ausging, stehen auf der Liste der Lebewesen, die im Golf von Maine vorkommen, inzwischen mehr als 3 200 Arten und es werden ständig mehr. Die Zusammenarbeit so vieler Census-Forscher hat wesentlich zu diesem Erfolg beigetragen.

Das „Gulf of Maine"-Projekt untersucht die Küsten und küstennahen Gebiete des Golfs unter zwei Aspekten: Zur üblichen Untersuchung der biologischen Vielfalt kommt eine detaillierte historische Betrachtung. Die Forscher erhalten auf diese Weise ein vollständiges Bild der Biodiversität im Gebiet und ihrer Veränderung in der jüngeren Geschichte.

Die Untersuchung der biologischen Vielfalt in küstennahen Gebieten über die Zeit liefert einen geschichtlichen Kontext für die aktuell beobachtete Diversität, sodass Prognosen für die Zukunft möglich sind. Sowohl die USA als auch Kanada sind am Projekt beteiligt. Ziel ist ein Ökosystem-basiertes Management – eines, das die kaskadierenden Auswirkungen von Veränderungen des Ökosystems oder der Nutzung seiner Ressourcen berücksichtigt. Die klaren Informationen, die die Census-Forschung zur geschichtlichen Entwicklung liefert, werden sich bei diesem Vorhaben als wertvoll erweisen, bei dem auch all die Fragen und Probleme zu lösen sind, die aus grenzüberschreitenden Meinungsverschiedenheiten über Ressourcen erwachsen können.

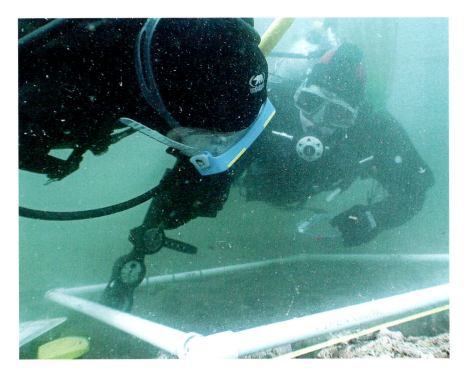

*Links: Wissenschaftler müssen auch ausgebildete Taucher sein, um in der trüben küstennahen Zone des Golfs von Maine unter Wasser forschen zu können.*

*Gegenüberliegende Seite:*
*Diese auf den Nordwestlichen Hawaii-Inseln gesammelte Partnergarnele ist weniger als zwei Millimeter lang, hat aber sehr große Scheren. Wissenschaftler haben noch nicht herausgefunden, warum eine winzige Garnele so große Scheren braucht, aber sie vermuten, dass sie, wie bei den meisten Garnelen, dem Nahrungserwerb und der Verteidigung dienen und potenzielle Partner anziehen sollen.*

6. UNERWARTETE DIVERSITÄT AN DEN KÜSTEN    143

# Vereinte Kräfte

*Die Sansibar-Expedition vom August 2007. Amerikanische und kenianische Studenten schließen sich zusammen.*

Das küstennahen Bereichen gewidmete Census-Projekt konzentriert sich auf die Untersuchung der biologischen Vielfalt an den Küsten und den diesen vorgelagerten Flachwasserlebensräumen. Einzigartig ist dieses Projekt, weil es sich um eine wahrhaft globale Aufgabe handelt – die Untersuchungsgebiete verteilen sich auf mehr als 45 Länder. Einzigartig ist es aber auch durch die Tatsache, dass es in vielen Ländern eine Graswurzelbewegung ist und sich vor Ort ansässige Forscher, Studenten und Freiwillige an der Datensammlung beteiligen. Der Einsatz lokaler Hilfskräfte und eines standardisierten Untersuchungsprotokolls ermöglicht es, viele Gebiete wissenschaftlich zu untersuchen und auf diese Weise den breitestmöglichen Überblick zu gewinnen. Dieser innovative Ansatz zur Zusammenarbeit in der Forschung hat nicht nur zur besseren Kenntnis der biologischen Vielfalt küstennaher Ökosysteme weltweit beigetragen, sondern auch viele Menschen mit unterschiedlicher Vorgeschichte an die Meeresforschung herangeführt. Nebenbei hat es Leben verändert: Bei den Beteiligten sind Wissen über und Wertschätzung für das Leben an und unter der Meeresoberfläche gewachsen.

2004 nahmen eine Gruppe von Highschool-Studenten aus Niceville an der Südostküste des Golfs von Mexiko in Florida und eine Gruppe von Highschool-Studenten aus Wakayama an der japanischen Pazifikküste an einem Austauschprogramm zur Untersuchung der biologischen Vielfalt in küstennahen Gebieten auf zwei Kontinenten teil.

Zunächst bildeten die Studenten aus Florida einen *Census investigative node,* einen Forschungsknoten innerhalb des Census, und begannen, Proben an der Küste des Golfs von Mexiko in der Nähe ihrer Heimat zu nehmen. Später im Jahr reisten sie nach Japan, wo sie zusammen mit den japanischen Studenten an einem Workshop zur Forschung in küstennahen Gebieten am Seto Marine Biological Laboratory teilnahmen, um Sammel- und Analysemethoden kennenzulernen und zu erproben.

2006 schloss sich eine andere Gruppe, die Biologie-Arbeitsgemeinschaft an der Kesennuma High School in der Präfektur Miyagi in Japan, den Studenten aus Niceville und Wakayama an. Diese Studenten untersuchen seither weiterhin die küstennahen Gebiete ihrer Heimat, sammeln Proben und stellen ihre Daten dem Census zur Verfügung.

2007 starteten die Studenten aus Niceville ein noch ambitionierteres Projekt: Sie organisierten eine Expedition nach Afrika, um dort Meereskunde zu lehren und sich an der Probennahme im ersten Insel-Untersuchungsgebiet im Indischen Ozean – Sansibar – zu beteiligen. Zusammen mit Studenten der Kizimkazi High School aus der kenianischen Zentralprovinz, Studenten der örtlichen Universität, afrikanischen und amerikanischen Forschern sammelten sie Proben an den Küsten der sagenhaften tansanischen Insel. In erster Linie ging es darum, die Sammlung von Daten zur Formulierung einer regionalen Referenzlinie einzuleiten und die Studenten an der örtlichen Highschool dazu zu ermutigen, eigene Forschungsknoten aufzubauen, ähnlich den in Niceville, Wakayama und Kesennuma bereits bestehenden. Das Austauschprogramm hat Highschool-Studenten auf der ganzen Welt Möglichkeiten eröffnet, zu forschen und ihr Wissen zu bereichern, was sich auf die Dauer sowohl auf die Beteiligten als auch auf die Umwelt positiv auswirken wird. Dadurch dass er Studenten und die Öffentlichkeit dazu bringt, sich die Hände schmutzig zu machen und sich an echter wissenschaftlicher Forschung zu beteiligen, trägt der Census dazu bei, dass die Zahl informierter Bürger steigt, die neugieriger auf das sind, was an der Wasserkante lebt, und mehr darüber wissen.

## Ein neuer Lebensraum für Alaska

*Als wir für NaGISA im Prince William Sound Proben nahmen, ließ mein Kollege ein Filtersieb über Bord des Boots fallen, auf dem wir unsere Proben sortierten. Wir unternahmen einen Tauchgang (18 Meter), um das Sieb zu bergen, und fanden einen für unseren Bundesstaat völlig neuen Lebensraum. Wir wissen jetzt, dass es in Alaska Rhodolith-Bänke gibt.*
– Brenda Konar, Professorin an der University of Alaska in Fairbanks und Forscherin beim Census of Marine Life

Nereocystis, *eine Meeresalge, die im allgemeinen Sprachgebrauch als Bullkelp bezeichnet wird, ist oft in den küstennahen und flachen Golfgebieten an der Pazifikküste Nordamerikas zu finden.*

Die Entdeckung von Rhodolith-Bänken in alaskanischen Gewässern, wie von Brenda Konar beschrieben, zeigt, wie die Census-Arbeiten in küstennahen Gewässern die Zukunft der Meeresforschung und ihrer Anwendungsgebiete prägen. Rhodolithen sind nicht festgewachsene, kalkige Rotalgen, die dichte Bänke auf dem Meeresboden bilden. Die Entdeckung aus Alaska ist bedeutsam, da Rhodolith-Bänke auf der ganzen Welt eine wichtige Nische einnehmen und unverzichtbare Aufgaben in verschiedenen Ökosystemen wahrnehmen. Sie sind geschützte Kinderstube für viele Meeresbewohner und entscheidender Lebensraum für kommerziell wichtige Arten, darunter verschiedene Muscheln. Die Wissenschaftler sind sich noch nicht darüber im Klaren, wie dieser neu entdeckte Lebensraum mit dem umgebenden Ökosystem zusammenhängt und welche Rolle und Bedeutung ihm innerhalb der küstennahen Gebiete Alaskas zukommt. Ein weiteres Beispiel dafür, dass umso mehr Fragen aufgeworfen werden, je mehr wir über das, was unter der Meeresoberfläche lebt, erfahren.

Rhodolithen werden durch Meeresströmungen verbreitet und rollen wie kleine Steppenläufer über den Meeresboden. Eine Schar anderer Arten nutzt ihre Strukturen als Lebensraum, daher könnte ihre kürzliche Entdeckung in Alaska das Vorkommen weiterer Arten bedeuten, die für diese Gebiete erst noch dokumentiert werden müssten. Wahrscheinlich werden die neuen Entdeckungen eine Debatte über die Nutzung des Meeresbodens in alaskanischen Gewässern auslösen. Aktuelle Gesetze und Vorschriften bieten eventuell keine ausreichenden Möglichkeiten für Management und Schutz der Rhodolith-Bänke, die in Alaska vermutlich relativ selten sind, wie sich aus der Tatsache, dass sie erst jetzt entdeckt wurden, schließen lässt. Ohne genaue Erkenntnisse darüber, wie sich diese Bänke in das ökologische Gesamtbild einfügen und welche Rolle sie spielen oder welche Dienste sie ihrer direkten Umwelt leisten, steht zu befürchten, dass Managementmaßnahmen und die Nutzung des Meeresbodens zwischen denen, die Meeresfrüchte kommerziell nutzen, Naturschützern und anderen Interessenvertretern strittig bleiben. Die Census-Forscher können dazu beitragen, dass die für ein sach-

*Oben: Diese Seeanemone – ein auffälliger Farbklecks in den küstennahen Lebensräumen der Arktis – ist eine der Arten, auf die Census-Forscher stießen, als sie die Untiefen in Küstennähe untersuchten.*

*Rechts: Diese Meeresschnecke (Tambja morosa), die vor der Keehi Lagoon auf Hawaii gesammelt wurde, ernährt sich von Bryozooen (winzige koloniebildende Tiere, die oberflächlich Korallen ähneln), die sie in ihrem Lebensraum, Korallenschutt, findet.*

# Der Schutz der Korallenriffe

*Ein beschleunigter Verfall der Biodiversität aufgrund menschlicher Bedrohungen war [von] Ökologen und Naturschutzbiologen lange vermutet worden. Jetzt haben wir eine Vorstellung von der Geschwindigkeit, mit der Populationen abnehmen können, wenn sie mehreren Gefahren gleichzeitig ausgesetzt sind.*
– CAMILO MORA, WISSENSCHAFTLICHER MITARBEITER AN DER DALHOUSIE UNIVERSITY UND FORSCHER BEIM CENSUS OF MARINE LIFE

*Dieser Vertreter der Meeresschnecken-Familie Ovulidae (Primovula beckeri) ernährt sich von den Polypen von Korallen und Hornkorallen/Seefächern. Die ökologische Verbindung ist so spezifisch, dass die Molluske die Fähigkeit entwickelt hat, die Färbung und sogar die Textur der Korallenarten nachzuahmen, von denen sie lebt.*

Korallenriffe, die „Regenwälder der Meere", sind lange als eine Bastion der biologischen Vielfalt in den Weltmeeren angepriesen worden. In der Tat stellen Korallenriffe in den relativ öden tropischen Meeren Oasen der Produktivität dar. Sie beherbergen häufig wirtschaftlich wichtige Fischarten, leisten ihren Beitrag zum Wirtschaftsfaktor Tourismus und sind ökologisch entscheidende Lebensräume. Trotz ihrer ökologischen, ökonomischen und ästhetischen Bedeutung liegen weniger als 20 Prozent der Korallenriffe weltweit in Meeresschutzgebieten.

Census-Forscher, die sich mit der Zukunft der Meerestiere beschäftigen, sind zu dem Schluss gekommen, dass von den 18,7 Prozent der Korallenriffe, die weltweit in Meeresschutzgebieten liegen, weniger als zwei Prozent adäquat vor weiterer Beeinträchtigung geschützt sind. Grund für diesen unzureichenden Schutz ist neben der Unzulänglichkeit gesetzlicher Grundlagen die mangelhafte Durchsetzung von Bestimmungen, die kommerzielle Nutzung, Wilderei und andere zerstörerische Aktivitäten verhindern sollen. Noch beunruhigender ist die Tatache, dass die meisten der nicht ausreichend geschützten Korallenriffe dort liegen, wo die biologische Vielfalt am größten ist, wie im Indo-Pazifik und der Karibik.

Meeresschutzgebiete wurden zwar in den meisten Gebieten, in denen es Korallenriffe gibt, eingerichtet, aber die Qualität des Schutzes unterscheidet sich erheblich. Wenn die Forscher Meeresschutzgebiete hinsichtlich ihrer potenziellen Wirksamkeit beim Schutz der biologischen Vielfalt der Korallenriffe beurteilen, kommen sie zu dem Schluss, dass das globale Netzwerk von Schutzzonen besorgniserregend unzulänglich ist. Da die Korallenriffe weltweit abnehmen, sind angemessene Schutzmaßnahmen dringender denn je.

Obwohl Meeresschutzgebiete weltweit den menschlichen Druck auf das Ökosystem reduzieren sollen, bleiben in vielen von ihnen die Ernte von Meeresfrüchten und andere potenziell zerstörerische Aktivitäten erlaubt. Viele Wissenschaftler vertreten die Ansicht, dass weltweit nicht genügend Korallenriffe geschützt sind, selbst wenn der Schutz in den ausgewiesenen Gebieten perfekt wäre. Die Prognose für die Zukunft der Korallenriffe ist also nicht rosig. Nach den Census-Ergebnissen erscheint es notwendig, die Meeresschutzgebiete und die dort angewandten Schutzstrategien neu zu evaluieren, um sicherzustellen, dass künftige Schutzmaßnahmen effektiver sind und die Korallenriffe der Umwelt und dem Menschen weiter nutzen können.

gerechtes Management dieses Lebensraums und die Beantwortung der damit verbundenen Fragen erforderlichen Informationen zur Verfügung stehen.

*Oben: Diese eindrucksvolle Garnele wurde im Atoll French Frigate Shoals, Nordwestliche Hawaii-Inseln, gesammelt.*

## Auf dem Weg in die Zukunft

Die bei der Untersuchung küstennaher Gebiete gemachten Erfahrungen bestätigen, wie wenig wir über das Leben im Meer wissen. Die unerwartete Vielfalt, die in den vergleichsweise gut bekannten Ökosystemen der küstennahen flachen Golfe und Meere sowie der Korallenriffe entdeckt wurde, überrascht selbst die erfahrensten Meeresforscher. Fortschritte beim Schutz und Management können jedoch nur das widerspiegeln, was bekannt, belegt und verstanden ist. Bis das Meer, insbesondere die küstennahen Gebiete, erforscht, vollständig verstanden und erfolgreich betreut ist, ist es noch ein weiter Weg. Der Census geht hier voran und stellt eine bestmögliche Datengrundlage für die Planung von Management und Schutz der Meere und Küsten in der Zukunft bereit. Die Forscher entdecken hinter jeder Ecke Neues, beziehen Schüler und selbst das Big Business in die Meeresforschung ein und lassen historisches Wissen in ihre Visionen für die Zukunft einfließen. Auf diese Weise trägt der Census of Marine Life dazu bei, unsere Wissenslücken hinsichtlich der küstennahen und Riff-Lebensräume zu schließen.

*Gegenüberliegende Seite: Dieser glupschäugige Wurm gehört zur Klasse Polychaeta, einer Gruppe gegliederter Würmer, die nach ihren vielen Borsten benannt sind (poly = viele, chaete = Borste). Viele Arten seiner Familie erleben eine spektakuläre Verwandlung, wenn sie geschlechtsreif werden: Beide Geschlechter entwickeln riesige Augen, während die meisten Körpersegmente und Borsten Paddelform annehmen.*

# Big Business investiert in die Census-Forschung

*Krabben der Gattung* Trapezia *wie diese Korallenkrabbe (Trapezia cymodoce) haben eine symbiotische Beziehung zu ihren Korallenwirten. Die Krabbe schützt die Korallen vor Räubern und hält sie von Sediment frei im Austausch gegen Wohnraum und Nahrung in Form von Korallenschleim.*

Census-Forscher untersuchen die biologische Vielfalt und Artenzusammensetzung von Korallenriffen weltweit. Bei der Durchführung solcher Untersuchungen gilt: je größer das Untersuchungsgebiet, umso besser. Der australische Energie- und Bergbau-Gigant BHP Billiton ermöglicht es den Census-Forschern, mehr Korallenriffe zu untersuchen.

In einer Partnerschaft zwischen Big Business, Wissenschaft und Naturschutz, wie sie weltweit immer häufiger wird, haben sich BHP Billiton, das Australian Institute of Marine Science und die Great Barrier Reef Foundation zusammengeschlossen, um sicherzustellen, dass die australischen Korallenriffe in die internationalen Bemühungen des Census of Marine Life einbezogen werden. Meereswissenschaftler und Taxonomen untersuchen die beiden prägenden Riffsysteme Australiens, das Great Barrier Reef vor der Nordostküste Australiens und das Ningaloo Reef an der Westküste. Im vierjährigen Untersuchungszeitraum, der 2006 begann, sind eine Reihe von Expeditionen zum Sammeln von Belegexemplaren sowie zur Beobachtung vor Ort geplant, ebenso die Aufbereitung und Analyse der gesammelten Daten im Labor.

Wie Ian Poiner, leitender Geschäftsführer des Australian Institute of Marine Science und Vorsitzender des Scientific Steering Committee des Census, sagt, „schätzen Wissenschaftler, dass weniger als zehn Prozent des Lebens auf Korallenriffen bekannt sind. Der Census of Coral Reefs betreibt bedeutenden Forschungsaufwand, um das marine Leben unserer Riffe zu sammeln, zu analysieren und zu dokumentieren. Diese Zusammenarbeit wird den Wissenschaftlern auch den Zugang zu vorhandenen Daten und Informationen über die biologische Vielfalt von Korallenriffen erleichtern, was schließlich dazu führen wird, dass wir die Korallenriffe besser verstehen und besser wissen, wie man sie am effektivsten schützt."

Auch die Gegenseite wird profitieren. BHP Billiton bietet seinen Angestellten ein Forschungsassistentenprogramm an – sie können hinausgehen und bei der Sammlung von Proben und der Untersuchung von Riffen helfen. Diese Erfahrung aus erster Hand und die enge Zusammenarbeit mit Meereswissenschaftlern werden den Korallenriffen neue Beschützer bescheren, die mehr über die Komplexität der Ökosysteme und die Herausforderungen wissen, vor denen wir stehen, wenn wir sie bewahren wollen. Die Partnerschaft und die durch sie unterstützte Census-Arbeit werden als Modell für zukünftige wissenschaftliche Projekte dienen und eine Basis für den Weg in die Zukunft legen.

*Eine Schule von Doktorfischen schwimmt in der Hanauma Bay in Honolulu über ein Korallenriff hinweg. Viele Korallenriffe sterben aufgrund von Wasserverschmutzung (durch Abwässer und Abschwemmungen von landwirtschaftlichen Nutzflächen), Ausbaggerungen vor der Küste, Sedimentation und unbekümmertem Sammeln von Korallenstücken ab.*

6. UNERWARTETE DIVERSITÄT AN DEN KÜSTEN

KAPITEL 7

# Unerforschte Ökosysteme: Hydrothermalquellen, kalte Quellen, Seamounts und Tiefsee-Ebenen

*Wir wissen, dass es auf Seamounts eine Vielzahl unbekannter Arten gibt, aber wir können noch nicht voraussagen, was auf den nicht untersuchten lebt. Das Tragische ist, dass wir vermutlich nie wissen werden, wie viele Arten aussterben, bevor sie überhaupt entdeckt werden.*
– Frederick Grassle, Vorsitzender des Scientific Steering Committee des Census of Marine Life und der erste Biologe, der Hydrothermalquellen untersuchte

Stellen wir uns einen Kontinent vor, mit seinen ausgedehnten Ebenen, tief eingeschnittenen Tälern und zerklüfteten Berggipfeln. Nun stellen wir uns weiter vor, dies alles liege Tausende von Metern unter der Wasseroberfläche. Viele Merkmale des Meeresbodens entsprechen denen kontinentaler Landschaften, es gibt in der Tiefsee aber auch geologische Besonderheiten, die das Leben dort vor einzigartige Herausforderungen stellen. Schon lange wurde vermutet, die Tiefsee-Ebenen (tief liegende, ausgedehnte Flächen relativ ebenen Meeresbodens), Seamounts (Unterwasserberge), Hydrothermalquellen (Spalten in der Erdkruste, aus denen überhitzte Flüssigkeiten austreten), kalten Quellen (unterseeische Gasquellen) und die Kontinentalhänge der Weltmeere seien Heimat vieler unbekannter Arten.

Die meisten dieser Gebiete blieben weitgehend unerforscht, da es schwirig und mit hohen Kosten verbunden war, dorthin zu gelangen, aber dank technischer Fortschritte können Meereskundler diese relativ unzugänglichen Lebensräume inzwischen untersuchen. Durch wagemutige Expeditionen und harte Arbeit

*Gegenüberliegende Seite:*
*Das Licht eines ferngesteuerten Unterwasserfahrzeugs ermöglicht die Erkundung einzigartiger Formationen in der Tiefsee.*

haben Wissenschaftler des Census of Marine Life wichtige Beiträge zum Verständnis des Lebens in diesen abgelegenen Regionen der Weltmeere geleistet.

## Hydrothermalquellen

Hydrothermalquellen der Tiefsee und ihre Fauna wurden erstmals 1977 an der Galapagos-Schwelle im östlichen Pazifik entdeckt. Heute weiß man, dass diese außergewöhnlichen heißen Quellen am Meeresboden überall entlang der mittelozeanischen Rücken zu finden sind, dem größten zusammenhängenden vulkanischen Gebirgssystem der Erde, das sich über 48 000 Kilometer Länge erstreckt.

In hydrothermalen Tiefseequellen tritt hydrothermale Flüssigkeit – sie stammt aus Meerwasser, das durch die Erdkruste in die Tiefe sickert – mit Temperaturen von mehr als 350 °C aus dem Meeresboden aus. 2006 entdeckten Census-Wissenschaftler die bisher heißeste Hydrothermalquelle überhaupt; ihre Temperatur betrug 407 °C, das genügt, um Blei zu schmelzen. Die Flüssigkeit, die aus den Hydrothermalquellen austritt, enthält gelöste Metalle und Schwefel, die ausgefällt

*Eine weiß gefärbte Sedimentfahne steigt aus kleinen Schwefelschloten am Vulkan Eifuku im Marianenbogen im Pazifik auf. Das Gebiet wurde Champagne Vent genannt, weil Blasen flüssigen Kohlendioxids aus dem Meeresboden aufsteigen.*

154  SCHATZKAMMER OZEAN

*Diese Miesmuscheln aus der Gattung* Bathymodiolus *und ein unbekannter Fisch leben in der Umgebung von Hydrothermalquellen auf dem Mittelatlantischen Rücken.*

werden, wenn die überhitzte Flüssigkeit auf das umgebende kalte Meerwasser trifft, was den Eindruck einer dichten schwarzen Rauchfahne hervorruft. Das ausgefällte Material lagert sich ab und bildet „Schornsteine", die bis 20 Meter Höhe erreichen können. Man spricht daher auch von hydrothermalen Schloten. Kolonien ungewöhnlicher mariner Lebewesen, darunter Muscheln, Röhrenwürmer und exotische Mikroorganismen, ballen sich um die Hydrothermalquellen und ernähren sich von der „chemischen Suppe", die aus dem Meeresboden dringt.

Die Erforscher dieser Biotope im Rahmen des Census haben viele neue Arten aus einer Anzahl verschiedener Tiergruppen entdeckt. Viele sind auf diese Ökosysteme beschränkt und könnten anderswo nicht existieren. Die Zusammensetzung der Tiergemeinschaften verschiedener Hydrothermalquellen unterscheidet sich ebenfalls. Beispielsweise dominieren in den ostpazifischen Hydrothermalgebieten Riesenröhrenwürmer *(Riftia)*, große weiße Muscheln *(Calyptogena magnifica)* und Miesmuscheln *(Bathymodiolus)*. Im Atlantik jedoch dominieren dichte Ansammlungen von Garnelen und Miesmuschelbänke. Die jüngst erforschten Hydrothermalquellen im Indischen Ozean hatten Überraschungen

# Hydrothermale Prozesse

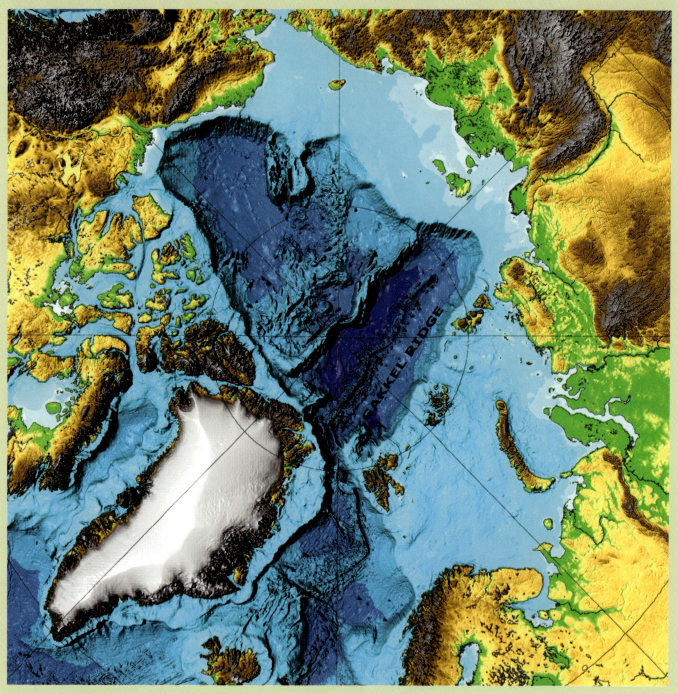

*Hydrothermalquellen wurden am Gakkel-Rücken am Grund des Nordpolarmeeres entdeckt.*

*Um ihr Wachstum zu messen, färbten Wissenschaftler diese Röhrenwürmer (Lamellibrachia luymesi), die im Golf von Mexiko in einer Tiefe von 540 Metern gefunden wurden, blau. Die weißen Stellen zeigen den Zuwachs eines Jahres an. Im Rahmen dieser Untersuchungen fanden die Wissenschaftler heraus, dass die Tiere über 250 Jahre alt werden können.*

Unter den mittelozeanischen Rücken ist der Gakkel-Rücken im Nordpolarmeer derjenige, der sich am langsamsten spreizt. Während einer bahnbrechenden Forschungsexpedition im Jahr 2001 wurden dort neue hydrothermale Tiefseequellen entdeckt – neun Hydrothermalgebiete nahe beieinander, mindestens eines pro 100 Kilometer.

2007 kehrte ein internationales Team von Census-Wissenschaftlern zum Gakkel-Rücken zurück, um die Lebensgemeinschaften der dortigen Hydrothermalgebiete näher zu untersuchen. Die Wissenschaftler verfügten über eine spezielle neue Ausrüstung zur Lokalisierung von Hydrothermalquellen und zur Probennahme der Fauna. Dazu gehörten der *Camper*, ein mit dem Forschungsschiff per Kabel verbundenes Gerät zur Entnahme von Benthosproben, das gleichzeitig Echtzeitaufnahmen vom Meeresboden liefert, und zwei neue autonome Unterwasserfahrzeuge (AUVs), *Puma* und *Jaguar*, die tief unter dem Eis arbeiten können. *Puma* war für die Suche nach Hydrothermalquellen mit Temperatur- und chemischen Sensoren sowie einem neuartigen lasergeführten optischen Sensor ausgerüstet. Sobald eine Hydrothermalquelle gefunden war, wurde das AUV *Jaguar* eingesetzt, um eine hochaufgelöste bathymetrische Karte eines kleinen Gebiets anzufertigen und erdmagnetische Daten sowie Bilder von den biologischen Gemeinschaften der Hydrothermalgebiete zu sammeln. Weitere Informationen brachte der Einsatz des *Campers*, der hochauflösende Bilder des Meeresbodens in Echtzeit lieferte und mittels Bodengreifer oder Saugsammler Proben entnahm.

Zu den wichtigsten Ergebnissen der Gakkel-Rücken-Expedition von 2007 gehörten die Entdeckung der Asgard-Vulkankette, ausgedehnter Matten chemosynthetisch aktiver Mikroorganismen, die die Vulkane bedecken, und basaltischer Glasfragmente über großen Teilen des Meeresbodens, die auf explosiven Vulkanismus schließen lassen.

Ed Baker nahm als Ozeanograph an der Gakkel-Rücken-Expedition teil und arbeitet am Pacific Marine Environmental Laboratory der National Oceanic and Atmospheric Administration (NOAA), der Wetter- und Ozeanographie-Behörde der USA, in Seattle im US-Bundesstaat Washington. Er studiert seit fast 20 Jahren hydrothermale Tiefseequellen und stellt fest, dass die Entdeckungen am Gakkel-Rücken die bemerkenswertesten und unerwartetsten seiner Karriere waren. „Diese Entdeckung ist so wichtig, weil sie so unerwartet ist", sagt Baker. „Die tektonischen Platten auf beiden Seiten des Gakkel-Rückens weichen sehr langsam auseinander. In der Tat handelt es sich um den sich am langsamsten spreizenden Rücken der Erde – er öffnet sich pro Jahr um maximal 15 Millimeter. Wir erwarteten, nicht mehr als vier oder fünf Hydrothermalgebiete zu finden, da diese geringe Spreizungsrate eine viel geringere vulkanische Aktivität verursacht als bei den meisten mittelozeanischen Rücken üblich."

Als Fotos von einer kabelgeführten Kamera schimmerndes Wasser und hohe biologische Aktivität zeigten, nannten die Wissenschaftler das Gebiet Aurora. Nach Baker unterscheiden sich die ungewöhnlichen marinen Lebensformen, die in den Hydrothermalgebieten des Atlantiks zu finden sind, deutlich von denen, die von ihren Pendants im Pazifik bekannt sind. Baker und seine Kollegen weisen darauf hin, dass neue Arten auf ihre Entdeckung warten, da der Gakkel-Rücken nicht mit anderen Teilen des mittelozeanischen Rückens südlich von Island zusammenhängt. „Wir wollen unbedingt zurückkehren und schauen, was dort unten lebt", sagt er.

*An einer Hydrothermalquelle drei Kilometer unter der Oberfläche des äquatorialen Atlantiks fanden Census-Forscher Garnelen und andere Lebensformen. Die gemessene Temperatur von 407 °C – heiß genug, um Blei zu schmelzen – ist für untermeerische Quellen Rekord.*

zu bieten: Während der Großteil der gefundenen Tiere zur pazifischen Fauna gehört, stammt die dominante Art, die Nordseegarnele *Rimicaris*, aus dem Atlantik.

Eine der bemerkenswertesten Eigenschaften der Fauna von Hydrothermalgebieten ist, dass die Organismen von der Sonne und ihrer lebensspendenden Energie unabhängig sind. Anstelle von Photosynthese betreibenden Pflanzen bilden mikroskopische Bakterien die Basis des Nahrungsnetzes in diesem extremen Lebensraum. Die Bakterien, die aus dem im Wasser gelösten Kohlendioxid organische Substanzen produzieren, ernähren dichte Bestände exotischer Organismen. Wegen der extremen Bedingungen im Lebensraum Hydrothermalquelle stellen die Census-Forscher die These auf, dass bestimmte Arten möglicherweise spezifische physiologische Anpassungen entwickelt haben – was für die biochemische und medizinische Industrie interessant wäre. Es wurde auch vermutet, hydrothermale Tiefseequellen könnten die Art Lebensraum gewesen sein, in dem das Leben entstand. In Zusammenarbeit mit der NASA entwickeln Census-Forscher auf der Grundlage dieser Hypothesen Programme zur Suche nach Leben im Weltraum.

Neben den Hydrothermalquellen haben Census-Wissenschaftler auch einen anderen einzigartigen Lebensraum intensiv untersucht, die kalten Quellen (siehe unten). In beiden Ökosystemen spielt die Photosynthese als Basis für die Produktion von Nahrung und Energie keinerlei Rolle, die zum Leben erforderliche Energie stammt stattdessen aus chemischen Prozessen. Man nennt sie daher auch chemosynthetische Ökosysteme.

## Kontinentalhänge und kalte Quellen

Ein Kontinentalhang ist der Abhang, der an der Grenze des Kontinentalschelfs – etwa 200 Meter vor der Küste – beginnt und sich bis in die Tiefseebecken in 4 000 bis 6 000 Metern Tiefe zieht. Der Census erarbeitet zum einen an wirtschaftlich noch nicht genutzten Kontinentalhängen Biodiversitäts-Referenzlinien, zum anderen sammelt er Hinweise auf Veränderungen in Gebieten, in denen bereits kommerzielle Aktivitäten stattfinden. Die Suche nach Öl steht im Mittelpunkt des internationalen Interesses an Kontinentalhängen und mit steigendem Druck auf die Ölvorräte ist es wichtig, diese relativ wenig untersuchten Ökosysteme zu verstehen.

Census-Wissenschaftler haben herausgefunden, dass sich in den letzten paar Jahrzehnten die Lebensräume im unteren Bereich der Kontinentalhänge stärker verändert haben als jedes andere Großgebiet der Erde. Die einst als eintönige

*Oben: Muscheln und Röhrenwürmer sind die Tiere, die an kalten Quellen am häufigsten zu finden sind. Die buschförmigen Ansammlungen von Röhrenwürmern bieten anderen Organismen wie Krebsen und einer Vielzahl von Schwämmen, Bryozoen und Borstenwürmern Unterschlupf.*

*Unten: Dieser Röhrenwurm* (Lamellibrachia luymesi) *und seine bakteriellen Symbionten leben von Sulfiden, die bei der anaeroben Oxidation von Öl und Gas entstehen. Viele Öl- und Gasquellen im Golf von Mexiko weisen Dutzende von dichten, buschähnlichen Ansammlungen von Röhrenwürmern auf; an diesem „Busch" sind die roten Fiederkiemen mehrerer Würmer zu erkennen.*

7. UNERFORSCHTE ÖKOSYSTEME: HYDROTHERMALQUELLEN, KALTE QUELLEN, SEAMOUNTS UND TIEFSEE-EBENEN    159

# Leben in kalten Quellen

*Diese Einsiedlerkrebsart aus einem Gebiet mit kalten Quellen vor Neuseeland hat noch keinen Namen. Auffällig sind die pelzartig aussehenden Bakterienfilamente an seinen Scheren.*

*Diese Horn- oder Peitschenkorallen leben in der Nähe von Solequellen auf der Bright Bank im Golf von Mexiko.*

*Geisterhafte Effekte an einer Solequelle im Golf von Mexiko.*

Mehrere Tierarten haben eine hoch spezialisierte Beziehung zu Bakterien der kalten Quellen entwickelt. Eine davon, eine Muschel, bezieht ihre Nahrung von den Bakterien. Wie funktioniert das? Die Muscheln und Bakterien leben zusammen und unterstützen einander in einem Austauschprozess, der Symbiose genannt wird. In der Lebensgemeinschaft der kalten Quellen leben die Bakterien in den Kiemen der Muscheln. Muscheln haben einen muskulären Fuß, mit dem sie sich am Meeresboden verankern; dieser Fuß nimmt Schwefelwasserstoff aus dem Wasser der kalten Quellen auf. Der Schwefelwasserstoff, der von Methan verarbeitenden Bakterien in diesen Quellen produziert wird, wird mit dem Blut in die Kiemen der Muscheln transportiert, wo die symbiotischen Bakterien leben. Diese stellen mithilfe der chemischen Energie aus dem Schwefelwasserstoff aus Kohlendioxid und Wasser Zucker und andere Verbindungen her, die für das Wachstum erforderlich sind. Die Bakterien und die von ihnen freigesetzten Zucker wiederum dienen der Muschel als Nahrung.

Viele Organismen der kalten Quellen sind viel langlebiger als die der Hydrothermalquellen, vermutlich wegen der geringeren Temperaturen und der größeren Stabilität ihrer Umwelt.

Der Röhrenwurm *Lamellibrachia luymesi* wird nach jüngsten Untersuchungen zwischen 170 und über 250 Jahre alt und ist damit unter den bekannten, nicht koloniebildenden Wirbellosen vermutlich am langlebigsten.

Kalte Quellen entwickeln mit der Zeit eine einzigartige Topographie. Sie sind mit Karbonatsteinen unterschiedlichster Größe übersät. Karbonat ist ein Nebenprodukt des mikrobiellen Stoffwechsels in den kalten Quellen und wird in Form von Mineralkarbonaten ausgefällt.

*„Eiswürmer"* (Hesiocaeca methanicola) *leben in Methanhydraten im nördlichen Golf von Mexiko.*

Landschaften angesehenen Gebiete gelten heute als hochgradig komplex und vielfältig. Grundlegende Muster der Artverbreitung, deren Erklärung zunächst auf der Einschätzung der Abhänge als eintönig beruhte, müssen jetzt im Licht dieser Neuentdeckungen neu bewertet werden.

Erst seit relativ kurzer Zeit ist es möglich, mit Tauchbooten die Hotspots der Biodiversität an Kontinentalhängen zu erreichen. Lägen sie nicht unter Wasser, zählten sie zu den schönsten Berglandschaften auf der Erde. Kalte Quellen – Stellen am Meeresboden, an denen Kohlenwasserstoffe wie Methan und Öl austreten – sind solche Hotspots. Diese Gebiete beherbergen viele Arten, die es sonst nirgends auf der Erde gibt. Kalte Quellen wurden inzwischen sowohl entlang aktiver als auch passiver Kontinentalhänge in Tiefen zwischen 400 und 8 000 Metern entdeckt, z. B. im Monterey-Canyon unmittelbar vor der Monterey-Bay in Kalifornien, im Japanischen Meer, vor der Pazifikküste Costa Ricas, im Atlantik vor Afrika, in den Gewässern vor der Küste Alaskas und unter dem antarktischen Schelfeis. Die am tiefsten gelegene bekannte kalte Quelle liegt im Japan-Graben in einer Tiefe von 7 326 Metern.

Die Bakterien produzieren Zucker, Proteine und andere Bausteine organischer Gewebe mithilfe chemischer Energie, die sie durch die Oxidation von Schwefelwasserstoff und Methan aus den kalten Quellen gewinnen. Zahlreiche Meerestiere ernähren sich von diesen Bakterien, und Census-Wissenschaftler haben in diesen chemosynthetischen Ökosystemen viele neue Arten entdeckt. Ein Beispiel ist *Hesiocaeca methanicola,* ein Ringelwurm, der jüngst in den kalten Quellen im Golf von Mexiko in rund 500 Meter Tiefe gefunden wurde, und von den Census-Forschern „Eiswurm" getauft wurde. Er lebt in ausgedehnten Bauen, die er in Ablagerungen von Gashydraten – natürlich gebildeten Eiskristallen mit Gaseinschlüssen – auf dem Meeresboden gräbt. Wissenschaftler haben den Mageninhalt dieser Würmer untersucht und Sedimente und große Bakterienzellen gefunden, die sie beim Abweiden der Gashydratoberflächen aufgenommen haben könnten. Wir müssen jedoch noch viel über die Ernährung und den Lebenszyklus dieser Art lernen.

Census-Forscher haben ein langjähriges Forschungsprogramm zur Entdeckung und Erforschung weiterer Hydrothermal- und kalter Quellen und zur Untersuchung ihrer Fauna aufgestellt. Die Auswahl der Hauptuntersuchungsgebiete erfolgte auf der Grundlage einer Anzahl spezifischer wissenschaftlicher Fragen zur Verteilung, Isolation, Evolution und Ausbreitung von Tiefwasserarten aus chemosynthetischen Ökosystemen. Zwei große Gebiete, in denen beide Quelltypen vorkommen, wurden gezielt ausgewählt: (1) der äquatoriale Gürtel von den kalten Quellen Costa Ricas bis an den afrikanischen Kontinentalhang – den Kaiman-Graben, die kalten Quellen des Golfs von Mexiko, den Barbados-Rücken, den mittelatlantischen Rücken nördlich und südlich des Romanche-Grabens und den nordostbrasilianischen Kontinentalrand eingeschlossen – und (2) der Südostpazifik einschließlich des Chile-Rückens, des Bereichs des südchilenischen Kontinentalhangs mit kalten Quellen und Sauerstoffmangel-Gebieten – ein wichtiges Wandergebiet für Wale. Ebenso auf der Census-Liste steht eine Anzahl Gebiete, denen bereits nationale und/oder internationale Aufmerksamkeit auf hohem Niveau gilt. Dazu gehören der Gakkel-Rücken im Nordpolarmeer, der East-Scotia-Rücken im Südpolarmeer und der Zentralindische und der Südwestindische Rücken im Indischen Ozean.

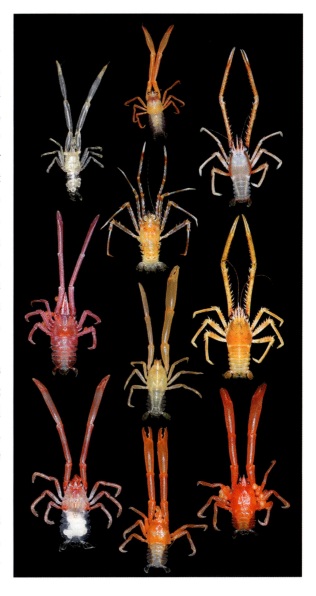

*Die Diversität des Lebens auf einem Seamount wird durch die Vielfalt dieser Springkrebse aus zwei Schwesterfamilien von Crustaceen, Galatheidae und Chirostylidae, illustriert. Diese Exemplare wurden 2003 vor der Seamount-Kette nördlich von Neuseeland gefangen. (Bitte beachten: Die Tiere sind nicht maßstabgerecht abgebildet.)*

## Seamounts

Seamounts sind in wörtlichem Sinne unterseeische Berge, üblicherweise definiert als vollständig unter Wasser liegende Erhebungen, die eine Höhe von 1 000 Metern und mehr erreichen. Sie sind auf der ganzen Welt zu finden, viele in internationalen Gewässern, wo sie einem komplexen System multinationaler Verträge unterliegen. Fast die Hälfte der bekannten Seamounts liegt im Pazifik, der Rest überwiegend im Atlantik und Indischen Ozean. Insgesamt sind sie auf der Südhalbkugel häufiger. Seamounts liegen oft isoliert, was zur Einzigartigkeit und Vielfalt ihrer Ökosysteme beiträgt. Sie sind normalerweise kegelförmig und oft vulkanischen Ursprungs – sie entstehen in der Nähe spreizender mittelozeanischer Rücken, über sogenannten Mantel-Plumes, Stellen, an denen heißes Gesteinsmaterial aus dem tieferen Erdmantel nach oben dringt – und sind inselbogenartig angeordnet. Inseln sind Seamounts, die die Meeresoberfläche durchstoßen haben.

Census-Wissenschaftler schätzen, dass insgesamt weniger als 400 Seamounts untersucht wurden und von diesen noch nicht einmal 100 genauer. Ein zentrales Ziel des Census ist es, die Zahl der untersuchten Seamounts zu vergrößern und sicherzustellen, dass sie intensiv genug erforscht werden, um aussagekräftige Schlüsse aus dem dort vorgefundenen Leben ziehen zu können.

Seamounts können Hotspots marinen Lebens in den ausgedehnten Weiten der Meere sein, und die dort gefundenen Arten unterscheiden sich von denen des umgebenden Meeresbodens. Einige weisen eine hohe Artenvielfalt auf und beherbergen einzig-

*Oben: Leuchtend gelbe Steinkorallen aus der Gattung* Enallopsammia *leben auf dem Manning-Seamount neben roten* Candidella, *die von Schlangensternen wimmeln.*

*Unten: Dieser leuchtend orangefarbene Seestern wurde gesammelt, während er auf Korallen auf dem Bear-Seamount Nahrung suchte.*

artige biologische Gemeinschaften. Seamounts können regionale Zentren der Artbildung (Orte, an denen neue Arten entstehen) sein, Trittsteine für die Ausbreitung über die Meere und Rückzugsgebiete für Arten mit schrumpfendem Verbreitungsgebiet. Census-Wissenschaftler haben herausgefunden, dass jeweils 40 Prozent der auf einem Seamount gefundenen Arten für diesen Berg endemisch sind, d. h. nur dort vorkommen. In den letzten Jahren wurden Tausende neuer Arten entdeckt – 600 auf gerade einmal fünf Seamounts!

Bei den Arten, die auf den harten Oberflächen der Seamounts gefunden wurden, dominieren bisher die Filtrierer – Tiere, die dem Wasser Sauerstoff und Nahrung entnehmen – wie Korallen, Schwämme und Hornkorallen. Weiche Sedimente sammeln sich auf den Seamounts ebenfalls an; die dort dominierenden Organismen sind Polychaeten (Borstenwürmer). Unter anderem leben in den Sedimenten auch Oligochaeten (ebenfalls Würmer) und Schnecken.

Die Nahrung der Seamount-Bewohner wird durch Strömungen herantransportiert. Nährstoffreiches Wasser steigt an den Berghängen auf und gewinnt über den Gipfeln an Geschwindigkeit. In Gipfelnähe filtern Lebensgemeinschaften von Filtrierern organisches Material aus dem vorbeiströmenden Wasser. Fische ernähren sich von vorbeiziehenden Garnelen, Kalmaren und kleinen Fischen, während Asselspinnen und Hummer Zuflucht in Löchern und Nischen im Gestein und zwischen Korallen finden und Bodenbewohner von dem profitieren, was von oben herunterfällt. Wale und Thune kommen auf ihren Wanderungen an diesen unterseeischen Bergen vorbei. Weiter unten an den Hängen der Seamounts werden die Korallen-Gemeinschaften spärlicher – sozusagen eine umgekehrte Baumgrenze.

Auf einer einmonatigen Reise zur Untersuchung des Macquarie-Rückens mit dem Forschungsschiff *Tanagaroa* entdeckten Census-Wissenschaftler Millionen von Schlangensternen, die ihr Futter aus einer Strömung mit einer Geschwindigkeit von vier Kilometern pro Stunde fingen, und tauften die Stelle Brittlestar City (Schlangensternstadt). Die auf engstem Raum, sozusagen Arm an Arm lebenden Tiere, mehrere zehn Millionen, verdanken ihren Erfolg der Form des Seamounts und dem dort herrschenden Zirkumpolarstrom. Die Schlangensterne brauchen nur ihre Arme zu heben, um vorbeikommendes Futter zu fangen, während die Strömung Fische und andere schwebende Möchtegern-Räuber fortschwemmt.

Seamounts stellen auch Habitate und Laichgründe für größere Tiere einschließlich vieler Fische. Manche Arten, wie *Allocyttus*

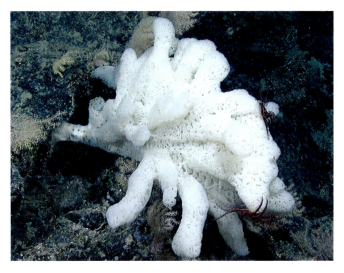
*Ein schöner, noch unbenannter weißer Schwamm mit purpurfarbenen Crinoiden wurde auf dem Retriever-Seamount entdeckt.*

*Diese Korallenart ist ein weiteres Beispiel für das farbenprächtige marine Leben auf dem Retriever-Seamount.*

*Korkenzieherartig gewundene Iridigorgia-Korallen, die sich den Platz mit leuchtend gefärbten kommensalen Garnelen teilen, wurden auf der „New England"-Seamount-Kette im Nordatlantik entdeckt.*

*Ein Beispiel für die Abundanz und Diversität bunter Arten, die auf Seamounts im Pazifik gefunden wurden, ist dieser Strauß von Corallium-Korallen mit tief purpurnen Oktokorallen der Gattung Trachythela sowie Schlangensternen, Crinoiden und Schwämmen.*

*niger* und *Apogon melas*, sind auf Seamounts häufiger als auf den angrenzenden Hängen und dem umgebenden Meeresboden. Fast 80 Fisch- und Schalentierarten der Seamounts werden kommerziell genutzt, darunter Langusten, Makrelen, Tiefsee-Königskrabben, Rote Schnapper, verschiedene Thunfischarten, Granatbarsche und Echte Barsche.

Die Lebensgemeinschaften auf den Seamounts sind von Übernutzung und physischer Beschädigung durch Tiefsee-Schleppnetzfischerei bedroht. Der Census-Wissenschaftler Malcolm Clark vom neuseeländischen National Institute for Water and Atmospheric Research sagt: „Seamounts sind produktive Lebensräume mit reicher Benthos- und Fischfauna. Es wird z. B. häufig auf und in der Umgebung von Seamounts nach Arten wie dem Kardinalbarsch, Granatbarsch, Schleimkopf (Kaiserbarsch) und Panzerköpfen gefischt, und die Auswirkungen der Schleppnetzfischerei sind lokal erheblich. Darüber, was tatsächlich auf Seamounts lebt, ist nur sehr wenig bekannt – von den vermuteten fast 100 000 Arten wurden nur 300 bis 400 untersucht. Wir müssen mehr über die Tiere, die auf den Seamounts leben, lernen, darüber, wie ihre Gemeinschaften aufgebaut sind, wie sie funktionieren und welche Auswirkungen die Fischerei haben kann – damit die Ressourcen nachhaltig bewirtschaftet werden können und die biologische Vielfalt erhalten bleibt."

Viele küstennahe Seamounts werden seit Jahrzehnten befischt. Forscher warnen jetzt davor, dass die Fischereiflotten aufgrund stagnierender Bestände dort auf der Suche nach neuen Fanggründen in tieferes Wasser vordringen. Die Fangschiffe nehmen vermehrt Kurs auf bisher unberührte Seamounts. Mithilfe ihrer hoch entwickelten Sonaranlagen sind Trawler häufig die ersten, die Seamounts entdecken, und die eingesetzten Bodenschleppnetze können bereits innerhalb von ein bis zwei Jahren immense Schäden verursachen. Untersuchungen in der Tasmanischen See zeigen, dass Korallen und Crinoiden (eine Gruppe filtrierender Echinodermen) 90 Prozent der unberührten Seamounts bedecken. Sobald Trawler dort aktiv waren, sind es nur noch fünf Prozent. Und das Ökosystem erholt sich quälend langsam. „Manche Seamounts im Nordpazifik haben sich auch 50 Jahre nach den ersten Schleppnetzfängen noch nicht erholt", sagt John Dower, ein Fischerei-Ozeanograph an der University of Victoria in British Columbia.

Die Census-Wissenschaftlerin Karen Stocks von der University of California in San Diego stellt fest: „Diese [Seamounts] sind nicht nur einfach bedrohte Lebensräume; sie beherbergen neue und einzigartige Lebensgemeinschaften, die uns Einblick in die Prozesse verschaffen können, die zur Biodiversität in den Meeren führen und diese erhalten. Seamounts sind vermutlich nicht nur Trittsteine für die Ausbreitung von Arten über die Weltmeere, sondern fast sicher auch Zentren der Artbildung – Hotspots für die Entstehung neuer Arten. In den letzten paar

*Links: Die große Organismenvielfalt auf dem Balanus-Seamount vor New England wird auf diesem Bild durch einen merkwürdigen Igelwurm, eine elegante Seefeder, eine gestielte Crinoide und zwei Xenophyophoren (große einzellige Organismen) mit Schlangensternen vertreten.*

*Unten: Große, mit Schlangensternen besetzte Korallen aus der Familie der Primnoidae wurden auf dem Dickins-Seamount im Golf von Alaska beobachtet.*

7. UNERFORSCHTE ÖKOSYSTEME: HYDROTHERMALQUELLEN, KALTE QUELLEN, SEAMOUNTS UND TIEFSEE-EBENEN

*Diese Nacktkiemerschnecke schwimmt an der Flanke des Davidson-Seamount vor Kalifornien in einer Tiefe von 1 498 Metern herum.*

Jahren haben größere wissenschaftliche Fortschritte unsere Einschätzung, wie einzigartig diese Habitate sind und wie aufregend und aufschlussreich es sein wird, sie zu erforschen, in der Tat verändert. Auf Seamounts wurden sowohl sehr alte Lebensformen – manche Korallen und Crinoiden sind Hunderte von Jahren alt – als auch lebende Fossilien entdeckt."

## Tiefsee-Ebenen

Tiefsee-Ebenen sind ebene oder nur ganz schwach geneigte Flächen auf dem Tiefseeboden. Sie gehören zu den ebensten und glättesten Gebieten der Erde – und zu den am wenigsten untersuchten. Tiefsee-Ebenen bedecken den größten Teil des Meeresbodens. Sie erstrecken sich normalerweise zwischen dem Fuß eines Kontinentalhangs und einem mittelozeanischen Rücken und entstehen durch Überdeckung einer unebenen Fläche ozeanischer Kruste (aus Basalt bestehend) mit feinkörnigem Sediment, vorwiegend Ton und Schluff. Ein großer Teil dieses Sediments wird von Strömungen abgelagert, die die Kontinentalhänge hinunterfließen, durch untermeerische Schluchten (steilwandige Täler auf dem Meeresboden) hinein in tieferes Wasser. Der übrige Teil des Sediments besteht überwiegend aus Staub (Tonpartikel), der vom Land aufs Meer hinausgeblasen wird, und den Überresten kleiner Meerespflanzen und -tiere (Plankton), die aus den oberen Wasserschichten absinken. In abgelegenen Meeresgebieten ist die Ablagerungsrate mit schätzungsweise zwei bis drei Zentimetern in 1000 Jahren relativ gering. In manchen Tiefsee-Ebenen sind Manganknollen häufig. Sie enthalten Metalle in hohen Konzentrationen, darunter Eisen, Nickel, Kobalt und Kupfer. Diese Knollen werden sich in Zukunft möglicherweise als wichtige Bergbau-Ressource erweisen. Sedimentbedeckte Tiefsee-Ebenen sind im Pazifik weniger verbreitet als in den anderen großen Ozeanbecken, da die von Strömungen mitgebrachten Sedimente bereits in den unterseeischen Gräben am Rand des Pazifiks abgefangen werden.

Weil die weiten Tiefsee-Ebenen nur schwer zu erreichen sind, blieben die Fragen danach, wie viele Arten dort leben und wie diese verteilt sind, lange unbeantwortet. Der Census of Marine Life war der erste groß angelegte Versuch, Antworten zu finden. Census-Wissenschaftler haben Hunderte neuer Arten gesammelt, von denen fast 200 bereits beschrieben und benannt sind. Die Bestimmung und Beschreibung der Tiefsee-Organismen ist äußerst wichtig, denn mindestens die Hälfte aller Organismen in jeder Probe, die an einem beliebigen Punkt in der Tiefsee genommen wurde, war bisher völlig unbekannt. Aktuell schwanken die Schätzungen zur Zahl der Arten, die in der Tiefsee leben, zwischen 500000 und zehn Millionen. Diese riesige Spanne zeigt, wie wenig wir tatsächlich wissen. Vor Beginn des Census mussten die Wissenschaftler aus Daten, die auf einer Fläche von der Größe weniger Fußballfelder gewonnen worden waren, auf die Verhältnisse auf der halben Erdoberfläche schließen!

Forschung in solch abgelegenen Gebieten birgt viele Schwierigkeiten. Nicht nur die Wassertiefe stellt ein Problem dar, wenn auf Tiefsee-Ebenen Proben genommen werden sollen, die Entfernung zum Land macht den Zugang schwierig und kostspielig. Häufig braucht ein Schiff mehrere Tage, um das Untersuchungsgebiet

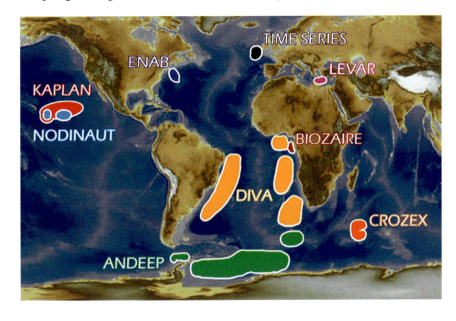

*Die Untersuchungsgebiete des Census verteilen sich über die Tiefsee-Ebenen der Weltmeere.*

zu erreichen. Die Schiffe müssen groß genug sein, um schlechtem Wetter auf hoher See zu trotzen und für die anspruchsvolle Arbeit an Bord ausreichend vielen Crew-Mitgliedern und Wissenschaftlern Platz zu bieten, was die Schiffszeit sehr teuer macht. Beispielsweise kostet der Betrieb des deutschen Eisbrechers *Polarstern* etwa 60 000 Euro pro Tag. Zeit ist an Bord eines Forschungsschiffs das kostbarste Gut und nicht jeder Versuch, eine Probe zu nehmen, ist von Erfolg gekrönt. Auf einer Tiefsee-Expedition können acht oder zehn Stunden vergehen, bis ein Wissenschaftler weiß, ob die Probenahme erfolgreich war oder nicht.

Die Census-Expeditionen zur Untersuchung von Tiefsee-Ebenen haben viele verschiedene Regionen und Themen abgedeckt. Im Südpolarmeer konzentrierte sich die Forschung auf die evolutionären Prozesse und ozeanographischen Veränderungen, die zur aktuellen Artenvielfalt und zum gegenwärtigen Verbreitungsmuster geführt haben. Darüber hinaus ging es um die Bedeutung der antarktischen Gewässer als potenzielle Quelle für benthische Tiefsee-Arten in anderen Meeren.

Das unterseeische Kanal-System des Kongo-Canyons erstreckt sich vor dem südwestafrikanischen Kontinentalrand 760 Kilometer nach Westen und fällt bis zur Tiefsee-Ebene in 4 900 Metern Tiefe. Eine Studie hat sich mit der Frage beschäftigt, wie die gegensätzlichen Umweltbedingungen – hauptsächlich durch einen der größten und aktivsten unterseeischen Canyons der Welt beeinflusst, der riesige Partikelmengen transportiert – die Biodiversität der dortigen Benthos-Lebensgemeinschaften beeinflussen. Vielfältiges Forschungsequipment wurde eingesetzt, um Informationen über die Umweltparameter und die benthischen Lebensgemeinschaften zu sammeln, darunter das französische ROV *Victor*, das äußerst präzises Arbeiten in der Tiefe ermöglicht. Eine Census-Untersuchung zweier benthischer Lebensgemeinschaften in 4 000 Metern Tiefe – die eine direkt am Kongo-Kanal gelegen und durch diesen beeinflusst, die andere 150 Kilometer südöstlich, außerhalb seines Einflussbereichs – zeigte Unterschiede in den Strukturen der Lebensgemeinschaften der dort lebenden Meerestiere auf.

Eine andere sehr anspruchsvolle Census-Studie erforschte die Tiefsee-Ebenen auf beiden Seiten des Atlantiks auf der Südhalbkugel. Im Laufe dieser Untersuchungen erhaschten die Wissenschaftler einen Blick auf eine bisher unbekannte Welt. Viele neue und seltsame Arten von Crustaceen und Polychaeten wurden entdeckt, die nun der Beschreibung und offiziellen Benennung harren. Genetische Analysen werden zur Klärung der Verwandtschaftsverhältnisse zwischen neuen und schon bekannten Arten beitragen.

Census-Wissenschaftler waren hocherfreut, zwei ziemlich ungewöhnliche, riesige Muschelkrebse der Gattung *Gigantocypris* zu finden. Muschelkrebse (Klasse Ostracoda) sind eine verbreitete Gruppe üblicherweise sehr kleiner Lebensformen, die in jeder aquatischen Umgebung leben können, vom Schlamm am Boden

*Diese exotische Art aus der Gattung* Bathypterois *(Dreibeinfische) wurde im unterseeischen Kongo-Kanal vor der Küste Afrikas fotografiert.*

eines kleinen Teichs bis zum Kontinentalschelf. Ihren Namen haben die Muschelkrebse nach der Form ihres Chitinpanzers, der aus zwei Schalenhälften besteht, die wie Muschelschalen miteinander verbunden sind. Viele Muschelkrebse sind Aasfresser – die verbreitetsten Aasfresser im Meer (basierend auf der Sammelmenge).

Die Muschelkrebse, die in vielen Teilen des Meeres verbreitet sind, sind normalerweise nur zwei bis drei Millimeter lang, aber die kürzlich entdeckten beiden Exemplare erreichten fast drei Zentimeter Länge. Wegen ihrer orange-roten Farbe sahen sie eher wie Kirschtomaten aus. Auch andere neue Arten waren viel größer als die bekannten Vertreter ihrer Gattung. Wie sich der Artenreichtum in der Tiefsee entwickelt und warum Riesenwuchs dort relativ häufig ist, können wir nur vermuten. Die Erkenntnisse, die die Wissenschaftler während der Census-Expeditionen gewinnen, werden zur Beantwortung dieser Fragen einiges beitragen.

Die Tiefsee-Ebenen beherbergen nicht nur reiches marines Leben; sie besitzen auch Potenzial als Rohstoffquelle. Im zentralen Pazifik gibt es ausgedehnte Manganknollenfelder. Der Census untersucht diese Region, um festzustellen, was dort lebt und wie die Habitatvariabilität sich möglicherweise auf die biologische Vielfalt auswirkt.

*Oben: Eine Seegurke aus der Gattung* Psychropotes *wandert über ein Manganknollenfeld.*

*Gegenüberliegende Seite:
Der Seestern* Nardoa rosea, *von der Unterseite gesehen; Heron Island, Great Barrier Reef, Australien.*

Um bewerten zu können, wie sich die benthischen Lebensgemeinschaften nach Eingriffen erholen, wurde eine Stelle untersucht, an der etwa 25 Jahre zuvor Manganknollen mit Dredgen gewonnen worden waren, und mit unberührten Gebieten verglichen. Das Ergebnis war, dass sich die Struktur der Lebensgemeinschaften der Tiefseefauna dort, wo Manganknollen vorkommen, von der in anderen Gebieten unterscheidet, nicht nur wegen der Verfügbarkeit und Qualität der Nahrung, sondern auch aufgrund der physikalischen und chemischen Gegebenheiten. Zum ersten Mal wurde dokumentiert, dass Manganknollenfelder einen eigenständigen Lebensraum darstellen und die mengenmäßige Zusammensetzung der Fauna sich von der in Gebieten ohne Manganknollenvorkommen unterscheidet. Die mit dem Abbau von Manganknollen verbundenen Veränderungen des Lebensraums verändern die Fauna dieser Gebiete für immer.

Census-Forschung in den tiefen, abgelegenen Regionen der Weltmeere – auf den Seamounts, den Tiefsee-Ebenen, in Hydrothermalgebieten und an Kontinentalhängen – offenbart eine unglaubliche Diversität und Abundanz marinen Lebens. Auf jeder Expedition wird eine Fülle neuer Arten entdeckt. Je mehr wir darüber wissen, was wo lebt, umso leichter wird uns ein sinnvolles Management mariner Ressourcen weltweit fallen. Hoffentlich tragen die neuen Erkenntnisse auch dazu bei, eine weitere Zerstörung solcher entscheidender Lebensräume im Meer zu verhindern.

KAPITEL 8

# Das Geheimnis neuer Lebensformen wird enträtselt

*Neue Arten sind nicht wirklich neu, sie sind nur neu für uns. Diese Lebewesen existieren seit Millionen von Jahren, und wir haben gerade jetzt das Glück, sie zu finden und die Technologie an der Hand zu haben, um sie zu untersuchen.*
– STEVEN HADDOCK, MONTEREY BAY AQUARIUM RESEARCH INSTITUTE, MITGLIED DES CENSUS OF MARINE ZOOPLANKTON STEERING COMMITTEE

## Das Namen-Spiel

Angelika Brandt hat ihre Arbeit in den Tiefen des Südpolarmeeres mit dem Besuch eines unbekannten Planeten verglichen, bei dem man Lebewesen, die dort leben, sammelt, um anschließend herauszufinden, wie sie jeweils in ihre Welt passen. Während Brandt und ihre Kollegen versuchten, mehr über die Artverteilung im Südpolarmeer und die dort ablaufenden Prozesse herauszufinden, entdeckten sie auf drei Expeditionen zwischen 2002 und 2005 mehr als 700 neue Arten. Diese Entdeckungen eröffnen weiterführende wissenschaftliche Fragen, wie z. B.: Wer frisst wen? Was benötigen die Tiere zum Überleben? Wie und wo leben sie? Wie interagieren sie mit den Lebewesen um sie herum?

„Wir waren völlig überrascht, so viele neue Arten zu finden, da wir nicht mit einer derart hohen Diversität gerechnet hatten. Frühere Arbeiten hatten dokumentiert, dass die Artenzahlen in höheren Breiten abnehmen. Daher waren wir, die wir gedacht hatten, vielleicht *etwas* Aufregendes und Neues zu finden, völlig überwältigt von der Tatsache, dass 95 Prozent dessen, was wir fanden, neu für die Wissenschaft war", sagt Brandt, die am Zoologischen Institut und Zoologischen Museum der Universität Hamburg arbeitet und an zwei Census-Projekten

*Gegenüberliegende Seite:
Eine andere potenziell neue Art aus der Ordnung Amphipoda (Flohkrebse) wurde während der Weddell-Meer-Expedition 2006/2007 in der Nähe von Elephant Island gesammelt. Wissenschaftler vermuten, dass es sich um eine neue Art und eine neue Gattung handelt.*

*Diese Assel aus der Familie der Serolidae, die an einem Abhang im Weddell-Meer gefunden wurde, hat einen abgeplatteten Körper, was es ihr erleichtert, sich schnell ins Sediment zu graben. Beobachtungen in Aquarien haben gezeigt, dass nur ein kleiner Teil des Hinterkörpers des Tieres aus dem Sediment herausragt, der es ihm ermöglicht zu atmen.*

beteiligt ist: an demjenigen, das Tiefsee-Ebenen untersucht, sowie an dem Antarktisprojekt.

Die Entdeckung einer so enormen Zahl neuer Arten im Südpolarmeer ist tatsächlich erst der Anfang. Die Census-Forscher entdecken neue Arten viel schneller als sie beschrieben werden können. Seit Beginn der Feldarbeit 2003 haben die Wissenschaftler des Census of Marine Life mehr als 5 300 Arten entdeckt, die potenziell neu für die Wissenschaft sind –, vom ein Millimeter langen Zooplankton bis zum riesigen madagassischen Hummer, der vier Kilogramm wiegt. Zwischen 2003 und 2008 durchliefen jedoch nur 110 dieser Lebewesen den strengen wissenschaftlichen Überprüfungsprozess, der für die offizielle Anerkennung einer neuen Art erforderlich ist. Dieser Prozess kann Jahre dauern – und tut es häufig auch.

Bevor die Census-Wissenschaftler und ihre Kollegen weltweit damit beginnen können, Antworten auf die vielen interessanten Fragen, die durch die Entdeckung einer neuen Art aufgeworfen werden, zu suchen, müssen sie sicherstellen, dass sie tatsächlich eine neue Art gefunden haben. Manche vergleichen diese aufreibende Arbeit mit der Suche nach dem perfekten Partner: Alles recherchieren, was jemals darüber geschrieben wurde, was einen perfekten Partner ausmacht. Anschließend die Freunde und die Familie des potenziellen Partners interviewen, um sicherzustellen, dass die/der Zukünftige genau die/der ist, die er oder sie zu sein scheint. Ist sichergestellt, dass es sich nicht um einen „Blender" handelt, kommt im Falle einer neuen Art als nächster Schritt die Festlegung eines Namens. Anschließend muss noch eine Zeitschrift gefunden

*Manche der Tiefwasser-Asseln aus der Familie Antarcturidae (wie diese aus dem Weddell-Meer) haben Augen, was darauf hindeutet, dass sie sich aus Arten entwickelten, die auf dem flacheren Kontinentalschelf lebten, wo Licht bis auf den Grund dringt. Dies ist ein Jungtier aus der Gattung* Cylindrarcturus. *Wissenschaftler sind sich nicht völlig sicher, dass es sich um eine neue Art handelt, da manche Merkmale nicht vollständig entwickelt sind.*

werden, die sich ausreichend für die neu gefundene Lebensform interessiert, um einen Artikel darüber abzudrucken. Nach all dem muss ein Exemplar der neuen Art in einer wissenschaftlichen Sammlung (an einem Museum oder Forschungsinstitut) hinterlegt werden, damit andere ihre Funde damit vergleichen können. Wie die Partnerfindung in der modernen Welt ist die Etablierung einer neuen Art also alles andere als einfach.

Die Bestimmung einer unbekannten Art erfordert beträchtlichen Aufwand, auf die Dauer ermüdende Aufmerksamkeit fürs Detail und außerordentliche Geduld. Der vielstufige Prozess beginnt in dem Augenblick, in dem ein Exemplar gesam-

*Forscher an Bord des deutschen Forschungsschiffs* Polarstern *sortieren die Flora und Fauna einer Bodenprobe als ersten Schritt zur Bestimmung der Arten. Die Probe wurde während einer Expedition ins Weddell-Meer 2006/2007 genommen.*

*Die Entdeckung einer neuen Langustenart (Panulirus barbarae) vor Madagaskar warf Fragen nach der Herkunft des Bestands, seiner Wiederauffüllung und danach auf, wie die Art auf den unvermeidlichen Erntedruck, der ihrer Entdeckung folgen wird, reagiert.*

melt wird, dessen Bestimmung Probleme aufwirft. Der anfänglichen Euphorie über eine Neuentdeckung folgt harte Arbeit. Nach Möglichkeit wird das Exemplar fotografiert, gezeichnet und konserviert, sodass es mit ähnlichen Exemplaren verglichen werden kann. In manchen Fällen wird auch genetisches Material entnommen und eine DNA-Sequenzierung vorgenommen. Endziel der DNA-Analyse ist es, über verschiedene Gene die phylogenetische (stammesgeschichtliche) Verwandtschaft festzustellen oder einen einzigartigen DNA-Barcode für die Art zu ermitteln, anhand dessen sie in Zukunft leicht identifiziert werden kann.

Als Nächstes werden in der Regel Kollegen konsultiert, um herauszufinden, ob schon ein anderer einen Organismus wie den infrage stehenden gesehen hat. Es folgt eine Recherche in der taxonomischen Literatur, um sicherzustellen, dass das unbekannte Lebewesen nicht schon gefunden und beschrieben wurde. Diese Literaturrecherche muss erschöpfend sein – und kann bei dem erwartungsvollen Forscher wahrlich zu Erschöpfung führen. Sind andere, ähnliche Exemplare verfügbar, können Zeit, Geld und Anstrengungen auch darin investiert werden, die verschiedenen wissenschaftlichen Sammlungen zu besuchen, um das oder die neu gefundenen Exemplare mit anderen desselben Typs zu vergleichen, die vielleicht schon jahrelang aufbewahrt wurden. Manche archivierten Belegexemplare sind über 200 Jahre alt und datieren aus der Zeit, als Linné sein System der Arten aufstellte (1758).

Sobald ein Forscher sich sicher ist, dass er tatsächlich eine neue Art entdeckt, ist der nächste Schritt, eine genaue Beschreibung zu verfassen und einen passenden Namen zu finden. Wissenschaftliche Artnamen sind immer lateinisch und bestehen aus zwei Worten. Das erste Wort ist der Gattungsname, das zweite steht für die Art innerhalb der Gattung. Bei diesem zweiten Wort kann Kreati-

*Die Census-Forscher bestimmen Hunderte neuer Zooplankton-Arten und glauben, die Zahl der bekannten Arten, derzeit 7000, innerhalb der nächsten zehn Jahre verdoppeln zu können. Dieser potenziell neue Muschelkrebs (Archiconchoecetta sp.) wurde im südlichen Atlantik vor der Küste Namibias gesammelt.*

vität ins Spiel kommen: Die Spanne reicht von einem physischen Merkmal der Art (z. B. haarige Beine) über ihre Verbreitung bis hin zu einem Wort, das ausgewählt wurde, um jemanden oder etwas zu ehren. Eine der ersten Arten, die von Census-Forschern, die den Mittelatlantischen Rücken untersuchten, benannt wurde, war der Kalmar *Promachoteuthis sloani*. Sein Artname erkennt den Beitrag der Alfred P. Sloan Foundation an, die den Start des Census-Projekts unterstützte.

Der letzte Schritt auf dem Weg zu einer neuen Art ist es, die schriftliche Beschreibung bei einer von Experten begutachteten wissenschaftlichen Zeitschrift einzureichen. Nur wenn der Artikel angenommen und veröffentlicht wird, kann die Art offiziell als neues Mitglied der biologischen Gemeinschaft der Erde bezeichnet werden.

## Zooplankton – die tierischen Drifter

Während der typische Prozess der Artbestimmung immer noch mühsam ist, hat sich für manche Census-Wissenschaftler die Lage verändert: Die Arbeit im Labor ist jetzt viel spannender und effizienter. Census-Taxonomen, die beispielsweise Zooplankton untersuchen, erhielten die einzigartige Möglichkeit, die Bestimmung der gesammelten Arten aufs Meer zu verlagern. Beim marinen Zooplankton handelt es sich um Tiere, die im Wasser eher driften und nicht schwimmen, also den Wechselfällen der Strömungen unterliegen. Ihre Größe schwankt üblicherweise zwischen einem Millimeter und wenigen Zentimetern, auch wenn das im Prinzip aktiv schwimmfähige gallertige Zooplankton (manche Quallen) bis zu mehreren Metern Länge erreichen kann.

Die am Census beteiligten Zooplankton-Taxonomen, die sich in ihrem bisherigen Arbeitsleben mit der Morphologie dieser winzigen driftenden Meerestiere beschäftigt haben, sahen nun lebende Exemplare aus erster Hand, die in feinmaschigen Netzen an Bord gebracht wurden. Ann Bucklin, Direktorin des Marine Science Technology Center der University of Connecticut in Avery Point und Leiterin des Zooplankton-Projekts des Census, erklärt: „Die Bestimmung einer neuen Art ist vermutlich das Aufregendste, was einem Taxonomen passieren kann, denn sicherzustellen, dass eine Art tatsächlich neu ist, ist beim Zooplankton in der Tat ein mühsames, anspruchsvolles Spiel. Es ist auch ein aufregendes Gefühl, frische, lebende Exemplare zu betrachten, die noch niemand vorher gesehen hat."

Bucklin prognostiziert, dass sich durch die Arbeit der Census-Taxonomen die Zahl bekannter Zooplankton-Arten, die 2008 bei 7 000 Arten aus 15 verschiedenen Stämmen lag, mindestens verdoppeln wird. „Die meisten Zooplankton-

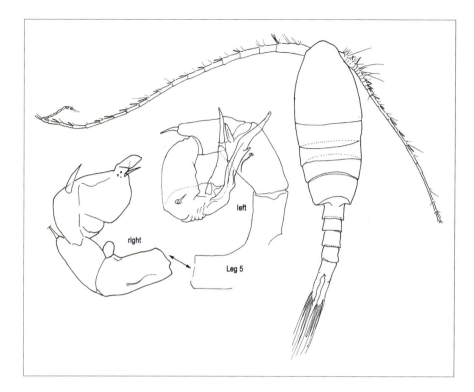

*Links: Zooplankton-Taxonomen benutzen Abbildungen, um eine potenziell neue Art mit bekannten zu vergleichen. Diese Zeichnung einer neuen Art aus der Gattung Hyperbionyx zeigt ein männliches Exemplar von 8,92 Millimetern Länge, das am Boden des südöstlichen Nordatlantiks in einer Tiefe von fast 4 900 Metern gesammelt wurde.*

Arten sind selten. Wenn seefahrende Taxonomen ein unerforschtes Gebiet untersuchen, wie z. B. 100 Meter vom Grund in 5000 Meter tiefem Wasser, wo wir heute Proben nehmen können, finden wir daher jede Menge neuer Arten." Wie ihre größeren „Kollegen" werden auch Zooplankton-Arten erheblich schneller entdeckt als sie formell bestimmt werden können. Um die Artbestimmung zu beschleunigen, nehmen die Zooplankton-Forscher jetzt zunehmend DNA-Barcoding zu Hilfe, das sich bei Zooplankton als besonders nützlich erweisen könnte, da die Organismen meist selten, zerbrechlich und/oder klein sind.

Bis vor Kurzem verließen sich Zooplankton-Taxonomen einzig und allein auf Abbildungen, um potenziell neue Arten mit bekannten zu vergleichen. Auch heute noch sind sorgfältige Zeichnungen neuer Arten wichtig, um schwierig zu beobachtende Details darzustellen, die erforderlich sind, um eine Art von der anderen zu unterscheiden. Beispielsweise sind die Strukturen in der oben stehenden Zeichnung die Beine eines Männchens, und sie unterscheiden sich sehr subtil von den anderen männlichen Beinen dieser Gattung. Oft ist die gründliche Untersuchung der Stacheln und Höcker an Beinen oder Mundwerkzeugen die einzige Unterscheidungsmöglichkeit zwischen verschiedenen Arten. Das ist der Grund dafür, warum die DNA-Analyse für die Taxonomie so ein

*Unten: Eine vermutlich neue Art benthischer Rippenquallen, in einer Tiefe von 7 217 Metern im Ryūkyū-Graben vor Japan gefunden, hält den Tiefenrekord für Ctenophoren.*
*Die Entdeckung dieser einzigartigen Art, die wie ein Drachen am Ende zweier langer, am Meeresboden befestigter „Fäden" fliegt, wirft Fragen nach der Nahrungsverfügbarkeit in diesen Tiefen auf. Das Tier wurde mithilfe des ferngesteuerten Unterwasserfahrzeugs Kaiko fotografiert.*

# Die Entdeckung einer neuen alten Art

*Dies ist ein Exemplar der neuen Gattung* Laurentaeglyphea. *Bis 1906 hatte man angenommen, die „jurassischen" Krebse aus der Gruppe der Glypheiden seien vor fast 50 Millionen Jahren ausgestorben.*

Als der Schleppnetzfang aus den Tiefen des Korallenmeeres, eines Nebenmeeres des Pazifiks, auf Deck ausgeleert wurde, stach ein Exemplar hervor. Ein kleiner strohfarbener Krebs erregte die Aufmerksamkeit des Forscher-Veteranen Bertrand Richer de Forges, der in seinen mehr als 30 Jahren als Meeresforscher mehr als genug Schleppnetzfänge gesehen hatte. Richer de Forges traute seinen Augen nicht. Nach einer ersten Überprüfung schien es sich bei diesem faszinierenden kleinen Krebs um ein lebendes Exemplar einer Gruppe von Crustaceen zu handeln, die als ausgestorben galt. Seine Entdeckung unter den vielen Exemplaren an Deck war der Beginn einer Folge von Ereignissen, die biologische Geschichte schrieb.

Glypheiden sind eine Gruppe mariner Arthropoden (Invertebraten), die während des Juras vor 213 bis 144 Millionen Jahren häufig waren. Man nahm an, sie seien während des Eozäns (vor ungefähr 50 Millionen Jahren) ausgestorben – bis 1906 das amerikanische Forschungsschiff *Albatross* vor der Küste der Philippinen ein Tier fing. Dieses Exemplar wurde konserviert und lagerte 60 Jahre lang unbeachtet in einer Museumssammlung, bis es 1975 von zwei französischen Wissenschaftlern wiederentdeckt wurde, die es als Glypheide bestimmten und *Neoglyphea inopinata* nannten. Bei drei Tiefsee-Forschungsreisen im Gebiet der Philippinen gelang es, 13 weitere Exemplare zu fangen, was bestätigte, dass diese Krebse aus der Familie der Glypheidae zwar extrem selten, aber nicht ausgestorben sind.

Wenden wir uns dem seltsamen Krebs zu, der 2005 aus dem Korallenmeer gefischt wurde. Das Forschungsschiff *Alis* war auf Schleppnetzfang in einer Tiefe von 400 Metern entlang einer Reihe von Seamounts südlich der Chesterfield Islands (zwischen Neukaledonien und Australien), als das lebende Fossil im Netz an Bord gebracht wurde. Die Crustacee schien eine Glypheide zu sein, und obwohl sie oberflächlich

*Bertrand Richer de Forges, Institut de Recherche pour le Développement, Neukaledonien.*

betrachtet wie *N. inopinata* aussah, unterschied sie sich deutlich in der Farbgebung und im Muster und war beträchtlich kräftiger als ihre Vorgänger. Da er vermutete, dass es sich um einen weiteren lebenden Vertreter der Glypheiden handelte, konsultierte Richer de Forges Kollegen und kam zu dem Schluss, dass es in der Tat eine neue Art war.

Dann machte er sich daran, die übrige wissenschaftliche Community von seinen Schlussfolgerungen zu überzeugen. Untersuchungen der Morphologie des Exemplars und taxonomische Analysen der bekannten Dekapoden ließen die Stellung der neuen Art im Baum des Lebens immer klarer hervortreten. Zusätzliche Hinweise enthüllten mehr über das Tier. Beispielsweise deuteten die wohl entwickelten Augen und die kräftigen Pseudochelen (zangenförmige Anhänge) auf eine räuberische Lebensweise hin. Der Fundort – harter, felsiger Untergrund – unterschied das Tier auch von der Art *N. inopinata*, die Höhlen in schlammigen Gründen bewohnt.

Eine Beschreibung dieser neuen Art, *Neoglyphea neocaledonica* genannt, wurde 2006 veröffentlicht. Professor Jacques Forest, einer der beiden Wissenschaftler, die *N. inopinata* 1975 beschrieben hatten, äußerte Zweifel daran, dass dieses Tier zur selben Gattung gehört wie sein nördlicher Vetter, wie es sein Name nahelegt. Letzten Endes entschied er sich, für diese Art eine neue Gattung einzuführen, die er nach seinem Kollegen Michele de Saint Laurent benannte. Richer de Forges' Beschreibung wurde schließlich in einer von Experten begutachteten Fachzeitschrift veröffentlicht und eine neue Art (mit sehr alten Vorfahren), *Laurentaeglyphea neocaledonica*, der Weltöffentlichkeit vorgestellt.

*Census-Taxonomen finden nicht nur neue Arten, sondern dokumentieren auch viele andere Dinge erstmals – neue Erkenntnisse über bereits bekannte Arten. Ein Beispiel ist dieser Tiefwasser-Ruderfußkrebs (Eaugaptilis hyperboreus); Census-Forscher waren die Ersten, die ein Exemplar fotografieren konnten, das Eier trägt.*

Segen ist – sie kann dabei helfen, Fragen zu beantworten wie die, ob der größere Höcker oder der längere Stachel tatsächlich eine andere Art kennzeichnen. Genetische Informationen machen die Entscheidung viel leichter und vermutlich sicherer.

## Wo bisher noch niemand war

In den ersten sieben des auf zehn Jahre angelegten Programms haben die Wissenschaftler des Census of Marine Life mehr als 5 300 neue Arten entdeckt. Bis 2010 wird sich diese Zahl vermutlich auf rund 10 000 erhöht haben, sodass dann fast 240 000 marine Arten bekannt und benannt sein werden. Das sind bemerkenswerte Zahlen, trotzdem stehen viele weitere Entdeckungen noch bevor. Der Wissenschaftler Ron O'Dor schätzt, dass nach Abschluss des ersten Census noch zwischen 200 000 und zwei Millionen Tierarten *mehr* zu entdecken, zu beschreiben und zu benennen sein werden.

„Natürlich finden wir neue Arten, weil wir an Plätze gehen, die bisher nicht erforscht worden sind. Es ist aufregend, der Erste zu sein, der einen Fisch oder ein anderes Meerestier erblickt, den oder das niemand zuvor gesehen hat", sagt Richard Pyle, ein Census-Wissenschaftler am Bishop Museum in Honolulu. Er stand an der Spitze derjenigen, die hoch entwickelte geschlossene Kreislauftauchgeräte benutzten. Diese recyceln Atemgase – Helium, Stickstoff und Sauerstoff – und ermöglichen es den Forschern, in bisher unerreichbare Tiefen hinabzusteigen. Pyle und sein Wissenschaftler-Team haben mehr als 100 neue Arten von Riff bewohnenden Fischen entdeckt. Allein 28 neue Arten waren die Ausbeute einer einzigen Tauchexpedition zu den Korallenriffen auf den Karolinen im Pazifik im April 2007.

Die Expedition zu den Karolinen, die von der British Broadcasting Corporation (BBC) finanziell unterstützt wurde, wurde für eine Dokumentation über die Entdeckung neuer Arten von Tiefwasser-Fischen an Korallenriffen gefilmt. Die auffälligsten und eindeutig neuen Arten unter den vielen Neuentdeckungen des Teams waren mehrere Vertreter der Riffbarsch-Gattung *Chromis*. Am spektakulärsten war ein intensiv blauer Fisch, der in Tiefen von 120 Metern und mehr lebt. Bei der Benennung folgten die Wissenschaftler der Tradition und wählten zu Ehren des Dokumentarfilmprojekts – *Pacific Abyss* –, das die Expedition förderte, und wegen seines Vorkommens in größeren Tiefen den Artnamen *Chromis abyssus*. In den englischen Namen, *Deep Blue Chromis*, hat auch die auffällige Farbe Eingang gefunden.

Die Fülle der neuen Arten, die während nur einer von Pyles Expeditionen entdeckt wurde, zeigt wie nützlich es ist, sich in bisher unerforschte Gebiete zu

*Dieser leuchtend blaue Riffbarsch wurde* Chromis abyssus *genannt, in Anerkennung der Unterstützung durch die BBC bei seiner Entdeckung, wegen seiner Farbe (*chromos *ist das griechische Wort für Farbe) und des Lebensraums Tiefwasser (*abyssus *bedeutet grundlose Tiefe).*

wagen. Ähnlich wie bei der frei erfundenen *Star-Trek*-Crew ist es das Credo des Census, dorthin zu gehen, wo noch kein Mensch gewesen ist, was manche wissenschaftlichen Herausforderungen bedeutet. Wenn sie unerforschte Gebiete erkunden und von den Mikroben bis zu den Walen alles untersuchen, finden Census- und andere Forscher unbekannte Arten schneller, als sie beschrieben werden können – es gibt nicht genug Experten für diese Aufgabe. Philippe Bouchet vom Muséum national d'Histoire naturelle in Paris ist an den Census-Projekten, die sich mit den Kontinentalhängen befassen, beteiligt. Er schätzt, dass 3800 Taxonomen pro Jahr mindestens 1400 neue marine Arten beschreiben. Bei dieser Geschwindigkeit dauert es über fünf *Jahrhunderte*, bis alle verbliebenen unbekannten marinen Arten entdeckt, überprüft, beschrieben und benannt sind. Die Früchte des Census werden wir noch in Jahrzehnten ernten!

## Ein Blick unter das Eis

Die Zahl der neu entdeckten Arten hängt zum großen Teil von der untersuchten Region ab. Die Erforschung der Eisozeane – des Arktischen Ozeans oder Nordpolarmeeres auf der Nordhalbkugel und des wilden Südlichen Ozeans oder Südpolarmeeres am entgegengesetzten Pol – hat zu vielen interessanten Überraschungen geführt, was die Arten angeht, die in diesen kalten, feindseligen Gebieten leben. Engagement, Ausdauer und die richtige Ausrüstung waren erforderlich. Schiffe, die durch das Eis brechen, um voranzukommen, Scharfschützen, die Taucher im Norden vor herumwandernden Eisbären schützen, und Durchhaltevermögen, um wütender See im Südpolarmeer zu widerstehen, sind einige wenige der Grundvoraussetzungen für die Erforschung der Polargebiete.

Die Tiefen des Nordpolarmeeres – von der Census-Forscherin Bodil Bluhm als »die am wenigsten untersuchte Region der Weltmeere« bezeichnet – erforschte ein Team kühner Forscher an Bord des Kutters *Healy* der amerikanischen Küstenwache auf einer 30-tägigen Expedition, um mehr darüber zu erfahren, was in den Tiefen dieses kalten und sich schnell verändernden Lebensraums lebt. In diesem Zeitraum entdeckten sie 35 vorher unbekannte Arten, die jetzt auf ihre offizielle Bestimmung warten. Bluhms Kollege Russ Hopcroft erklärt: „Moderne Technik öffnete zum ersten Mal ein Fenster zu dieser fantastischen Welt. Die Bilder, die in mittleren Wassertiefen und auf dem Meeresboden gewonnen wurden, zeigen viele Lebensformen, wie z. B. skelettloses Zooplankton, Tiefsee-Seegurken und Weichkorallen. Die wenigen Forscher vor uns in dieser Gegend hatten nicht die passenden Werkzeuge, um diese Lebewesen zu sammeln oder auch nur zu sehen."

*Unten links: Eine potenzielle neue Rippenquallenart, eine Ctenophore aus der Ordnung Cydippida, wurde 2005 auf einer monatelangen Expedition in das Nordpolarmeer entdeckt.*

*Unten rechts: Dieser Polychaet aus der Gattung Macrochaeta, eine von drei kürzlich beschriebenen Arten, wurde während der Census-Expedition ins Kanadische Becken im Sommer 2005 am Boden des Nordpolarmeeres gefunden.*

8. DAS GEHEIMNIS NEUER LEBENSFORMEN WIRD ENTRÄTSELT 187

*Arktisforscher des Census an der University of Alaska in Fairbanks entdeckten in Zusammenarbeit mit Stefano Piraino von der Universität Salento in Lecce, Italien, eine neue Hydrozoen-Art im Meereis. Sie bewegt sich etwa 20 Zentimeter in der Stunde, vermutlich nebenbei winzige Crustaceen verzehrend, und die Wissenschaftler spekulieren, dass sie als echter Räuber eine wichtige Rolle spielen könnte. Die neue Gattung (und Art) gehört zu den ersten, wenn es nicht die erste ist, die während des Internationalen Polarjahres (2007–2009) benannt wurde. Piraino schlug den Namen Sympagohydra tuuli vor, um an ein anderes wichtiges Ereignis zu erinnern: die Geburt von Tuuli Gradinger, Tochter seiner Forscherkollegen Rolf Gradinger und Bodil Bluhm.*

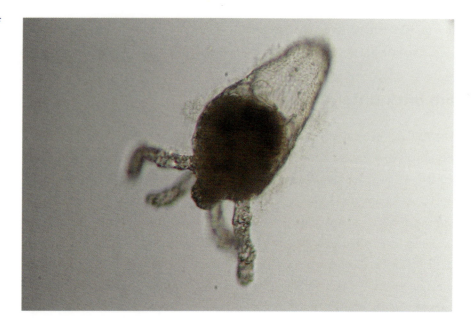

*Diese vermutlich neue Art aus der Ordnung der Narcomedusae, quallenartiger Nesseltiere, wurde zuerst 2002 südlich von Banks Island in der kandadischen Arktis gesammelt und dann 2005 erneut gefunden und fotografiert.*

Was die Artenzahlen angeht, übertrifft die Fülle der Entdeckungen auf der Südhalbkugel, wo selbst erfahrene Forscher von der hohen Biodiversität überrascht waren, diejenige im Norden bei Weitem. Zwischen 2002 und 2005 wurden drei Census-Expeditionen in das Weddell-Meer, eine tiefe Einbuchtung in der Küstenlinie der Antarktis, unternommen, um das „Wissens-Vakuum", das die Fauna der tieferen Teile des Südpolarmeeres umgab, zu füllen. Die drei internationalen Teams sammelten Zehntausende von Exemplaren aus Wassertiefen zwischen 774 und 6 348 Metern.

Zu Hause angekommen, widmeten sich die Forscher voll und ganz der Herausforderung, neue Arten von alten zu trennen. Zu ihrer großen Freude hatten die Wissenschaftler mehr als 700 potenziell neue Arten gefunden. Sie fanden 674 Isopoden-Arten, von denen die meisten noch nicht beschrieben waren, mehr als 200 Arten mariner Polychaeten, darunter 81 neue, sowie 76 Schwämme, von denen 17 bisher unbekannt gewesen waren, darunter 6 fleischfressende Arten.

Expeditionsleiterin Angelika Brandt deutet an, dass die antarktische Tiefsee die Wiege des Lebens für einige marine Arten weltweit sein könnte und dass die Funde Licht auf die Evolution des Lebens im Meer in diesem Gebiet und darüber hinaus werfen. Durch den Vergleich von Arten, die in der Tiefsee gefunden wurden, mit solchen, die in flacheren Gewässern rund um die Antarktis vorkommen, können die Wissenschaftler vielleicht herausfinden, wie das Klima und die Umwelt, in der diese Arten leben, in der Vergangenheit zu evolutionären Veränderungen geführt haben und wie sich diese Arten möglicherweise in Zukunft an veränderte Verhältnisse anpassen können.

*Diese potenziell neue Appendikularien-Art wurde im Kanadischen Becken im Nordpolarmeer entdeckt.*

*Diese* Munnopsis*-Art, die wie eine Tiefsee-Asselspinne aussieht, wurde im westlichen Weddell-Meer gefunden. Es handelt sich um einen Vertreter der Isopoden, einer Gruppe mariner Wirbelloser. Sie ernährt sich von Nahrungsbissen, die auf den Meeresboden sinken.*

*Dieser bisher unbekannte fleischfressende Schwamm aus der Gattung* Asbestopluma *wurde in den Tiefen des Südpolarmeeres gefunden. Er hat einen Durchmesser von etwa einem Zentimeter und verschlingt Organismen, die er anschließend verdaut. Insgesamt wurden vier Arten gefunden, von denen drei vermutlich neu für die Wissenschaft sind.*

Als Teil der erweiterten Forschungsanstrengungen im Internationalen Polarjahr 2007–2009 führte der Census of Antarctic Marine Life (CAML) 18 Expeditionen in das Südpolarmeer an. Die erste Expedition, die im März 2007 zurückkehrte, fiel mit dem Beginn des Internationalen Polarjahres zusammen und stellte die Möglichkeiten für ein zunehmendes Verständnis dieser komplexen Ökosysteme unter Beweis.

Im November 2006 begann eine Gruppe von 52 Wissenschaftlern aus 14 Ländern eine zehnwöchige Expedition an Bord des deutschen Forschungsschiffs *Polarstern*, um ein zuvor noch nie erforschtes Gebiet zu untersuchen. Die Wissenschaftler nahmen eine zehn Quadratkilometer große Fläche des antarktischen Meeresbodens unter die Lupe, die erst kurz zuvor zugänglich geworden war. Diese Möglichkeit ergab sich durch den Zusammenbruch der Schelfeisplatten Larsen A und Larsen B, die zusammen eine Fläche etwa der Größe von Jamaika umfassten.

Die Experten auf der *Polarstern* verfügten über hoch entwickelte Sammel- und Beobachtungsausrüstung einschließlich eines mit Kameras ausgerüsteten ferngesteuerten Tauchfahrzeugs und kehrten mit aufschlussreichen Aufnahmen des Lebens auf dem Meeresboden, der durch den Zusammenbruch von Larsen A und Larsen B freigelegt worden war, zurück. Von den schätzungsweise 1 000 gesammelten Arten erwiesen sich inzwischen etliche als neu für die Wissenschaft.

„Dieses Wissen über die Lebensvielfalt ist die Basis, um das Funktionieren von Ökosystemen zu verstehen", sagt Julian Gutt, Meeresökologe am Alfred-Wegener-Institut für Polar- und Meeresforschung in Bremerhaven und wissenschaftlicher Leiter der *Polarstern*-Expedition. „Die Ergebnisse unserer Anstrengungen werden uns ein gutes Stück weiterbringen, um die Zukunft unserer Biosphäre im Klimawandel vorhersagen zu können."

*Links: Das Larsen-B- Eisschelf im Januar 2002.*

*Rechts: Das Gebiet, nachdem das Eisschelf im März 2002 zusammengebrochen war.*

*Links: Diese vermutlich neue Art aus der Gattung Epimeria, ein 25 Millimeter langer Flohkrebs, wurde während einer Expedition ins Weddell-Meer 2006/2007 in der Nähe von Elephant Island entdeckt.*

*Unten: Dieser potenziell neue, riesige Flohkrebs – aus der Gattung Eusirus – war einer der Stars unter den Arten, die während einer Fahrt ins Weddell-Meer 2006/2007 entdeckt wurden. Er ist fast zehn Zentimeter lang und wurde mithilfe einer Köderfalle vor der Antarktischen Halbinsel gesammelt.*

*Ein riesiger Rankenfußkrebs, eine Crustacee mit Spaltbeinen, von dem man annimmt, dass es sich ebenfalls um eine unbeschriebene Art handelt, wurde während der Polarstern-Expedition 2006 an der Spitze der Antarktischen Halbinsel gesammelt.*

*Dieser unbekannte antarktische Seestern stammt von einer Fläche im Weddell-Meer, die früher vom Larsen-B-Eisschelf bedeckt war.*

## Vom Entdecken einer neuen Art

Steven Haddock vom Monterey Bay Aquarium Research Institute ist der Autor dieses Essays.

Die Entdeckung einer neuen Art ruft viele verschiedene Reaktionen hervor. Zunächst ist es definitiv Erstaunen, hier die Verkörperung noch einer weiteren Variation an Form, Größe und Strukturen in einem Grundbauplan vor Augen zu haben, der das Tier beispielsweise zu einer Qualle macht. Wenn wir in der Tiefsee arbeiten, entdecken wir Lebewesen, die sich fundamental von bekannten Arten unterscheiden, nicht nur durch eine Wimper. Manchmal ist die Reaktion Skepsis: Irgendjemand muss das Tier doch schon gesehen haben. Ein ähnliches Gefühl muss jemand empfinden, der einen verborgenen Schatz findet.

Der anfänglichen Begeisterung folgt Ratlosigkeit: Wie hängt diese Art mit anderen zusammen, die wir schon kennen? Es gibt eine Art menschlichen Drang, Dinge zu kategorisieren. Am liebsten sind mir die Viecher, bei denen wir keinen blassen Schimmer haben, wie wir sie vorläufig nennen sollen. Solche Tiere bekommen beschreibende Namen wie „Rätselhaftes Untier", „Bizarre Ctenophore", „Blaue Staatsqualle", „Grüner Bomber" usw. Diese Namen sind (in Maßen) nützlich, um auf die Unbekannten Bezug zu nehmen, wenn wir wieder auf sie stoßen, und außerdem bekommen wir so einen ersten Anhaltspunkt für eine Zuordnung.

Es ist fast unmöglich, sich seinen Lebensunterhalt allein mit Taxonomie, sprich der Beschreibung von Tieren, zu verdienen. Artbeschreibungen erfordern eine Menge akribischer Arbeit, Literaturrecherchen und trockenes wissenschaftliches Schreiben, aber sie sind für die weitere Arbeit unerlässlich. Wenn wir über die ökologische Nische eines Organismus diskutieren, seine Gene klonen oder ihn in einen breiteren Zusammenhang stellen wollen, was die Lebensgemeinschaften angeht, brauchen wir einen Namen für ihn (mit „Blauer Staats…" kommen wir da nicht weiter).

So wird die Begeisterung schließlich mit einer Prise Frustration gewürzt – ein weiteres Jahr Arbeit liegt vor mir! Aber ich werde nicht aufhören, mich über die enorme Vielfalt zu wundern, die gleich unter der Oberfläche liegt und darauf wartet, entdeckt zu werden.

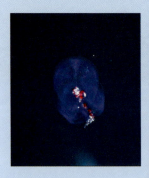 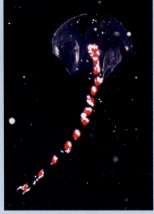

Diese biolumineszente Staatsqualle ist eine kürzlich entdeckte fleischfressende Planktonart, deren aufregende blaue Färbung bemerkenswert ist. Sie wurde Gymnopraia lapislazula genannt nach Lapislazuli, einem gesprenkelten, intensiv blauen Stein. Lapis, lateinisch für „Stein" oder „Meilenstein", wurde auch gewählt, um der 25. Beschreibung einer Staatsqualle durch Philip R. Pugh, einen der Artbeschreiber, zu gedenken.

Während der Reise wurden viele Hundert Exemplare gesammelt, darunter 15 potenziell neue Amphipoden-Arten (Flohkrebse). Die Hauptattraktion war ein riesiger Flohkrebs aus der Gattung *Eusirus* – mit fast zehn Zentimetern Länge eine der größten Amphipoden der Antarktis und größer als viele ähnliche Arten aus gemäßigteren Klimaten. Darüber hinaus wurden vier vermutlich neue Cnidarien-Arten gesammelt – Organismen, die mit Korallen, Quallen und Seeanemonen verwandt sind.

## Augen und Ohren in der Tiefe

Die restliche tiefe, dunkle Zone der Weltmeere – zwischen 200 und über 5000 Metern Tiefe – außerhalb der Polarregionen hat auch ihren gerechten Anteil an neuen Arten beigetragen. Hindernisse wie Tiefe, Druck und Unzugänglichkeit waren zu überwinden, um unser Wissen über das, was „tiefer als das Licht" in den Weltmeeren lebt, zu verbessern. Der Einsatz von Netzen und Bodenschleppnetzen, die Proben in großen Tiefen nehmen können, sowie neuer technischer Geräte – mit hochauflösenden Kameras und Videokameras ausgerüstete ferngesteuerte Fahrzeuge ebenso wie autonome Unterwasserfahrzeuge –, die von Technikern gesteuert werden, die sicher an Bord von Schiffen sitzen, hat diese Entdeckungen ermöglicht und neue Fenster zum Leben unter der Wasseroberfläche geöffnet.

Beispielsweise haben Census-Expeditionen zum Mittelatlantischen Rücken, einer unterseeischen Bergkette in der Mitte des Atlantiks, mithilfe hoch entwickelter Ausrüstung, darunter das russische bemannte Forschungs-U-Boot *Mir*, Zehntausende von Organismen gesammelt. Wissenschaftler vermuten, dass sich darunter rund 30 neue Arten befinden, aber bis Ende 2008 waren nur fünf als solche anerkannt – ein weiterer Beleg dafür, wie schwierig es ist, neue Arten zu identifizieren und als solche zu etablieren.

Odd Aksel Bergstad vom Institut für Meeresforschung in Arendal, Norwegen, der das Census-Projekt am Mittelatlantischen Rücken leitete, sagt:

*Unten links: Diese neue Aalmutter-Art aus der Gattung* Lycodonus *wurde auf dem Mittelatlantischen Rücken gesammelt.*

*Unten rechts: Im westlichen Mittelmeer wurde diese neue Grenadier- oder Rattenschwanz-Art,* Caelorinchus mediterraneus, *entdeckt.*

Oben: Diese neue Krabbenart, Kiwa hirsuta, wurde vor der Easter Island Microplate, einer kleinen Erdkrustenplatte unmittelbar westlich der Osterinsel, entdeckt. Sie wurde nach Kiwa, der Göttin der Schalentiere in der polynesischen Mythologie, benannt, ist aber wegen ihrer haarigen Erscheinung als „Yeti-Krabbe" bekannt geworden.

Unten: Die Aphyonidae sind eine Familie von Fischen, die unterhalb 700 Metern Tiefe leben, alle Arten sind sehr selten. Dieses gallertartige, schuppenlose Exemplar aus der Gattung Barathronus ist sehr wahrscheinlich eine noch nicht beschriebene Art.

*Oben: Census-Forscher finden Ruderfußkrebse, die kleinsten Tiere der Tiefsee, an Stellen, an denen sie sie nie erwartet hätten. Diese bizarre neue Copepoden-Art (Ceratonotus steiningeri) wurde 2006 in 5 400 Metern Tiefe im Angola-Becken entdeckt. Innerhalb eines Jahres wurde die Art sowohl im südöstlichen Atlantik als auch in rund 13 000 Kilometern Entfernung im zentralen Pazifik gefunden. Die Wissenschaftler haben keine Erklärung dafür, wie dieses winzige Tier (0,5 Millimeter) sich so weit verbreiten kann, und sind verblüfft, wie es seiner Entdeckung so lange entgehen konnte.*

*Unten: Forscher, die den Mississippi-Canyon untersuchten, der sich von der Küste Lousianas bis in den Golf von Mexiko erstreckt, fanden einen Crustaceen-Teppich (Ampelisca mississippiana).*

*Die zahlreichen marinen Mikroorganismen auf diesem Bild gleichen den Sternen am Nachthimmel. Census-Wissenschaftler fanden in einem einzigen Liter Meerwasser 20 000 verschiedene Bakterienarten, viele davon vorher unbekannt und selten.*

„Wir untersuchen nur die Makro- und Megafauna – ziemlich große Tiere, von denen man allgemein annimmt, dass sie gut untersucht sind und geringere Diversität zeigen als kleinere Organismen oder solche, die an sehr artenreichen Stellen wie den hoch diversen Korallenriffen leben. Daher haben wir nicht wirklich erwartet, überhaupt auf neue Arten zu stoßen. Umso mehr haben wir uns gefreut, zur wachsenden Zahl mariner Arten beitragen zu können."

Andere Census-Expeditionen in die Tiefe – zur Untersuchung von Hydrothermalquellen, kalten Quellen und Kontinentalhängen – haben ebenfalls Bausteine zum Stammbaum mariner Arten geliefert.

## Unsichtbares sichtbar machen

Technische Fortschritte ermöglichen es heute, neue Lebensformen zu bestimmen, die uns vor wenigen Jahren noch verborgen geblieben wären. Eine revolutionäre DNA-Technik, das „454 *tag sequencing*", eine Form der DNA-Sequenzierung, benötigt nur kleine Schnipsel des genetischen Codes, um ein Lebewesen zu bestimmen. Mithilfe dieser Methode haben die Census-Wissenschaftler aufgedeckt, dass die Diversität mariner Mikroorganismen vermutlich einige zehn- bis 100-mal so hoch ist wie erwartet. Den weitaus größten Teil dieser unerwarteten Vielfalt machen vorher unbekannte, seltene Organismen aus, von denen man annimmt, dass sie in der marinen Umwelt als Teil ungewöhnlicher Lebensräume eine wichtige Rolle spielen.

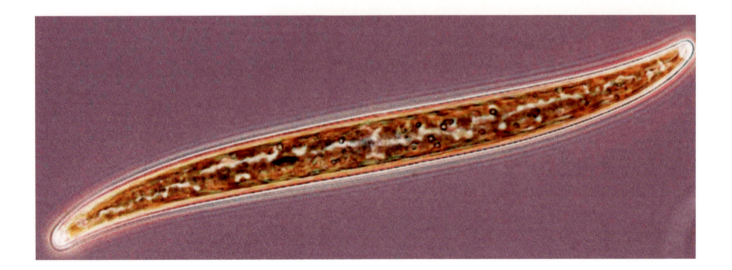

*Mit modernen Techniken wird die Vielfalt an Farben, Formen, Größen und Strukturen bei Mikroorganismen sichtbar. Sie kommen in bisher unvorstellbaren Mengen vor.*

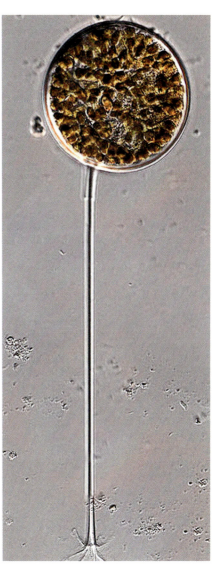

8. DAS GEHEIMNIS NEUER LEBENSFORMEN WIRD ENTRÄTSELT 199

*Diese vermutlich neue Art riesiger Schwefelbakterien, die im südöstlichen Pazifik gefunden wurde, könnte eine frühe Form des Lebens auf der Erde darstellen und als Modell für die Suche nach außerirdischem Leben dienen.*

„Diese Beobachtungen haben alle vorherigen Schätzungen zur bakteriellen Vielfalt im Meer über den Haufen geworfen", sagt Census-Wissenschaftler Mitchell L. Sogin, Direktor des Josephine Bay Paul Center for Comparative and Molecular Biology and Evolution am Meeresbiologischen Laboratorium in Woods Hole im US-Bundesstaat Massachusetts und Leiter des Census-Projekts, das Mikroorganismen untersucht. „Ebenso wie Wissenschaftler mithilfe immer besserer Teleskope entdeckt haben, dass die Zahl der Sterne in die Milliarden geht, lernen wir mithilfe von DNA-Techniken, dass die Zahl der für das Auge unsichtbaren marinen Organismen jenseits aller Erwartungen liegt und die Diversität viel größer ist, als wir uns vorstellen konnten." Vor dieser Untersuchung hatten Mikrobiologen 5 000 mikrobielle „Spezies" formal beschrieben, aber mithilfe der DNA-Sequenzierung entdeckten die Wissenschaftler mehr als 20 000 in einem einzigen Liter Meerwasser.

## Ausblick

Das Korallenriff-Projekt, das erst 2005 in Gang kam, war ein Nachzügler beim Census of Marine Life. In bemerkenswert kurzer Zeit wurden jedoch beträchtliche Fortschritte erzielt. Während einer dreiwöchigen Expedition zum Atoll French Frigate Shoals im Oktober 2006 wurden beispielsweise an 50 Stellen Proben genommen und 2 500 Exemplare gesammelt.

Wissenschaftler halten es für wahrscheinlich, dass sich unter ihnen mindestens 100 neue Arten befinden, darunter vermutlich bisher unbekannte Krebse, Korallen, Seegurken, Seescheiden, Würmer, Seesterne, Schnecken und Muscheln.

Im September und Oktober 2006 untersuchte eine weitere Expedition die Fauna und Flora der abgelegenen Insel Espiritu Santo in südpazifischen Inselstaat Vanuatu. Die Zahl der dort dokumentierten Arten war ähnlich bemerkenswert: 1 100 Arten von Dekapoden (Krabben, Garnelen und Einsiedlerkrebse) und etwa 4 000 Molluskenarten. Hunderte von Arten – möglicherweise mehr als 1 000 – sind vermutlich neu für die Wissenschaft.

2008 begannen Census-Wissenschaftler mit der systematischen Erforschung der Gewässer vor zwei Inseln im Great Barrier Reef und Ningaloo Reef vor Nordwest-Australien – Gewässern, die bei Tauchern bekannt sind – und waren überrascht, auf Hunderte potenziell neuer Tierarten zu stoßen. Diese Expeditionen markierten das Internationale Jahr des Riffs und schlossen die erste systematische wissenschaftliche Bestandsaufnahme spektakulärer Weichkorallen ein, aufgrund der acht Tentakel bei den Polypen auch Oktokorallen genannt.

Entdeckungen gab es viele auf Lizard und Heron Island (Teil des Great Barrier Reef) und am Ningaloo Reef. Wissenschaftler sammelten ungefähr 300 Weichkorallen-Arten, von denen vermutlich bis zu 50 Prozent neu für die Wissenschaft sind, nebst Dutzenden kleiner Crustaceen-Arten – und möglicherweise einer oder mehrerer *Familien* von Arten –, von denen man ebenfalls annimmt, dass sie neu für die Wissenschaft sind. Sie sammelten auch neue Arten von Scherenasseln (Tanaidacea; Garnelen-ähnliche Tiere, bei manchen sind die Scheren länger als der Körper) sowie eine große Anzahl kleiner Flohkrebse (Amphipoda; „Insekten des Meeres"), von denen schätzungsweise 40 bis 60 Prozent zum ersten Mal formal beschrieben werden. Außerdem kamen neue Methoden zum Einsatz, die durch Standardisierung der Bestimmung von Riffgesundheit, Diversität und biologischer Zusammensetzung den Vergleich der Korallenriffe weltweit erleichtern sollen.

Dies sind nur erste neue Erkenntnisse, was die Tausende von Arten angeht, deren Existenz in den Korallenriffen rund um den Globus auf dem Spiel steht. Zweifellos werden wir bei der Erkundung weiterer Korallenriffe, die bis Ende 2010 erfolgen wird, noch viel mehr erfahren.

# TEIL 3

# WAS WIRD IM MEER LEBEN?

KAPITEL 9

# Versuch einer Zukunftsvorhersage

*Menschen waren schon immer gut darin, große Tiere zu töten. Vor 10 000 Jahren gelang es den Menschen, lediglich mit einigen spitzen Stöcken ausgerüstet, Wollhaarmammut, Säbelzahntiger, Mastodonten und riesige Vampirfledermäuse auszurotten. Dasselbe passiert jetzt in den Meeren.*
– Ransom A. Myers (†), Fischereibiologe und Leiter des „Future of Marine Animal Populations"-Projekts

Wir erleben eine rasche Klimaerwärmung. Das Risiko besteht, dass die klimatischen Veränderungen schwerwiegende Auswirkungen auf die biologische Vielfalt haben, was andere Belastungen (wie z. B. Lebensraumverluste) verschärfen und zu einer erheblichen Zunahme der Zahl ausgestorbener Arten und gestörter Ökosysteme führen würde. Allgemein besteht der Eindruck, die marinen Arten und Ökosysteme seien im Großen und Ganzen in guter Verfassung. Je mehr wir erfahren, umso mehr erweist sich dieser Eindruck jedoch als falsch. Wenn die Bestände einer marinen Art abnehmen, reduziert das die genetische Vielfalt, was wiederum die Fähigkeit der Art, sich an neue Umweltveränderungen und Belastungen wie den globalen Klimawandel anzupassen, beeinträchtigt. Da die Arten aufeinander angewiesen sind, kann der Untergang der einen Art zum Rückgang oder Untergang anderer führen. Wenn Arten verschwinden oder nur noch in geringen Beständen vorhanden sind, können Ökosysteme möglicherweise nicht mehr überleben, weil Artenvielfalt und genetische Diversität nicht mehr ausreichen.

Der Census beschreibt die von Region zu Region unterschiedlichen Muster von Abundanz, Distribution und Diversität der Arten weltweit und modelliert die Auswirkungen von Fischerei, Klimawandel und anderen Schlüsselfaktoren auf diese Muster. Diese Arbeit, über verschiedene Meeresbereiche hinweg, hebt auf das Verständnis der Veränderungen in der Vergangenheit und die Vorhersage zukünftiger Szenarien ab. Die Wissenschaftler sind sich bewusst, dass

*Seiten 202–203:*
*Der Peitschenangler (Himantolophus paucifilosus) ist mit perlenähnlichen Knoten übersät, bei denen es sich um Sinnesorgane handelt. Diese ragen aus der Oberfläche der Haut und erlauben es dem Fisch, selbst geringfügige Wasserbewegungen wahrzunehmen.*

*Gegenüberliegende Seite:*
*Guadalupe-Seebären (Arctocephalus townsendi) wurden einst als so selten angesehen, dass ihr Aussterben unvermeidlich schien. Auf Guadalupe, 240 Kilometer westlich der mexikanischen Halbinsel Niederkalifornien (Baja California) gelegen, ist heute eine ansehnliche Population zu finden.*

*Oben: Das ist nur ein kleiner Teil der großen Schule von Kuhnasenrochen der Art* Rhinoptera steindachneri, *die an einem Tauchplatz vor den Galapagos-Inseln kreiste.*

*Gegenüberliegende Seite: Unterwasser-Begegnungen mit der gefährdeten Hawaii-Mönchsrobbe (Monachus schauinslandi) sind selten und äußerst dünn gesät – der Bestand wird auf wenig mehr als 1 000 Exemplare geschätzt. Noch seltener ist die Mittelmeer-Mönchsrobbe mit einem Bestand von weniger als 500 Tieren.*
*Die Karibische Mönchsrobbe (Monachus tropicalis), die einzige Robbe, die in der Karibik und im Golf von Mexiko bodenständig ist, wurde zuletzt 1952 gesehen. Nach fünfjährigen vergeblichen Versuchen, neue Beweise für ihre Existenz zu finden, erklärte die amerikanische Regierung 2008 die Art offiziell für ausgestorben.*

vielen bekannten Arten die Ausrottung droht, was erhebliche Auswirkungen auf die hohe Artenvielfalt hat, die für intakte Ökosysteme unabdingbar ist. Der Census befindet sich im Wettlauf gegen die Zeit, um unbekannte Arten zu bestimmen und die Risiken für das Leben im Meer zu erforschen.

Unter Massenaussterben versteht man eine starke Abnahme der Zahl der Arten innerhalb relativ kurzer Zeit. Ein globales Massenaussterben betrifft die meisten großen taxonomischen Gruppen – Vögel, Säugetiere, Reptilien, Amphibien, Fische, Wirbellose und andere, einfachere Lebensformen. Diese Ereignisse tangieren die Erde als Ganzes und können in geologisch gesehen relativ kurzen Zeiträumen ablaufen. Zur Messung globaler Aussterberaten wurden marine Fossilien gewählt, da sie häufiger sind als terrestrische und eine längere Zeitspanne abdecken.

Seit der Entstehung des Lebens auf der Erde haben vermutlich mehrere größere Massenaussterben stattgefunden. Fossile Nachweise aus den letzten 550 Millionen Jahren belegen fünf solcher Ereignisse, bei denen jeweils mehr als 50 Prozent der lebenden Tiere ausgelöscht wurden. Das letzte derartige Ereignis fand an der Grenze Kreide/Tertiär statt, vor ungefähr 65 Millionen Jahren, als die Dinosaurier ausstarben. Die Gründe für globale Massenaussterben sind nicht wirklich klar, aber abrupte Klimaänderungen kommen als Auslöser infrage. Im Falle der Kreide-Tertiär-Grenze glauben viele Wissenschaftler heute, dass lebhafte vulkanische Aktivität zur Reduzierung der Sonneneinstrahlung führte, wodurch die Erde

abkühlte und das Leben rund um den Globus zum Erliegen kam. Zusätzlich könnte der Aufprall eines großen Asteroiden die Auslöschung beschleunigt haben. Von den fünf Massenaussterben stehen vier – einschließlich dessen, das die Dinosaurier auslöschte – mit Treibhausphasen in Zusammenhang. Das größte aller Massenaussterben, an der Grenze Perm/Trias vor 251 Millionen Jahren, fällt in eine der wärmsten Perioden der Erdgeschichte; ungefähr 95 Prozent aller Arten starben in dieser Phase aus!

Wissenschaftler gehen davon aus, dass wir uns inmitten eines sechsten globalen Massenaussterbens befinden, und Biologen spekulieren, dass es sich um das größte und am schnellsten ablaufende Ereignis dieser Art handeln könnte. Manche Wissenschaftler wie z. B. E. O. Wilson von der Harvard University sagen voraus, dass die durch menschliche Aktivitäten verusachte Verschlechterung der Lebensraumqualität in Verbindung mit raschen Klimaveränderungen zur Auslöschung der Hälfte der heute noch vorkommenden Arten innerhalb der nächsten 100 Jahre führen könnte. Nach einem Bericht der Vereinten Nationen ist zu erwarten, dass 25 Prozent aller Säugetierarten in den nächsten 30 Jahren aussterben.

Die genannten Zahlen beziehen sich auf das gesamte Leben auf der Erde. Die Census-Forscher malen für die Meeresfische ein noch düstereres Bild. Eine globale Census-Studie kommt zu dem Schluss, dass in den letzten 50 Jahren 90 Prozent aller großen Fische aus den Weltmeeren verschwunden sind, die verheerende Folge industrieller Fischerei. Diese Untersuchung des verstorbenen Fischereibiologen Ransom Myers ist eine der grundlegenden Studien des Census. In die Betrachtung fanden bis zu 47 Jahre alte Daten Eingang, aus neun ozeanischen und vier Kontinentalschelf-Ökosystemen von den Tropen bis in die Antarktis.

„Der Punkt ist – es gibt keine Stelle im Meer, die nicht überfischt ist", sagte Myers. Er berichtete, dass die deutlichen Rückgänge bei den großen Fischen mit dem Aufkommen der industriellen Fischerei in den frühen 1950er-Jahren einsetzten. „Ob es sich um den Gelbflossen-Thun in den Tropen handelt, um den Roten Thun in kalten Gewässern oder den Weißen Thun in den Gebieten dazwischen, das Muster ist jedes Mal dasselbe. Die Zahl der Fische nimmt rapide ab", sagte Myers.

*Der Orange Roughy oder Granatbarsch (Hoplostethus atlanticus) ist ein ziemlich großer Tiefseefisch. Er wächst langsam, wird spät geschlechtsreif und kann ein hohes Alter erreichen – das bekannte Maximum liegt bei 149 Jahren. Daher ist er extrem durch Überfischung gefährdet und viele Bestände, insbesondere die vor Neuseeland und Australien, sind schon zusammengebrochen.*

Der Druck durch die Fischerei hat zu einer neuen Kategorie der Artenverarmung geführt: der kommerziellen Auslöschung. Fische und Schalentiere werden so weit dezimiert, bis es sich ökonomisch nicht mehr lohnt, sie zu fangen. Die Arten sind zwar nicht ausgestorben, spielen aber sicher nicht mehr ihre angestammte Rolle im Ökosystem. Manche, wie die Seeohren vor der kalifornischen Küste, wurden nahezu ausgelöscht. Fischereimethoden wie der Einsatz von

Grundschleppnetzen führen zu einer Zerstörung der Lebensräume am Meeresboden und zu einem Rückgang der Bestände. Werden diese Methoden weiter angewendet, verzögert dies die Erholung der Bestände oder verhindert sie ganz.

Ransom Myers' Forschungspartner Boris Worm, Professor an der Dalhousie University in Kanada, sagt, dass die Verluste große Auswirkungen auf die Meeresökosysteme haben. Räuberische Fische sind wie „die Löwen und Tiger des Meeres", erklärt Worm. „Die Veränderungen, die aufgrund des Niedergangs dieser Arten auftreten werden, sind schwer vorauszusagen und schwierig zu verstehen. Sie werden jedoch in globalem Maßstab auftreten, und ich glaube, das ist wirklich ein Grund zur Beunruhigung." Nachdem die Census-Studie von 2003 berichtet hatte, dass 90 Prozent aller Top-Räuber unter den Fischen aus den Weltmeeren verschwunden waren, konstatierte Worm: „Der Vorgang verläuft schleichend und unsichtbar. Die Menschen haben keine Vorstellung davon. Anders als der Regenwald ist das Problem noch nicht in unser Bewusstsein gedrungen."

In vielen Fällen nahmen die Fischbestände in den ersten Jahren nach der Erschließung neuer Fanggründe am schnellsten ab, noch bevor überhaupt jemandem bewusst war, dass es zu Rückgängen kommt. Bei der Langleinen-Fischerei, einer der verbreitetesten Fischereimethoden, werden kilometerlange Leinen mit Köderhaken eingesetzt, um eine Vielzahl von Arten zu fangen. Vor 50 Jahren fingen Langleinen-Fischer pro 100 Haken ungefähr zehn große Fische. Heute ist nach den Census-Berichten von 2003 ein Fisch pro 100 Haken die Regel und die gefangenen Fische wiegen nur die Hälfte. 2003 warnte Myers, dass den großen Fischen das Schicksal der Dinosaurier droht – größtenteils als Folge der Langleinen-Fischerei –, wenn nicht Sofortmaßnahmen ergriffen werden.

Nicht nur Fische sind durch Langleinen gefährdet. Dem Census-Wissenschaftler Larry Crowder zufolge haben Unechte Karettschildkröten und Lederschildkröten jährlich eine „Chance" von 40 bis 60 Prozent, an einem Langleinenhaken hängenzubleiben, und Tausende sterben. Der Forscher von der Duke University berichtete 2004, dass dringend etwas unternommen werden müsse, um das Verschwinden dieser Lebewesen zu verhindern. „Im Jahr 2000 befestigten Langleinen-Fischer aus 40 Nationen mindestens 1,4 Milliarden Haken an Langleinen von durchschnittlich rund 65 Kilometern Länge", sagte er. „Damit werden weltweit pro Nacht 3,8 Millionen Haken ausgebracht."

Boris Worm vermerkt, er hoffe, dass die plakative Studie zu den Fischbeständen auf der Welt alle Regierungen, weltweit tätigen Fischerei-Unternehmen und Umweltgruppen aufweckt. „Die Menschen wussten bisher nicht, wie schlecht die Lage ist. Es macht weder ökonomisch noch ökologisch Sinn, sie zu ignorieren."

Die Zahlen sind zwar alarmierend, aber laut Worm gibt es Lösungen. In der Vergangenheit erholten sich verschiedene Fisch- und Schalentierbestände

*Dieser 1 305 Kilogramm schwere Rote Thun wurde 1971 beim United States Atlantic Tuna Tournament, einem Sportangelwettbewerb auf Thunfische in den USA, vor Point Judith, Rhode Island, gefangen.*

*Rechts: Schutz- und Managementmaßnahmen geben zu der Hoffnung Anlass, dass nachhaltige Langleinen-Fischerei auf bestimmte Arten möglich ist. 1991 holen diese Fischer in der Chatham Strait, einer engen Passage vor der Südostküste Alaskas, eine 1,2 Kilometer lange Leine ein, die alle vier bis sechs Meter mit Haken bestückt ist. Im Wasser ist ein großer Säbelfisch (Anoplopoma fimbria) zu erkennen. Mehr als 80 Prozent dieser langlebigen Art – das maximale nachgewiesene Alter sind 94 Jahre – werden per Langleinen-Fischerei gefangen. Zuständig ist der North Pacific Fishery Management Council, der individuelle jährliche Quoten für Säbelfische festgelegt hat.*

*Unten: Die gefährdeten Buckelwale (Megaptera novaeangliae) kann man in den Gewässern vor Maui, Hawaii, „singen" hören. Ihre Augen sind ungefähr so groß wie Grapefruits und liegen hinter dem Maul.*

»erstaunlich rasch«, wenn Gebiete gesperrt und Restriktionen durchgesetzt wurden. Schellfisch, Gelbschwanzflunder und Jakobsmuscheln haben sich in verschiedenen Regionen erholt. Wenn die Bestände in allen Teilen der Welt so dramatisch abgenommen haben, darf das nicht ignoriert werden. Census-Wissenschaftler schätzen, dass die Fischerei weltweit um bis zu 60 Prozent reduziert werden muss, um den Rückgang der Fischbestände umzukehren.

Fische und Schildkröten sind nicht die einzigen Arten, die gefährdet sind; Meeressäugetiere stehen ebenfalls unter großem Druck. Auf der Liste bedrohter oder

*Oben: Die verbliebenen gefährdeten Stellerschen Seelöwen (Eumetopias jubatus) sind im Nordpazifik zu finden. Unter den Flossenfüßern sind nur Walrosse oder See-Elefanten größer. Der Stellersche Seelöwe hat in den vergangenen Jahrzehnten wegen der deutlichen, unerklärlichen Rückgänge der Bestände in einem großen Teil seines Verbreitungsgebiets in Alaska besondere Aufmerksamkeit erregt.*

*Links: Kalifornische Seeotter (Enhydra lutris), deren Bestände einst auf 150 000 bis 300 000 Exemplare geschätzt wurden, wurden wegen ihres Fells zwischen 1741 und 1911 großflächig bejagt. Die Weltpopulation sank dadurch auf 1 000 bis 2 000 Individuen in einem Bruchteil des historischen Verbreitungsgebiets. Ein anschließendes internationales Jagdverbot, Schutzbemühungen und Programme zur Wiederansiedlung in vorher besiedelten Gebieten haben zu einer Zunahme der Bestände geführt. Die Erholung der Seeotter-Bestände wird als ein bedeutender Erfolg des Meeresschutzes angesehen, obwohl die Populationen auf den Aleuten und in Kalifornien in der letzten Zeit zurückgingen oder sich auf niedrigerem Niveau einpendelten. Die Art wird weiterhin als stark gefährdet eingestuft.*

gefährdeter Arten finden sich Seeotter, Rundschwanzseekühe, Guadalupe-Seebären, Mönchsrobben sowie Buckelwal, Blauwal, Finnwal, Seiwal, Nordkaper und Grönlandwal. Als Reaktion auf den 80-prozentigen Rückgang innerhalb von 30 Jahren wurde die westpazifische Population des Stellerschen Seelöwen 1997 in die Liste bedrohter Arten nach dem amerikanischen Endangered Species Act aufgenommen, während die östliche Population als gefährdet gelistet ist.

9. VERSUCH EINER ZUKUNFTSVORHERSAGE

Bei den meisten Arten ist es schwierig, in vielen Fällen sogar unmöglich, den Status zu ermitteln. Über die Häufigkeit und Verbreitung vieler Arten ist so wenig bekannt, dass sich nicht feststellen lässt, ob sie zahlreich oder von Natur aus selten sind, ob die Bestände stabil sind oder schwanken und ob sie gefährdet oder vom Aussterben bedroht sind. Relativ leicht lassen sich nur Arten überwachen, die ausschließlich in küstennahen Lebensräumen vorkommen, insbesondere, wenn sie sessil oder festgewachsen sind (wie Seegras oder Korallen), oder solche, die sich regelmäßig an der Wasseroberfläche oder an Land aufhalten (wie z. B. Meeressäuger und Seevögel). Die Census-Forschung hat viele Informationen über Arten geliefert, deren Status vorher unbekannt war. Es ist zwingend erforderlich, weiter zu forschen, um die verbliebenen Wissenslücken hinsichtlich der biologischen Vielfalt im Meer zu schließen.

Mithilfe von Modellierung und statistischen Verfahren arbeitet der Census an einem Bild des Lebens im Meer von morgen. Zu den großen Forschungsfragen, um die es geht, gehören:

- Wie sehen die globalen Biodiversitätsmuster im Meer aus?
- Was sind die wesentlichen Einflussfaktoren, die die unterschiedlichen Diversitätsmuster und deren Veränderungen erklären?
- Wie viele Arten gibt es im Meer, bekannte wie unbekannte?
- Wie hat sich die Abundanz der wichtigsten Artengruppen verändert?
- Welche Folgen haben Fischerei und Klimawandel für das Ökosystem?
- Wie verändert sich die Verbreitung der Tiere im Meer?
- Wie bestimmen Verhalten und Umwelt die Wanderungen der Tiere?

Die folgenden Fallstudien zeigen, wie der Versuch, einige dieser wichtigen Fragen anzugehen, zu einem neuen Verständnis dafür geführt hat, wie das Leben im Meer ineinandergreift und wie sehr die marinen Arten voneinander abhängen.

## Der Niedergang der großen Haie

Ökologen wissen schon lange, dass der Rückgang räuberischer Arten das gesamte Nahrungsnetz beeinflusst, das komplexe Netzwerk des Zusammenspiels zwischen Pflanzen und Tieren, das uns sagt, wer was oder wen frisst. Census-Forscher, die sich mit diesem Thema beschäftigten, stellten fest, dass der Verlust an räuberischen Arten im Nahrungsnetz der Meere irreversible Veränderungen im Ökosystem verursachen kann. Die Forscher untersuchten speziell elf Haiarten, die „großen Haie" der Wissenschaft, deren Nahrung aus anderen Elasmobranchiern (Rochen, Echte Rochen und kleine Haie) besteht. Die Census-Forschung hat

*Gegenüberliegende Seite:*
*Kuhnasenrochen nehmen nun, da ihre Hauptfeinde, die großen Haie, dezimiert wurden, zu. Die Rochen schlagen schnell mit ihren Flossen und blasen Sand aus ihren Kiemen, um Sediment aufzuwirbeln und versteckte Austern, Krabben und andere Krustentiere freizulegen. Kraftvolle Zahnplatten schnappen und zermalmen die Schalen in der Art eines Nussknackers.*

*Kammmuscheln* (Chlamys hastata), *wie diese vor der Küste von British Columbia, gehören zur bevorzugten Nahrung der Kuhnasenrochen. Die kleinen Punkte an den Schalenkanten sind die Augen der Kammmuschel.*

gezeigt, dass die Bestände der großen Haie dezimiert wurden und darüber hinaus die größten Individuen dieser Top-Räuber verschwunden sind, wie sich an der Verringerung der durchschnittlichen Länge bei Schwarzspitzenhaien, Bullenhaien, Schwarzhaien, Sandbank- und Tigerhaien zeigt. Das lässt vermuten, dass aufgrund von Übernutzung nur wenige reife Individuen übrig geblieben sind.

Nachdem es weniger räuberische Haie gibt, haben ihre Beutearten in den nordwestatlantischen Küstenökosystemen explosionsartig zugenommen. Die Veränderungen in den betroffenen Lebensgemeinschaften haben sich auf das gesamte Nahrungsnetz ausgewirkt. Beispielsweise hat die starke Zunahme der Kuhnasenrochen dazu geführt, dass eine ihre Beutearten, die Karibik-Pilgermuschel, so stark abgenommen hat, dass die jahrhundertealte Pilgermuschel-Fischerei zum Erliegen kam.

Der Rückgang der Haibestände hat international ein großes Echo hervorgerufen und die Bemühungen um ihren Schutz nehmen zu. Wissenschaftler sind sich jedoch nicht sicher, ob die ergriffenen Maßnahmen nicht zu bescheiden ausfallen oder gar zu spät kommen. Die globale Nachfrage nach Haiflossen und Haifleisch ist nicht geringer geworden. Haiflossensuppe ist eine chinesische Delikatesse, die als Symbol für Reichtum und Wohlstand bei Hochzeiten und anderen besonderen

*Obwohl er inzwischen selten geworden ist und man ihm kaum noch begegnet, ist der Sandbankhai (Carcharhinus plumbeus) wahrscheinlich nach wie vor die zahlreichste Haiart Hawaiis.*

*Bogenstirn-Hammerhaie (Sphyrna lewini) kommen immer noch vor Hawaii vor, aber in geringer Zahl.*

*Bullenhaie (Carcharhinus leucas) sind bekannt für ihre Fähigkeit, in Süßwasser zu überleben, wo sie ihre Jungen gebären. Da sie relativ sauberes Wasser benötigen, sind sie großem umweltbedingten Stress ausgesetzt. Dieses Exemplar wurde in der Bequ Lagoon auf den Fidschi-Inseln fotografiert.*

*Schwarzhaie* (Carcharhinus obscurus) *wurden wegen ihres Fleischs, ihres Öls und ihrer Flossen überfischt.*

*Wenn seine Rückenflosse die Wasseroberfläche durchschneidet, gibt der Weiße Hai (Carcharodon carcharias) das perfekte Bild eines Räubers ab. Dieses Exemplar wurde in den Gewässern Südaustraliens fotografiert.*

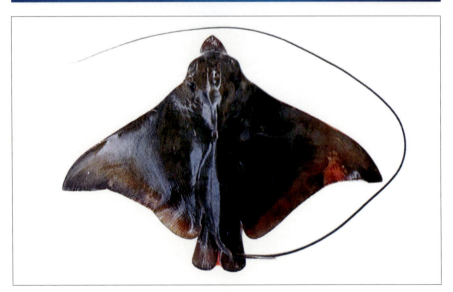

*Die Population der Adlerrochen (Aetobatus flagellum) vor der japanischen Küste wächst und dezimiert die Schalentiere.*

216  SCHATZKAMMER OZEAN

*Gefleckte Adlerrochen* (Aetobatus narinari) *werden vor Hawaii zunehmend häufiger.*

Gelegenheiten sehr gefragt ist. Die Praxis, Haie wegen ihrer Flossen zu fangen, wird kontrovers diskutiert und ist problematisch; sie ist vermutlich einer der Faktoren, der zur globalen Abnahme der Haie beiträgt. Ein anderes Problem für Haie ist der Beifang – wenn Berufsfischer Haie fangen, während sie eigentlich auf ganz andere Arten aus sind. Die Haie werden zwar wieder über Bord geworfen, meist aber sterbend oder zumindest verwundet. Schätzungsweise 50 Millionen Haie werden auf diese Weise jährlich unbeabsichtigt gefangen.

Die Census-Ergebnisse wurden durch die Arbeiten anderer Forscher bestätigt. Die University of North Carolina führt seit 1972 an der Ostküste der USA die längste kontinuierliche Studie an Haien durch. Die Daten zeigen, dass entsprechend große Verluste großer Haie zu ihrer Vernichtung führen können. Die Verluste reichen von 87 Prozent bei Sandbankhaien *(Carcharhinus plumbeus)* über 93 Prozent bei Schwarzspitzenhaien *(C. limbatus)* bis zu 97 Prozent bei Tigerhaien *(Galeocerdo cuvier),* 98 Prozent bei Bogenstirn-Hammerhaien *(Sphyrna lewini)* und 99 Prozent oder mehr bei Grund- oder Bullenhai *(C. leucas),* Schwarzhai *(C. obscurus)* und Glattem Hammerhai *(S. zygaena).*

Da die Studie in einer Gegend durchgeführt wird, in der die Haie bei ihren jahreszeitlichen Wanderungen verfolgt werden können, könnte der beobachtete Trend auf Bestandsveränderungen an der gesamten Atlantikküste hindeuten.

Wie Census-Analysen zeigen, haben die Bestände der Beutetiere der Haie um Größenordnungen zugenommen. Insgesamt waren nach den Forschungsergebnissen in den letzten 16 bis 35 Jahren bei zwölf der 14 Arten Zunahmen zu verzeichnen. Einer der größten Gewinner ist der Kuhnasenrochen *(Rhinoptera bonasus).*

Die unglaublich großen Bestände konsumieren riesige Mengen an Muscheln, besonders Karibik-Pilgermuscheln *(Argopecten irradians)*, Sandklaffmuscheln *(Mya arenaria)*, Venusmuscheln *(Mercenaria mercenaria)*, Amerikanische Austern *(Crassostrea virginica)* und verschiedene kleinere, nicht kommerziell genutzte Muscheln. Allein in der Chesapeake Bay kann der jährliche Muschelbedarf von Kuhnasenrochen 840 000 Tonnen pro Jahr erreichen. Die gesamte kommerzielle Muschelernte 2003 in Virginia und Maryland betrug zusammengenommen dagegen nur 300 Tonnen. Der erhöhte Beutedruck durch Kuhnasenrochen kann die Erholung der Bestände von Venusmuscheln, Sandklaffmuscheln und Austern verhindern und die Wirkungen von Übernutzung, Krankheiten, Lebensraumzerstörung und Umweltverschmutzung verstärken, die diese Arten dezimiert haben.

Vergleichbare Ökosysteme gibt es auch in anderen Küstenregionen. Studien im nordöstlichen Atlantik haben eine zunehmende Häufigkeit mehrerer Beutearten von Haien ergeben. Im japanischen Ariake Sound im nordwestlichen Pazifik werden die räuberischen Haie besonders intensiv bejagt. Im Ergebnis werden sowohl wildlebende als auch kultivierte Bestände verschiedener Schalentierarten nun alljährlich durch die zunehmende Zahl von Adlerrochen *(Aetobatus flagellum)* dezimiert.

## Hummerfischer helfen Walen

Es gibt jedoch nicht nur düstere Aussichten. Eine andere Census-Studie hat gezeigt, wie Veränderungen in der Hummerfischerei im US-Bundesstaat Maine zu einer Verbesserung der Situation Atlantischer Nordkaper beitragen können, die vom Aussterben bedroht sind, obwohl sie seit 70 Jahren unter Schutz stehen. Die Erholung ihrer Bestände wird dadurch behindert, dass sie mit Schiffen kollidieren oder sich in Netzen und Leinen verfangen und dann sterben. Wissenschaftler, die Fotos von Nordkapern genauer untersuchten, fanden bei 75 Prozent der Tiere Beweise in Form von Narben, die insbesondere von Verletzungen durch Hummerfallen herrühren. Die Fangkörbe sind untereinander durch Grundleinen verbunden und mit Leinen an Bojen an der Wasseroberfläche vertäut. Wenn die Wale im Golf von Maine unterwegs sind, um dort zu fressen, können sie sich in den Leinen verfangen. Trotz gesetzlicher Bestimmungen, die darauf abzielen, dies zu verhindern, nehmen die Probleme zu.

Die Ergebnisse der Census-Studie zeigen, dass und wie die Hummerfischer von Maine die Atlantischen Nordkaper schützen können, ohne wirtschaftliche Einbußen zu erleiden. Ein Team von Forschern verglich die Hummerfischerei in Nova Scotia und Maine und stellte fest, dass die Hummerfischer von Maine die Zahl ihrer Fallen deutlich reduzieren und die Fangsaison um bis zu sechs Monate verkürzen

*Sofortige Schutzbemühungen und die umgehende Einführung eines Bestandsmanagements sind unerlässlich, um die Zukunft unzähliger Meeresarten zu gewährleisten, darunter des Blaustreifen-Schnappers (Lutjanus kasmira).*

können und bei geringeren Kosten immer noch dieselbe Menge Hummer fangen. Auf diese Weise wäre das Risiko für Nordkaper, sich in Leinen zu verfangen, geringer und damit das Schlüsselhindernis für die Erholung ihrer Bestände, die derzeit von der Auslöschung bedroht sind, beseitigt. „Das ist eine klassische Win-win-Situation", sagt Boris Worm. „Wenn man von den hohen Kosten für Treibstoff und Köder ausgeht, die Hummerfischer tragen müssen, sparen eine kürzere Fangsaison und weniger Fallen tatsächlich Kosten, ohne dass sie weniger fangen."

9. VERSUCH EINER ZUKUNFTSVORHERSAGE     219

*Atlantische Nordkaper* (Eubalaena glacialis) *sind vom Aussterben bedroht.*

Diese Census-Studie stellte krasse Unterschiede bei der Hummerfischerei in den beiden benachbarten Gebieten heraus. Die Hummerfischer in Nova Scotia sind auf die Wintersaison beschränkt, während sie in Maine das ganze Jahr über fischen dürfen. Darüber hinaus setzen die Fischer in Nova Scotia 88 Prozent weniger Fallen ein als ihre Kollegen in Maine. Trotz dieser Unterschiede ist die Zahl der angelandeten Hummer ähnlich – ein klarer Beweis für den unnötigen Aufwand auf der amerikanischen Seite. „Industrie und Behörden haben darum gerungen, Hummerfallen und andere Fanggeräte zu modifizieren, um das Risiko für die Wale zu verringern. Aber nichts wirkt so gut wie die Reduzierung der Zahl der Fanggeräte im Wasser", sagt Census-Wissenschaftler Andrew Rosenberg von der University of New Hampshire.

Census-Forscher stellten fest, dass unter bestimmten Umständen veränderte Managementstrategien den entscheidenden Unterschied machen, wenn es um die Chancen vom Aussterben bedrohter Arten oder gefährdeter Ökosysteme geht. Sie untersuchten erstmals den Schutz von Korallenriffen in Meeresschutzgebieten weltweit. Dabei ging es neben der geschützten Fläche um die Wirksamkeit des

Schutzes und die Lücken in der Abdeckung. Das Census-Team baute eine Datenbank der Meeresschutzgebiete in 102 Ländern auf, die auch Satellitenbilder von Riffen weltweit enthält, und befragte mehr als 1000 Schutzgebietsleiter und Wissenschaftler, um die Wirksamkeit des Schutzes in diesen Gebieten zu bestimmen.

Korallenriffe erleiden überall auf der Welt Schaden. Das Korallensterben und der Verlust an biologischer Vielfalt haben so massive Ausmaße angenommen, dass sich internationale Anstrengungen auf den Schutz der Riffe konzentrieren. Der World Parks Congress 2003 empfahl, 20 bis 30 Prozent aller verbliebenen Korallenriffe in Meeresschutzgebieten bis 2012 zu schützen. Zur Zeit ihres Berichts (2006) lagen nach Erkenntnissen der Census-Wissenschaftler zwar 18,7 Prozent der tropischen Korallenriffe in Meeresschutzgebieten, aber nur 1,4 Prozent dieser wichtigen Ökosysteme in streng geschützten Gebieten, in denen Vorschriften die Ausbeutung von Ressourcen, Wilderei und andere Bedrohungen verbieten. Die Untersuchung wirft ein Schlaglicht auf die beträchtliche Verwundbarkeit der Korallen-Ökosysteme und die Notwendigkeit einer umgehenden Neubewertung der globalen Schutzstrategien.

Zu den Hauptgründen für den Verlust mariner Biodiversität gehören Fischerei und Beifang, Jagd auf Säugetiere, Vögel und Schildkröten, Verschmutzung durch toxische Chemikalien und den Eintrag von Nährstoffen, Lebensraumzerstörung und die Freisetzung von Arten in Lebensräumen, in denen sie vorher nicht vorkamen. Die Census-Forschung beschreibt die global sich ändernden Muster von Abundanz, Distribution und Diversität der Arten und modelliert die Wirkungen von Fischerei, Klimawandel und anderen Schlüsselvariablen auf diese Muster.

Alle Meeresbereiche werden dabei berücksichtigt. Der Schwerpunkt liegt darauf, die Veränderungen in der Vergangenheit zu verstehen und Szenarien für die Zukunft zu entwickeln.

Ziel ist ein Modell langfristiger Entwicklungstendenzen und großräumiger Veränderungen bei Meerestierbeständen und marinen Ökosystemen, um die räumlichen Verteilungsmuster und die kurzfristige Dynamik mariner Populationen und Artenvielfalt um eine zeitliche Dimension zu ergänzen. Zu den untersuchten Langzeitveränderungen gehören negative Trends der Artenvielfalt und der Bestandszahlen ebenso wie Erholungen der Bestände. Veränderungen im großen Maßstab sind beispielsweise Verschiebungen in den räumlichen Veteilungsmustern. Die Untersuchungen werden durch Analysen der treibenden Kräfte und der Konsequenzen dieser Veränderungen begleitet. Auf dieser Grundlage lassen sich die gegenwärtigen und zukünftigen Trends der biologischen Vielfalt im Meer beurteilen und bewerten. Schließlich entwickelt der Census ein Konzept, um die Konsequenzen zu analysieren, die sich heute und in Zukunft aus den Veränderungen der Biodiversität für den Aufbau und das Funktionieren des Nahrungsnetzes ergeben.

KAPITEL 10

# Die Zukunft des Lebens im Meer

*Das Faszinierende an der Erforschung des Lebens im Meer ist, dass fast jede beantwortete Frage eine neue aufwirft.*
– Ian Poiner, Australian Institute of Marine Science, Vorsitzender des Census of Marine Life Scientific Steering Committee

Für diejenigen, die die Nachrichten verfolgen, kommt es nicht überraschend, dass die meisten Meeresökosysteme in Schwierigkeiten stecken und die Fülle des Lebens in den Weltmeeren bedroht ist. Überfischung, Umweltverschmutzung und Klimawandel fordern ihren Tribut und beeinträchtigen die Gesundheit und Vitalität der Ökosysteme der Weltmeere ebenso wie die einzelner Arten, von denen einige Gefahr laufen, den Ansturm menschlicher Aktivitäten nicht zu überleben. Es wird immer offensichtlicher, dass die Weltmeere nicht mehr länger in der Lage sind, folgenlos all das auszuhalten, was die Menschen ihnen antun.

Manche Nachrichten aus dem letzten Jahrzehnt sind schockierend, fast unglaublich. Sie reichen vom *Great Pacific Garbage Patch*, dem großen Müllstrudel im Pazifik – einem Müllteppich, der fast die Größe Afrikas erreicht, in dem sich Lebewesen verfangen und verenden –, über das massive Auftreten der Korallenbleiche und die Zerstörung von Korallenriffen bis zu ausgedehnten sauerstofffreien Todeszonen, in denen kein Leben mehr möglich ist. Wenn wir tiefer graben, hinter die Schlagzeilen auf das schauen, was die Wissenschaftler tatsächlich herausgefunden haben, werden manche dieser Geschichten glaubwürdiger – und in etlichen Fällen sind die Nachrichten absolut beunruhigend.

Wissenschaftler schätzen beispielsweise, dass die Hälfte der Korallenriffe in der Karibik und ein Viertel der Riffe weltweit inzwischen tot sind. Ursachen dieser Verwüstung sind nach ihrer Ansicht Meeresverschmutzung, physikalische Zerstörung der Riffstrukturen und steigende Temperaturen des Meerwas-

*Gegenüberliegende Seite:
Vom Aussterben bedrohte Lederschildkröten (Dermochelys coriacea) überschreiten während ihrer ausgedehnten Wanderungen über Tausende von Kilometern im östlichen Pazifik regelmäßig internationale Grenzen. Census-Forschung deckte auf, dass Meeresströmungen den Wanderkorridor der Lederschildkröten bestimmen und die Verteilung ihrer Bestände im Südpazifik beeinflussen – Ergebnisse, die eine biologische Grundlage für die Entwicklung vielfältiger Schutzstrategien sowohl entlang der Wanderkorridore als auch auf hoher See liefern.*

*Manchmal liegen die Infrastruktur des modernen Lebens und die Aktivitäten einzelner Menschen zu nahe beieinander. Hier sind Taucher unmittelbar neben einer Abwassereinleitungsstelle zu sehen.*

sers, eine direkte Folge der globalen Erwärmung. (Die meisten Korallenarten können nur innerhalb einer sehr engen Temperaturspanne überleben.) Die steigenden Konzentrationen von Kohlenstoffdioxid ($CO_2$) in der Atmosphäre tun ein Übriges. Sie beeinflussen das Karbonatsystem der Meere und darüber einige der grundlegendsten biologischen und geochemischen Prozesse im Meer. Seit 1980 ist die Aufnahme von $CO_2$, das aufgrund menschlicher Aktivitäten zusätzlich in die Erdatmosphäre gelangt ist, ins Meerwasser signifikant: Etwa ein Drittel wurde in den Meeren gespeichert. Durch die $CO_2$-Aufnahme sinkt der pH-Wert des Meerwassers, es wird saurer. Dadurch verschiebt sich wiederum das chemische Gleichgewicht zulasten der Karbonate, aus denen – in Form verschiedener Kalke – die Skelettstrukturen vieler mariner Organismengruppen, darunter auch die Korallen, bestehen. Wissenschaftler prognostizieren, dass alle verbliebenen Korallenriffe bis 2075 absterben, wenn nichts geschieht, um die Lage zu ändern.

Eine andere beunruhigende Geschichte ist die von der ausgedehnten „Todeszone" vor der Küste Namibias. Wissenschaftler verfolgen, wie sie Jahr für Jahr wächst. Die einzigen verbliebenen Bewohner dieser Zone sind Quallen, wegen ihrer Fähigkeit, auch unter widrigen Bedingungen zu gedeihen, oft als Kakerla-

*Der Great Pacific Garbage Patch genannte Müllstrudel im Pazifik ist ein umhertreibender Müllhaufen, der fast so groß ist wie Afrika. Dieser Teppich aus Kunststoffen stellt eine Gefahr für Meerestiere dar, die sich in seiner Ladung verfangen.*

ken der Meere bezeichnet. Quallen können in sauerstoffarmen Regionen bei steigenden Temperaturen nicht nur überleben, ihre Bestände nehmen explosionsartig zu, da die ihrer natürlichen Fressfeinde – Spatenfische, Mondfische und Unechte Karettschildkröten – abnehmen. Nach Berichten der amerikanischen National Science Foundation nehmen die Quallen auch in Australien, Großbritannien, Hawaii, dem Golf von Mexiko, dem Schwarzen Meer, dem Mittelmeer, dem Japanischen Meer sowie dem Jangtze- oder Chang-Jiang-Ästuar in China zu und führen dort zu Problemen. Das Phänomen ist so weit verbreitet, dass schon ein Begriff dafür geprägt wurde: die „Verquallung" der Meere.

Auch wenn sie größer ist als viele andere, ist die Todeszone vor Namibia nicht einzigartig. Robert J. Diaz vom Virginia Institute of Marine Science und Rutger Rosenberg von der Universität Göteborg in Schweden weisen 2008 in einem Bericht in der Zeitschrift *Science* darauf hin, dass es weltweit mehr als 400 solcher toten Zonen gibt. Die Vereinten Nationen sprachen zwei Jahre zuvor lediglich von der Hälfte. Insgesamt sind 245 000 Quadratkilometer betroffen.

Überfischung hat beim Rückgang der Bestände marinen Lebens eine Schlüsselrolle gespielt. Nach Angaben der FAO (Food and Agriculture Organization, Ernährungs- und Landwirtschaftsorganisation der Vereinten Nationen) werden schätzungsweise 75 Prozent der Bestände wichtiger Fische vollständig genutzt, sind übernutzt oder bereits erschöpft. Ein in der wissenschaftlichen Zeitschrift *Nature* veröffentlichter Artikel der Census-Forscher Boris Worm und Ransom A. Myers berichtete, dass 90 Prozent der Bestände der Spitzenräuber – wie Thunfische, Haie und Schwert-

*Korallenbleiche, wie auf diesem Riff in der Karibik, ist eine Folge der steigenden Meerestemperaturen.*

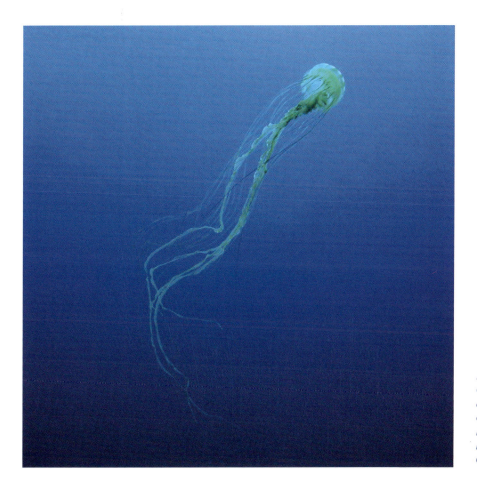

*Links: Quallen gibt es in allen Formen und Größen. Manche sind ziemlich hübsch wie die hier abgebildete relativ häufige* Chrysaora melanaster, *die im Kanadischen Becken im Nordpolarmeer fotografiert wurde. In manchen Regionen der Weltmeere werden Quallen künftig dominieren.*

fische – bereits weggefangen seien. Ohne Spitzenräuber ändert sich die Zusammensetzung des gesamten Nahrungsnetzes in unvorhersehbarer Weise, und dies nicht unbedingt immer in erfreulicher Weise oder zum Vorteil. Myers und Worm berichteten in *Science* weiter, dass der kommerzielle Fischfang, wie wir ihn kennen, bis 2050 zusammengebrochen sein wird, wenn die aktuellen Trends anhalten. Wenn sich diese Vorhersage als richtig erweist, werden viele von uns im Laufe unseres Lebens das Ende des Fischfangs in freier Wildbahn bezeugen können.

Andere Wissenschaftler weisen auf die Gefahr einer Auslöschung von Arten hin, wenn wir ihre Bestände so weit dezimieren, dass die Populationsgröße unter die für eine erfolgreiche Reproduktion erforderliche fällt. Der Granatbarsch ist ein oft angeführtes Beispiel, der erst seit zehn Jahren kommerziell gefangen wird. Granatbarsche sind langlebig (sie können unter natürlichen Bedingungen vermutlich etwa 150 Jahre alt werden) und pflanzen sich erst ab einem Alter von etwa 25 Jahren fort. Eine Folge ihrer wachsenden Beliebtheit in den Küchen der Welt ist, dass diese Art nun vom Aussterben bedroht ist. Zur Deckung des menschlichen Bedarfs wurden der Population die geschlechtsrei-

*Gegenüberliegende Seite:
Auf diesem Bild der NASA aus dem All von Anfang November 2007 hellen blaue und grüne Flecken die Gewässer vor der Küste Namibias auf. Es handelt sich um eine Algenblüte, die in den Atlantik hinein langsam abnimmt und sich über Hunderte von Kilometern entlang der Küste erstreckt. Phytoplankton-Blüten – die ihre Nährstoffe sowohl aus Strömungen als auch aus aufsteigendem Wasser entnehmen – sind vor den Küsten Namibias so individuenreich, dass ihr Absterben und die nachfolgende Zersetzung der Organismen das Wasser häufig des gelösten Sauerstoffs berauben. Wenn die Pflanzen sterben, sinken sie auf den Meeresboden, wo Bakterien sie konsumieren. Es fallen aber so viele Algen an, dass die Bakterien den gesamten verfügbaren Sauerstoff aufgebraucht haben, bevor sie alle zersetzen konnten. Auf diese Weise entsteht eine Todeszone, in der Fische nicht überleben können.*

10. DIE ZUKUNFT DES LEBENS IM MEER   227

fen Tiere entnommen, was die Bestandszahlen unwiderruflich negativ beeinflusst und möglicherweise das Schicksal der Art besiegelt hat.

Zum Teil ist die aktuelle Situation des Lebens in den Weltmeeren das Ergebnis außerordentlicher technischer Fortschritte, verbunden mit dem beispiellosen Bevölkerungswachstum in den vergangenen 100 Jahren. Paradoxerweise haben das technische Know-how und die Neuerungen, die es den Forschern ermöglichten, die tiefsten Tiefen der abgelegensten Gebiete der Weltmeere zu untersuchen, auch die Mittel dafür zur Verfügung gestellt, meisterhaft und effektiv zu fischen und vorher unvorstellbare Mengen zu fangen, um die zunehmende Weltbevölkerung zu ernähren. 2008 näherte sich die Weltbevölkerung der Zahl 6,7 Milliarden, bis 2042 sollen 9 Milliarden erreicht sein. Diese Bevölkerungsexplosion wird unvorhersehbare Anforderungen an die globalen Ökosysteme stellen und weiterhin die biologischen Ressourcen der Weltmeere bedrohen.

## Der Census hat etwas verändert

Die bedrohlichen Vorhersagen bestätigen die Wichtigkeit der Arbeit des Census und dessen potenziellem Beitrag für die Zukunft. Es besteht kein Zweifel daran, dass der Census unser Wissen über das Leben in den Weltmeeren bereits deutlich erweitert hat. Seine Ergebnisse versprechen wissenschaftlich begründete Lösungen für die bereits umrissenen Probleme und für weitere, die noch zutage treten.

Im Jahr 2010 wird der Census den allerersten Katalog des Lebens im Meer präsentieren, mit Daten zu Abundanz, Verbreitung und Diversität, die als Referenzlinie dienen werden, an welcher zukünftige Populationsänderungen gemessen werden können. Das wird wiederum politischen und anderen Entscheidungsträgern eine wissenschaftliche Grundlage liefern, auf der sie ihre zukünftigen Managementsentscheidungen treffen und hoffentlich Maßnahmen ergreifen, um das Leben im Meer zu bewahren und seine Gesundung zu fördern.

Der historische Aspekt der Census-Arbeiten zeigt die Vorteile einer Zusammenarbeit in multidisziplinären Teams bei der Bearbeitung komplexer wissenschaftlicher Fragestellungen. Letztendlich hat dieser umfassende Ansatz zu einer Erweiterung der Forschungspraxis geführt. Die historischen Referenzlinien, die der Census für marine Arten und Ökosysteme erarbeitet hat, können sich auch bei der Planung von Maßnahmen zur Erholung gefährdeter Ressourcen als hilfreich erweisen – bei der Formulierung sinnvoller Ziele, die auf Werten für Abundanz, Distribution und Biokomplexität beruhen, die anhand intakter Bestände und Ökosysteme gewonnen wurden. Biokomplexität ist ein umfassen-

des Konzept, das in die Überlegungen mit einbezieht, wie das Zusammenspiel von Verhalten, Biologie, Chemie, physischen und sozialen Interaktionen sich auf lebende Organismen, einschließlich des Menschen, auswirkt, sie am Leben erhält oder von ihnen verändert wird.

Der Census hat außerdem ein Fenster zu dem geöffnet, was einst ein undurchsichtiges Meer war. Er baute im nordwestlichen Pazifik ein Beobachtungsnetzwerk auf, das als Modell für ein wahrhaft weltumspannendes Netzwerk dient. Es wird nicht nur Daten zum Verhalten der markierten Tiere bereitstellen, sondern auch ozeanographische Daten. Sobald das System vollständig ausgebaut ist, werden Tausende von Meerestieren auf der ganzen Welt – von Fischen über Vögel bis zu Eisbären – mithilfe akustischer Signale überwacht werden. Über dieses globale Netzwerk werden wir nicht nur mehr darüber erfahren, wo Tiere wandern, sondern es wird parallel eine umfassende Sammlung ozeanographischer Daten, darunter Wassertemperatur und Salzgehalt, angelegt. Die gewonnenen Daten werden der gesamten wissenschaftlichen Community zur Ver-

*Diese Qualle (eine neue Art der Gattung Olindias) wurde während einer Census-Expedition nach Lizard Island, Teil des Great Barrier Reef in Australien, fotografiert. Sie ist nur eine der schätzungsweise 230 000 bekannten Arten, die bis 2010 in der Encyclopedia of Life katalogisiert sein werden.*

10. DIE ZUKUNFT DES LEBENS IM MEER

fügung stehen und zum Verständnis des globalen Klimawandels beitragen. Dieses Projekt wäre nicht möglich gewesen, wenn nicht die Census-Wissenschaftler ein solches System geplant und die ersten Schritte getan hätten.

Der Census stand auch beim Einsatz von Tieren als Meeresbeobachter an der Spitze, der es ermöglicht, das Meer aus der Sicht seiner Bewohner zu erleben. Innerhalb der ersten acht Jahre sind Census-Wissenschaftler den Spuren von 23 verschiedenen Arten gefolgt, von Haien und Kalmaren bis zu Seelöwen und Albatrossen. Sie haben buchstäblich „dabei zugesehen", wie die Tiere fraßen, sich paarten, schliefen und von Ort zu Ort wanderten. Dieser kollektive Einblick in das Leben und Verhalten vieler Lebewesen war bis dahin nicht möglich gewesen. Das im Rahmen dieses umfangreichen Vorhabens erworbene Wissen legt das Fundament für eine wissenschaftsbasierte Politik zum Schutz der Wanderrouten und Brutplätze verschiedener Arten, um deren Überleben zu sichern.

Durch ihre Bereitschaft, neues Equipment für die Forschung unter Wasser zu testen und einzusetzen, haben die Census-Wissenschaftler einen bedeutenden Beitrag dazu geleistet, dass wir heute unter der Wasseroberfläche sehen können – und was. Unter anderem haben sie hochauflösende Videokameras an Unterwasserfahrzeugen befestigt, um Echtzeit-Aufnahmen des Lebens in großen Tiefen zu erhalten. Sie brachten einzigartige Schleppnetzkombinationen aus, die große Wasservolumina filtern können, um winziges driftendes Zooplankton in bisher nicht untersuchten Tiefen zu sammeln. Und sie gehörten zu den Ersten, die DNA-Barcoding bei Plankton auf See vornahmen. All diese neuen Techniken und Methoden haben es den Census-Wissenschaftlern ermöglicht, den Untersuchungsraum zu erweitern und die Effektivität ihrer Arbeit zu erhöhen. DNA-Barcoding bei Plankton auf See beispielsweise führte dazu, dass Arbeiten, die mit traditionellen Methoden drei Jahre in Anspruch genommen hätten, innerhalb von nur drei Wochen erledigt werden konnten. Dieser neuartige Ansatz wird die Artbestimmung sowohl an Land als auch im Meer revolutionieren.

Im Laufe seines vergleichsweise kurzen Bestehens hat der Census maßgeblich zu unserem Wissen über die Lebensbedingungen im Meer und seine Bewohner beigetragen. Er hat vieles von dem erreicht, was er sich vorgenommen hatte, nicht zuletzt den Aufbau eines internationalen Netzwerks, dessen Teilnehmer bereit sind, Daten auszutauschen und Ressourcen zusammenzulegen, um in globalem Maßstab zu forschen. Bis 2010 werden die am Census beteiligten Wissenschaftler an mehr als 100 Forschungsexpeditionen rund um den Globus teilgenommen haben, von der Meeresoberfläche bis zum Meeresgrund und von küstennahen Gebieten bis in die Tiefen der Tiefsee. Bei der Untersuchung marinen Lebens an Orten wie den kältesten Flecken der Erde, den tiefsten bekannten

*Gegenüberliegende Seite:*
*Die Schönheit dieser Landschaft täuscht über die Schäden hinweg, die Oberflächenabflüsse, eine der Hauptursachen für die Meeresverschmutzung, verursachen. Wege zu finden, diese Abflüsse einzudämmen, ist nur eine der Aufgaben, die wir angehen müssen, wenn wir sicherstellen wollen, dass es auch in Zukunft gesunde Populationen marinen Lebens gibt.*

10. DIE ZUKUNFT DES LEBENS IM MEER 231

*Census-Expeditionen gab es von Pol zu Pol, von küstennahen Gebieten bis ins offene Meer, von der Wasseroberfläche bis in Tiefen von mehreren Kilometern. Hier untersucht ein Census-Forscher Eselspinguine (Pygoscelis papua), die während einer Expedition zur Markierung von Seehunden in der Antarktis angetroffen wurden.*

aktiven Hydrothermalquellen und erst kürzlich durch schmelzendes Eis freigegebenen Gebieten in der Antarktis haben die Census-Wissenschaftler Leben an unerwarteten Stellen und in größerer Vielfalt und Verbreitung gefunden als erwartet. Und was die Abundanz betrifft, waren sie überrascht, herauszufinden, dass selten häufig ist.

Während diese Bemühungen unser Wissen über das, was bekannt ist, erweiterten, wuchs bei den Wissenschaftlern aber auch die Erkenntnis, wie viel in diesen ausgedehnten nassen Gegenden, die wir Weltmeere nennen, noch unbekannt ist – und möglicherweise unbekannt bleiben wird.

Nach allem, was wir wissen, sind die Wissenszuwächse bemerkenswert, aber wie Ian Poiner vom Australian Institute of Marine Science, gleichzeitig Vorsitzender des Census of Marine Life Scientific Steering Committee, sagt, ist das alles nur ein Anfang, denn »jede Antwort wirft eine neue Frage auf«. Und es sind viele und wichtige Fragen. Die Rollen, die Klimawandel, menschliche Aktivitäten und Bevölkerungszuwachs spielen, sind Teil einer Gleichung mit mehreren Unbekannten, und der Mensch hält dabei vermutlich den Schlüssel für die Zukunft des Lebens im Meer in der Hand. Viele der Forschungsergebnisse des Census sind besorgniserregend: der Verlust von 90 **Prozent** der Spitzenräuber in den Weltmeeren, die mangelnde Effektivität der Meeresschutzgebiete beim Schutz von Korallenriffen, menschlicher Einfluss als Hauptgrund für die Schädigung von Ästuaren, um nur ein paar zu nennen.

Im Jahr 2010 wird der Census of Marine Life eine Übersicht veröffentlichen, die zusammenfasst, was wir über das, was im Meer lebte und noch lebt, erfahren haben, aber die größte aller Fragen wird unbeantwortet bleiben. Was im Meer von morgen lebt, wird weitgehend davon abhängen, welche Entscheidungen zur Bewahrung und zum Schutz des marinen Lebens jetzt und in Zukunft getroffen werden. Die Census-Wissenschaftler stellen der internationalen Gemeinschaft Werkzeuge zur Verfügung, mit der sie sinnvolle Entscheidungen treffen kann, aber ob die Gemeinschaft sich dazu entschließen wird, bleibt offen. Vielleicht wird die Antwort in den vor uns liegenden Jahren an Konturen gewinnen, wenn die Wissenschaftler weiter forschen – angelockt durch die magische Schönheit und die Geheimnisse des Lebens unter der Meeresoberfläche.

*Wird das Meer der Zukunft von Quallen dominiert werden, die man wegen ihrer Fähigkeit, unter widrigen Umständen zu gedeihen, auch als Kakerlaken der Meere bezeichnet hat? Hier ist ein schönes Exemplar dieser anpassungsfähigen Tiere (Aequorea macrodactyla) abgebildet, das während einer Census-Expedition in die Celebes-See fotografiert wurde.*

# GLOSSAR

*Abundanz* Die Anzahl der Individuen einer Art (bezogen auf einen Ort).

*Akustischer Biologger* Ein an einem Tier befestigtes Gerät, das ein Schallsignal verwendet, um Informationen über den Aufenthaltsort des markierten Tieres zu übertragen, darüber hinaus Angaben zu seiner Tiefe, der Temperatur des umgebenden Wassers und des verfügbaren Lichts.

*ALV* **(autonomous lander vehicle)** *oder* *(Freifall-)Lander* Ein Metallrahmen, der auf dem Meeresboden platziert wird und mit einer Kamera sowie diversen Instrumenten zur Messung physikalischer Größen wie z. B. Leitfähigkeit, Temperatur, Strömungsgeschwindigkeit ausgerüstet werden kann. Die Lander sind schwimmfähig; sobald sie ihre Aufgabe erledigt haben, wird per Signal vom Schiff Ballast abgeworfen, sodass sie an die Wasseroberfläche steigen, von der sie aufgenommen werden können.

*Amphipoden* Ordnung Amphipoda (Flohkrebse), zu der mehr als 7 000 Arten Garnelen-ähnlicher Crustaceen gehören, deren Länge zwischen einem und 140 Millimetern schwankt.

*Anadrom* Anadrome Fische sind Wanderfische, die zum Laichen vom Meer die Flüsse hinauf schwimmen; bekanntestes Beispiel ist der Lachs. Im Gegensatz dazu wandern katadrome Fische wie der Aal vom Fluss ins Meer, um dort zu laichen.

*Anaerob* Ohne Sauerstoff ablaufend (Prozess). Sauerstofffreie Umgebung.

*Archaeen* Archaea. Einzeller ohne Zellkern mit spezieller RNA, deren taxonomische Stellung umstritten ist. Sie besiedeln häufig extreme Lebensräume, wie z. B. Hydrothermalquellen oder Salzseen.

*Archivierende akustische Biologger* Eine neue Generation akustischer Biologger, die Sensoren enthält, die Daten zur Tiefe und Wassertemperatur aufzeichnen und speichern. Schwimmt das markierte Tier an einem mobilen oder feststehenden akustischen Empfänger vorbei, überträgt der Biologger die aufgezeichneten Umweltdaten zusammen mit der genauen Kennung des besenderten Tieres.

*Argos-Satelliten-Telemetrie* Eine satellitengestützte Technik, die es Forschern ermöglicht, Tierbewegungen und Umweltbedingungen weltweit zu verfolgen. Das Argos-System besteht aus speziellen Sendeempfängern, mit denen einige Wettersatelliten ausgerüstet sind, die die Erde mehrmals pro Tag in 850 Kilometer Höhe umkreisen. Dass umlaufende Satelliten den Standort eines Senders auf der Erde orten können, liegt daran, dass sich die Frequenz der empfangenen Funksignale mit der Entfernung zum Sender ändert.

*ARMS (Autonome Riff-Monitoring-Strukturen)* Künstliche Riffe im Kleinformat. Gerüste aus PVC, die die Ecken und Winkel eines natürlichen Riffs nachahmen. Sie werden für eine gewisse Zeit in die Riffumgebung eingebracht und ermöglichen es den Wissenschaftlern, die Wiederbesiedlung von Riffen zu untersuchen.

*Array, akustisches Array* Unter Array versteht man eine flächenhafte Anordnung oder Gruppierung meist gleichartiger Objekte. Ein akustisches Array besteht aus Schallempfängern.

*Artbildung* Die Ausbildung neuer Arten im Verlauf der Evolution.

*Arthropoden* Arthropoda, Gliederfüßer. Großer Stamm wirbelloser Tiere, zu dem unter anderem Insekten, Spinnen und Krebse gehören. Ungefähr 80 Prozent aller bekannten Tierarten sind Arthropoden. Sie haben einen gegliederten Körper, ein Exoskelett und meist gelenkige Gliedmaßen.

*Ascidien* Seescheiden. Die erwachsenen Tiere sind sessil, d.h. sie sitzen am Meeresboden fest, während die Larven frei schwimmen können.

*Ästuar* Mündung eines großen Flusses im Gezeitenbereich.

*Auftriebsphänomen* Ein ozeanographisches Phänomen, das auftritt, wenn Winde Wasser aus einem Gebiet an der Meeresoberfläche treiben, wodurch Wasser aus größeren Tiefen aufsteigen und die Lücke füllen kann.

*AUV* **(autonomous underwater vehicle)** Autonomes Unterwasserfahrzeug. Unbemanntes Forschungsfahrzeug, das nicht mit einem Mutterschiff verbunden ist.

*Bathymetrisch* Von Bathymetrie, der Messung der Tiefenverhältnisse in Meeren oder Seen.

*Beifang* Fische, die mitgefangen werden, aber nicht das eigentliche Fangziel der Fischer sind.

*Benthisch* Bezieht sich auf den Boden und die Bodensedimente eines Meeres, Sees oder eines anderen Wasserkörpers (Benthal) einschließlich der dort lebenden Fauna und Flora (Benthos).

*Bestand* Zahl der Tiere oder Pflanzen einer Art/Artengruppe in einem Gebiet.

*Beute* Ein Tier, das von einem anderen gejagt und getötet wird, um diesem als Nahrung zu dienen.

*Biodiversität, biologische Vielfalt* Die Vielfalt des Lebens auf der Erde oder in einem speziellen Lebensraum oder Ökosystem.

*Biokomplexität* Ein umfassendes Konzept, das in die Überlegungen einbezieht, wie das Zusammenspiel von Verhalten, Biologie, Chemie, physischen und sozialen Interaktionen sich auf lebende Organismen einschließlich des Menschen auswirkt, sie am Leben erhält oder von ihnen verändert wird.

*Biologger* Ganz allgemein an Tieren angebrachte Geräte, die Daten aufzeichnen, speichern und senden. Im Englischen werden sie als *tags* bezeichnet. In der Meeresforschung werden verschiedene Typen eingesetzt, z.B. akustische Biologger, archivierende Biologger, satellitengestützte Datenlogger etc.

*Biologging* Das Verfahren, physikalische und biologische Daten mithilfe von Loggern aufzuzeichnen und zu übertragen, die an Tieren befestigt sind. Im Englischen auch als *tagging* bezeichnet.

*Biologischer Hotspot* Ein begrenztes Gebiet mit hoher Produktivität und üblicherweise hoher Biodiversität im Meer.

*Biolumineszenz* Auf biochmemischen Vorgängen beruhende Lichtausstrahlung von Lebewesen (z. B. Vampirtintenfisch, Tiefseefische, Bakterien).

*Biomasse* Die Gesamtmasse lebender biologischer Organismen in einem bestimmten Gebiet oder Ökosystem zu einer bestimmten Zeit.

*Bivalvia* Muscheln. Aquatische Mollusken mit komprimiertem Körper zwischen zwei miteinander verbundenen Schalen, z. B. Austern, Venusmuscheln, Miesmuscheln und Jakobsmuscheln.

*Bodengreifer* Gerät zur Probennahme auf dem Meeresboden, mit dem buchstäblich ein Stück Meeresboden ausgestochen und zur Untersuchung an die Oberfläche gebracht wird.

*Borstenwürmer* Polychaeten, Vielborster. Klasse innerhalb der Ringelwürmer (Annelida). Überwiegend marine Würmer mit segmentiertem Körper und zahlreichen Borsten an fleischigen Anhängen (Parapodien) an jedem Segment.

*Bryozoen* Moostierchen. Winzige koloniebildende Lebewesen, die normalerweise harte Skelette aus Kalziumkarbonat aufbauen. Oberflächlich betrachtet ähneln sie Korallen.

*Cephalopoden* Cephalopoda, Kopffüßer. Räuberische Mollusken, zu denen Kraken, Kalmare, Sepien und das „lebende Fossil" *Nautilus* gehören. Sie haben einen klar abgegrenzten Kopf mit großen Augen und einen Ring von Tentakeln um eine schnabelförmige Mundöffnung, und viele von ihnen können eine Wolke tiefschwarzer Flüssigkeit ausstoßen, um Feinde zu verwirren.

*Chemosynthetische Ökosysteme* Ökosysteme, in denen das Leben auf Chemosynthese statt auf Photosynthese beruht. Bei Letzterer stammt die zum Leben erforderliche Energie aus dem Sonnenlicht, bei der Chemosynthese aus der Oxidation bestimmter anorganischer Substanzen wie z. B. Schwefelwasserstoff.

*Cnidarier* Cnidaria, Nesseltiere. Ein Stamm von etwa 9 000 Wassertierarten, die meisten davon marin. Ihr besonderes Merkmal sind Cnidocyten oder Nesselzellen, spezialisierte Zellen für den Beutefang mit Nesselkapseln.

*Copepoden* Kleine aquatische Crustaceen, auch Ruderfußkrebse genannt, sehr häufig im Plankton. Manche leben auch parasitisch auf größeren Wassertieren.

*Crinoiden* Klasse Crinoidea (Seelilien, Haarsterne), die zum Stamm der Echinodermata (Stachelhäuter) gehört. Sehr alte Meerestiere, die sowohl in Flachwasserbereichen als auch in Tiefen bis zu 6 000 Meter leben.

*Crustaceen* Crustacaea, Krebse. Eine große Gruppe vorwiegend aquatischer Wirbelloser, zu der Krabben, Hummer, Garnelen, Landasseln, Rankenfußkrebse und viele winzige Formen gehören. Die meisten haben vier oder mehr Gliedmaßenpaare und mehrere andere Anhänge.

*Ctenophoren* Ctenophora, Rippenquallen. Kleiner Stamm aquatischer Wirbelloser, der den echten Quallen ähnelt, aber keine Nesselzellen hat. Sie leben räuberisch; die meisten Arten leben im Plankton, manche aber auch auf dem Meeresboden.

*Dekapoden* „Zehnfüßer"; bezieht sich auf eine Ordnung der Crustaceen, zu der so bekannte Arten wie Hummer, Krebse, Langusten, Garnelen und Krabben gehören. Die meisten Dekapoden sind Aasfresser.

*Diatomeen* Kieselalgen; einzellige Algen mit einer Hülle aus Siliziumdioxid.

*Distribution* Großräumige geographische Verbreitung einer Population, Art, manchmal höherer Taxa; auch kleinräumige Verteilung einer Population in einem Ökosystem.

*Diversität* Zahl der Arten, in manchen Fällen auch höherer Taxa (in einer Lebensgemeinschaft).

*DNA-Barcoding* Eine Methode zur Artbestimmung, die ein kleines Fragment der DNA eines Organismus zur Feststellung der Artzugehörigkeit verwendet und diese DNA-Sequenz wie einen Barcode für zukünftige Bestimmungsvorgänge einsetzt.

*DTV (deep-towed vehicle)* Tiefschleppfahrzeug. Ein unbemanntes Fahrzeug, das von einem Forschungsschiff bei der Überquerung eines Ozeans hinter sich hergezogen wird. Es wird eingesetzt, um biologische, physikalische und chemische Faktoren im Meer zu messen.

*Echinodermen* Echinodermata, Stachelhäuter. Ein Stamm mariner Wirbelloser, zu dem Seesterne, Seeigel, Schlangensterne, Crinoiden (Seelilien und Haarsterne) und Seegurken gehören. Sie sind fünfstrahlig radiärsymmetrisch, besitzen eine kalkiges Skelett und und ein inneres Kanalsystem, dessen Fortsätze der Fortbewegung (Saugfüße) oder dem Nahrungserwerb (Tentakel) dienen.

*Echo-Ortung* Die Ortsbestimmung von Objekten unter Verwendung reflektierter Schallwellen; sie wird speziell von Tieren wie Delfinen und Fledermäusen angewandt.

*Elasmobranchier* Unterklasse der Knorpelfische, zu der Rochen und Haie gehören.

*Encyclopedia of Life (EOL)* Enzyklopädie des Lebens. Eine Online-Enzyklopädie, die von Fachleuten geschriebene Beiträge zu sämtlichen bekannten Lebewesen enthalten soll (www.eol.org/).

*Endemisch* Bezeichnung für Organismen, die ausschließlich in einem mehr oder weniger natürlich abgegrenzten Gebiet vorkommen.

*Epifauna* Tiere, die in Meeren oder Seen auf der Bodenoberfläche leben.

*Fauna* Die Tiere einer bestimmten Region, eines Lebensraums oder einer geologischen Epoche.

*Flohkrebse* Siehe Amphipoden.

*Filtrierer* Tiere, die ihre Nahrung aus vorbeiströmendem Wasser herausfiltern. Manche Arten halten sich dazu in einer Strömung auf, andere erzeugen aktiv einen Wasserstrom oder filtrieren das Wasser beim Schwimmen.

*FS* Forschungsschiff.

*Gadiden* Gadidae, Dorsche. Eine Familie von in der Regel mittelgroßen Meeresfischen, zu der Kabeljau, Schellfisch, Wittling und Köhler gehören. Die meisten Gadiden-Arten sind in den Gewässern der gemäßigten Zone auf der Nordhalbkugel zu finden, es gibt jedoch Ausnahmen.

*Gallertartig* Hat die Konsistenz einer Qualle.

*Gashydrate* Kristalline Feststoffe aus Wasser und Gas, die Eiskristallen ähneln, in denen Gas eingeschlossen ist.

*Gastropoden* Gastropoda, eine große Klasse der Mollusken, zu der Gehäuseschnecken, Nacktschnecken, Wellhornschnecken und alle terrestrischen Arten gehören. Sie haben einen großen muskulären Fuß, der der Fortbewegung dient und (für viele Arten zutreffend) eine einteilige, asymmetrische spiralige Schale.

*GIS (Geographisches Informationssystem oder Geoinformationssystem)* Ein rechnergestütztes Informationssystem, mit dem Karten, geographische Daten und biologische, chemische und physikalische Messergebnisse kombiniert und grafisch dargestellt werden können, wie z. B. unterschiedliche Tiefen oder unterschiedliche Temperaturen in unterschiedlichen Farben oder Tierwanderungen über die Zeit.

*Globales ozeanisches Förderband* Eine Bezeichnung für die thermohaline Zirkulation in den Weltmeeren. Kombination verschiedener Meeresströmungen, die die Meere miteinander verbinden und zum Austausch von Wassermassen führen.

*Glypheiden/Glypheidae* Die Glypheoidea sind eine Gruppe Hummer-ähnlicher Zehnfußkrebse, die in der fossilen Fauna eine große Rolle spielten.

*Grenzüberschreitend* Wenn Tiere mobil sind und auf ihren Wanderungen politische Grenzen überschreiten, kann dies zu Problemen beim Ressourcenmanagement und zu Konflikten führen, weil mehr als eine Nutzergruppe darauf zugreifen kann. Zur Lösung der Probleme ist Zusammenarbeit über die Ländergrenzen erforderlich.

*Habitat* Lebensraum eines Organismus.

*Hydrate* Typischerweise kristalline Verbindung, in der Wassermoleküle chemisch an eine andere Verbindung oder an ein Element gebunden sind.

*Hydrothermalquellen* Stellen auf dem Meeresboden, an denen kontinuierlich überhitztes und mineralreiches Wasser durch Spalten in der Erdkruste austritt.

*Invertebraten* Wirbellose. Tiere ohne Wirbelsäule.

*Inselbogen* Eine gebogene Kette vulkanischer Inseln, die entsteht, wenn eine ozeanische Lithosphärenplatte unter eine andere abtaucht. Beispiele: Japan, Philippinen.

*Isopoden* Isopoda, Asseln. Crustaceen, zu denen neben zahlreichen Meer- und Süßwasserbewohnern die Landasseln gehören. Sie sind überwiegend Pflanzenfresser, es gibt aber auch parasitische Arten. Sie haben einen abgeplatteten, gegliederten Körper mit sieben gleichartigen Beinpaaren. Die Riesenasseln (Gattung *Bathynomus*) leben auf dem Tiefseeboden.

*Isotope* Natürlich vorkommende Formen von Elementen, die sich durch die unterschiedliche Neutronenzahl in ihren Atomkernen unterscheiden.

*Lander* Siehe ALV.

*Kalte Quellen* Stellen auf dem Meeresboden, in denen Schwefelwasserstoff, Methan und andere kohlenstoffreiche Fluide mit derselben Temperatur wie das umgebende Wasser langsam austreten.

*Kalziumkarbonat* Kohlensaurer Kalk. Eine chemische Verbindung aus Kalzium, Kohlenstoff und Sauerstoff ($CaCO_3$), die von Meereslebewesen verwendet wird, um ihre Schalen und Skelette aufzubauen.

*Kolonie* Gruppe von Lebewesen, die in unmittelbarer Nähe zueinander leben. Beispiele: Korallen, Moostierchen, Brutkolonien von Vögeln.

*Kommensal* Mit anderen Organismen von der gleichen Nahrung lebend. Ein Kommensale („Mitesser") profitiert von der Nahrung eines artfremden Wirtsorganismus, ohne dabei diesem zu schaden oder zu nutzen.

*Kontinentalfuß* Das Gebiet unterhalb des Kontinentalhangs, das in den Tiefseeboden oder in Tiefsee-Ebenen übergeht.

*Kontinentalhang* Das Gebiet zwischen dem Rand des Kontinentalschelfs und den Tiefsee-Becken.

*Kontinentalschelf* Eine sehr langsam abfallende Grenze zwischen dem Rand eines Kontinents und dem Meeresbecken.

*Kreide-Tertiär-Grenze (KT-Grenze)* Vor ungefähr 65 Millionen Jahren, als die Dinosaurier und die Ammoniten (eine Gruppe ausschließlich mariner Cephalopoden) ausstarben.

*Krill* Kleine, Garnelen-ähnliche planktische Crustaceen der offenen Meere. Wichtige Nahrungsgrundlage für Wale, Pinguine und Robben.

*Küstennahes Gebiet* Ein schmales Gebiet des küstennahen Meeres, das mit den angrenzenden Landmassen eng verbunden ist und daher direkt von den Menschen beeinflusst ist, die dort leben. Beispiele sind Küstenlinien aller Art, Meeresbuchten, Ästuare und Korallenriffe.

*Langleinen-Fischerei* Eine der verbreitetsten Methoden des Fischens, bei der mithilfe kilometerlanger Leinen mit Köderhaken vielerlei Fischarten gefangen werden.

*Laufzeit* Die Zeitspanne, über die ein Biologger Daten erfassen und aufzeichnen kann.

*Lauschvorhang, akustischer Vorhang* Eine lineare Anordnung von akustischen Empfängern, die eine Grenze darstellen. Kommunikation zwischen den Empfängern und den von Tieren getragenen Sendern erlauben es Wissenschaftlern, Bewegungen der Tiere über die Grenze und innerhalb eines Gebiets zu verfolgen. Auch als akustisches Array bekannt.

*Leitfähigkeits-/Temperatur-/Tiefen-Logger (CTD)* Eine neue Generation satellitengestützter Datenlogger, die von der Sea Mammal Research Unit an der University of St. Andrews in Schottland entwickelt wurde. Sie messen Leitfähigkeit, Temperatur und Wassertiefe und werden z. B. bei der Erforschung der Wanderungen von Lederschildkröten eingesetzt.

*Manganknollen* Kleine Klumpen aus Mangan- und Eisenoxiden, die in großer Zahl auf dem Meeresboden auftreten, überlicherweise in sehr großer Tiefe.

*Marine Mikroben* Mikroskopisch kleines Leben im Meer.

*Massenaussterben* Ein starker Rückgang der Zahl der Arten innerhalb relativ kurzer Zeit (geologisch gesehen).

*Meeresschutzgebiet* Ein Meeresschutzgebiet ist ein klar abgegrenztes Gebiet im Meer, das unter Schutz gestellt wird und in dem Maßnahmen ergriffen werden, um es vor negativen Einflüssen durch den Menschen und seine Tätigkeit zu schützen (unter anderem Fangverbote, Einschränkung der Schifffahrt und des Tourismus).

*Megalops* Larvenstadium bei Krebsen.

*Mehrfrequenz-Echolot* Ein hoch entwickeltes Sonarsystem, das zur Schätzung der Größe der Populationen von Plankton und Fischen sowie zur Arterkennung verwendet wird.

**MOCNESS (multiple opening/closing net and environmental sampling system)** Multi- oder Mehrfachschließnetz. Schleppnetze aus sehr feinem Nylon-Netzmaterial, mit denen in einem Arbeitsgang Tiefwasser-Zooplankton aus verschiedenen Wassertiefen gesammelt oder gezielt bestimmte Tiefen beprobt werden.

*Mollusken* Stamm Mollusca, Weichtiere. Umfasst unter anderem Gehäuse- und Nacktschnecken, Muscheln und Tintenfische. Mollusken haben weiche, ungegliederte Körper und leben in aquatischen oder feuchten Lebensräumen. Die meisten Arten haben eine äußere kalkhaltige Schale.

*Morphologie* Der Zweig der Biologie, der sich mit der Struktur und Form lebender Organismen befasst.

*Multibeam-Sonar* Fächerlot. Andere Bezeichnung Mehrfrequenzecholot. Im Gegensatz zu einem Vertikallot, das die Wassertiefe direkt unter dem Schiff misst, arbeitet ein Fächerlot fächerförmig mit einem bestimmten Öffnungswinkel unter der Schiffsmitte. Innerhalb des Fächers arbeitet das Fächerlot mit Einzelstrahlen, die *beams* genannt werden (daher auch der Begriff Multibeam-Sonar).

*Muschelkrebse* Siehe Ostrakoden.

**MVP (moving vessel profiler)** Ein kabelgeführtes Fahrzeug, das sich auf und ab bewegt und einen Video-Plankton-Zähler und andere Probenahmegeräte beherbergt.

*Nahrungsnetz* Ein System ineinandergreifender und voneinander abhängiger Nahrungsketten oder komplexer Interaktionen zwischen Pflanzen und Tieren, das uns verrät, wer was oder wen frisst.

*Nekton* Aktiv schwimmende, meist größere Tiere, die im Gegensatz zum Zooplankton weitgehend unabhängig von Strömungen sind, z. B. Fische, Cephalopoden, manche Krebse und die Meeressäuger.

**OBIS (Ocean Biogeographic Information System)** Die interaktive Online-Datenbank des Census of Marine Life, www.iobis.org/.

*Ökosystem-basiertes Management* Ein Ansatz zum Ressourcenmanagement, der den Schutz, die Bewahrung und die Nutzung lebender Ressourcen unter dem Gesichtspunkt angeht, dass das Gleichgewicht im gesamten Ökosystem aufrechterhalten wird, und der Managementbemühungen nicht auf einzelne Arten oder kleine Artengruppen ausrichtet.

*Oligochaeten* Wenigborster. Eine Ordnung innerhalb der Ringelwürmer (Annelida). Bekannteste Vertreter: Regenwürmer und Schlammröhrenwürmer. Unter Letzteren gibt es zahlreiche marine Arten.

*Ostrakoden* Die Ostracoda (Muschelkrebse) sind eine Klasse winziger aquatischer Crustaceen mit einer reduzierten Zahl von Körperanhängen und einer zweiteiligen klappbaren Schale, aus der die Antennen und eine Anzahl Körperanhänge herausragen.

*Oxidation* Ursprünglich chemische Reaktion mit Sauerstoff. Allgemein: Übertragung von Elektronen. Energiereiche Stoffe mit hohem Reduktionspotenzial (Reduktionsmittel) geben

Elektronen an Empfänger (Oxidationsmittel) ab. Vielfach ist das Oxidationsmittel Sauerstoff.

*Ozeanbecken* Eine natürliche Vertiefung der Erdoberfläche, die Salzwasser enthält.

*Paläontologisch* Zu Paläontologie, der Wissenschaft, die sich mit den Lebensformen vergangener Zeiten beschäftigt, wie sie durch Fossilien von Pflanzen und Tieren repräsentiert werden.

*Paläoökologie* Die Ökologie fossiler Tiere und Pflanzen.

*Paläoozeanographisch* Zu Paläoozeanographie. Allgemeine Meereskunde, die sich mit den Verhältnissen in den Meeren in früherer Zeit befasst. Beispiel: Untersuchung von Klimaveränderungen anhand von Sedimenten.

*Paläozoologe* Ein Biologe, der ausgestorbene Tiere erforscht.

*Pelagial* Der offene Ozean oder die Zone „blauen Wassers". Auch Freiwasserzone in Seen.

*Pelagisch* Im freien Wasser befindlich.

*Perm-Trias-Grenze* Zeitraum vor 251 Millionen Jahren, in dem sich eines der größten Massenaussterben ereignete.

*Phylogenetisch* Zu Phylogenese, Stammesgeschichte, der evolutionären Entwicklung der Gesamtheit aller Lebewesen, bestimmter Gruppen oder von speziellen Merkmalen eines Organismus.

*Phytoplankton* Mikroskopische Pflanzen, die im Meer oder im Süßwasser driften oder treiben.

*Pinnipedia* Eine Ordnung carnivorer, wasserlebender Säugetiere, die die Robben, Seelöwen und das Walross umfasst und durch Flossen-ähnliche Gliedmaßen gekennzeichnet ist (daher der Name, lat.: *pinna* = Flosse, *pes, pedis* = Fuß, also Flossenfüßer).

*Plankton* Die kleinen und mikroskopisch kleinen Organismen, die im Meer oder im Süßwasser driften oder treiben. Setzt sich hauptsächlich aus Diatomeen (einzelligen Algen mit Siliziumdioxid-Hülle), Protozoen (einzelligen Mikroorganismen), kleinen Crustaceen und den Eiern und Larvenstadien größerer Tiere zusammen.

*Polychaeten* Siehe Borstenwürmer.

*Population* Gesamtheit der Individuen einer Art, die in einem bestimmten Lebensraum über mehrere Generationen leben.

*Pop-up archival tag* Ein Datenlogger, der für eine bestimmte Zeit an einem Tier befestigt ist, bevor er sich löst und an die Wasseroberfläche steigt, wo die gesammelten Daten auf verschiedene Weise gewonnen werden können.

*Protozoen* Einzellige Mikroorganismen mit Zellkern.

*PSAT (pop-up satellite archival tag)* Ein Datenlogger, der dieselben Daten sammelt wie ein *pop-up archival tag*, die Daten aber an einen Satelliten übertragen kann, der die Informationen an die Forscher weiterleitet.

*Rankenfußkrebse* Sessile oder parasitische marine Crustaceen. Bei den sessilen Vertretern sind die Beine in bewegliche Tentakel umgewandelt, mit denen Nahrung herbeigestrudelt wird, bei den Parasiten sind sie völlig zurückgebildet.

*Räuber* Ein Tier, das von Natur aus andere Tiere jagt und sich von diesen ernährt.

*Referenzlinie* Ein Richtwert zur Charakterisierung eines Ökosystems, von dem aus durch Vergleich künftige Veränderungen erfasst und quantifiziert werden können.

*Rhodolithen* Eine Gruppe mariner Rotalgen, die durch harte Kalziumkarbonat-Skelette (kalkige/gipsartige Skelette) gekennzeichnet sind, um die herum das lebende Gewebe wächst. Rhodolithen bilden ausgedehnte Bänke, die verschiedenen Arten Lebensraum bieten.

*Riff-Wiederbesiedlung* Die Erholung oder der Wiederaufbau von Riffstrukturen und Gemeinschaften von Rifftieren nach Störungen wie Verschmutzungsereignissen, Sturmschäden oder Strandungen von Schiffen, welche die Riffe schädigen oder abräumen.

*Riftzone, Grabenbruch* Stelle, an der zwei Erdkrustenplatten auseinanderdriften (tektonische Dehnungszone). Sinkt ein Teil der Erdkruste entlang der entstandenen Brüche ab, bildet sich ein Graben. Beispiel: tiefer Zentralgraben des Mittelatlantischen Rückens.

*Ringelwürmer* Stamm Annelida. Deutlich segmentierte Würmer (Segmente = Ringe, daher der deutsche Name).

*Rippenquallen* Siehe Ctenophoren.

*Röhrenwürmer* Verschiedene Gruppen von marinen Würmern, meist Ringelwürmer, die sessil in einer selbst gebauten Röhre aus Sand oder Kalziumkarbonat leben.

*ROV* **(remotely operated vehicle)** Ein ferngesteuertes Unterwasserfahrzeug, das kabelgeführt ist.

*Ruderfußkrebse* Siehe Copepoden.

*Satellitengestützter Datenlogger* Hoch entwickelte Biologger, die mit verschiedenen Sensoren ausgerüstet sind und an Tieren befestigt werden, um Daten wie Tiefe, Temperatur, Salzgehalt und Schwimmgeschwindigkeit über verschiedene Zeiträume (von Tagen bis zu Jahren) zu sammeln. Über Datenaustausch mit dem Argos-Satellitennetz zeichnen sie darüber hinaus Ortsinformationen auf.

*Satellitenfernerkundung* Eine Technologie, die reflektiertes Licht oder Radarwellen verwendet, um verschiedene Bedingungen im Meer zu bestimmen, wie z. B. Wassertemperatur, Chlorophyllgehalt, aus dem auf die Phytoplankton-Abundanz geschlossen werden kann, und der Verlauf und die Geschwindigkeit von Meeresströmungen. Sie ist auch zur Überwachung von markierten Tieren einsetzbar.

*Scherenbeine* Ein Beinpaar, das bei Crustaceen die großen Scheren trägt.

*Schleppnetze* Spezielle Netze, die dazu verwendet werden, Meeresorganismen zu sammeln; normalerweise handelt es sich um Netze mit weiter Öffnung, die hinter einem Fahrzeug durch das Wasser gezogen werden. Verschiedene Schleppnetztypen kommen auch in der kommerziellen Fischerei zum Einsatz.

*Seamounts* Auch als unterseeische Berge oder Tiefseeberge bezeichnet. Typischerweise steilwandige erloschene Vulkane, die unter der Meeresoberfläche liegen. Ein „echter" Seamount ist mindestens 1 000 Meter hoch.

*Seeanemone* Sesshafte marine Wirbellose mit einem säulenförmigen Körper, Tentakeln um den Mund und Nesselfäden, die ausgeschleudert werden.

*Sessil* Festsitzend, festgewachsen. Wird besonders bei im Wasser lebenden Tieren verwendet, die auf dem Gewässerboden, auf Steinen oder anderen Organismen festsitzen.

*Side-Scan-Sonar (auch Seitensicht-Sonar)* Eine aktustische Technologie, die verwendet wird, um den Meeresboden zu kartieren und Schulen von Fischen zu verfolgen. Schallimpulse werden von einem Schiff oder einem kabelgeführten Gerät ausgesandt. Schallwellen, die von den Objekten im Wasser abprallen, werden zurückgeworfen und auf dem Schiff durch spezielle Instrumente in Bilder verwandelt.

*slurp gun oder Saugschlauch* Saugsammler, mit denen Organismen gesammelt werden.

*Sole oder Lake* Wasser, das vollständig oder fast mit Salz gesättigt ist.

*sp.* Bei wissenschaftlichen Gattungsnamen als Zusatz; nicht bestimmte oder (im konkreten Zusammenhang) nicht benannte Art.

*SPOT (smart position and temperature tag)* Eine Familie von Biologgern, die die Position eines Tieres, die Wassertemperatur, die Geschwindigkeit und den Wasserdruck in der Umgebung (zur Bestimmung der Tiefe) aufzeichnen. Diese Sender übetragen ihre Daten, wenn sich das besenderte Tier an der Wasseroberfläche oder in deren unmittelbarer Nähe befindet.

*Standardisiertes Untersuchungsprotokoll* Eine wissenschaftliche Methode oder Vorgehensweise, auf die sich eine Gruppe von Untersuchern geeinigt und zu ihrer Einhaltung verpflichtet hat, um Qualitätskontrolle, gültige Vergleiche und die Reproduzierbarkeit von Ergebnissen sicherzustellen.

*Superkontinent* Jede der großen zusammenhängenden Landmassen (insbesondere Pangaea, Gondwana und Laurasia), von denen angenommen wird, dass sie sich in die heutigen Kontinente aufgespalten haben.

*Symbionten* Die an einer Symbiose beteiligten Partner.

*Symbiose* Enges Zusammenleben zweier verschiedener Organismen, das typischerweise beiden Partnern einen Vorteil bringt.

*Tauchboot* Unterwasserfahrzeug mit begrenzter Mobilität, das normalerweise durch ein Überwasserfahrzeug zum Untersuchungsgebiet gebracht wird. Tauchboote können bemannt oder unbemannt sein.

*Taxonomische Bearbeitung* Untersuchung genetischer und morphologischer Eigenschaften von Organismen, um diese einer bekannten Art zuzuordnen. Handelt es sich um eine bisher unbekannte Art, wird diese beschrieben und benannt und die Verwandschaftsverhältnisse werden geklärt.

*Thermohaline Zirkulation* Meeresströmung, die durch unterschiedliche Dichten von Wassermassen hervorgerufen wird und nicht durch Windeinfluss. Die Dichte des Wassers hängt von der Temperatur und dem Salzgehalt ab, daher die Bezeichnung thermohalin.

*Tiefsee-Ebenen* Große, ziemlich ebene Regionen des Tiefseebodens in ungefähr 4 000 bis 6 000 Metern Tiefe.

*Tiefseerinne, Tiefseegraben* Eine schmale Vertiefung auf dem Meeresboden im Bereich des Kontinentalschelfs.

*Tracking* Verfolgung der Wanderungen von Tieren mithilfe von Sendern, die den Tieren implantiert oder an ihnen befestigt werden.

*Trophiegeschichte* Die (geschichtliche) Position eines Organismus in der Nahrungskette. (Manche benutzen diesen Begriff in dem Sinne, dass man die „Trophiegeschichte" eines Tieres bestimmen kann, d. h. wovon es sich ernährt hat, indem man die Zusammensetzung seiner Körperfette oder die Isotopenverhältnisse analysiert.)

*Trophische Ebene* Jede der hierarchischen Ebenen in einem Ökosystem, die jeweils Organismen umfassen, die dieselbe Funktion in der Nahrungskette übernehmen und damit auf einer Stufe stehen.

*Überfischung* Es werden so viele Fische einer Art gefangen, dass keine stabile Populationsgröße mehr aufrechterhalten werden kann.

*Unterseeischer Canyon* Ein steiles Tal auf dem Meeresboden im Bereich des Kontinentalschelfs.

*Vampirtintenfisch* Bezieht sich auf die Vampyromorphida, eine Ordnung der Cephalopoda.

*Versauerung der Meere* Bezeichnung für die zunehmende Abnahme des pH-Wertes des Meerwassers, die durch die Aufnahme größerer Mengen an Kohlenstoffdioxid aus der Erdatmosphäre verursacht wird.

*VPR (Video-Plankton-Rekorder)* Ein geschleppter Kasten, in dem sich Wasser an einer Videokamera vorbeibewegt, die kontinuierlich oder zu vorher festgelegten Zeiten Planktonbilder aufzeichnet.

*Weit wandernd* Ein Merkmal, das bestimmte Tierarten charakterisiert, die regelmäßig große Gebiete durchwandern und daher politische Grenzen überschreiten können und dem Nutzungsdruck durch mehr als eine Nutzergruppe unterliegen, z. B. Haie und Thunfische.

*Xenophyophoren* Marine Protozoen; riesige einzellige Organismen, die überall in den Weltmeeren zu finden sind, in größter Zahl aber in der Tiefsee auftreten.

*Zeit-Tiefen-Rekorder* Eine Familie von Biologgern, die die Tauchdauer und -tiefe von marinen Säugetieren wie z. B. See-Elefanten aufzeichnen.

*Zooplankton* Plankton, das sich aus kleinen Tieren und den Jugendstadien größerer Tiere zusammensetzt.

# WEITERFÜHRENDE LITERATUR

Eine durchsuchbare Liste aller Publikationen des *Census of Marine Life* steht unter *http://db.coml.org/comlrefbase/* zur Verfügung. Im Folgenden seien weitere potenziell interessante Bücher genannt:

Antczak A, Cipriano R (eds) (2008) Early Human Impact on Megamolluscs. Archaeopress, Publisher of *British Archaeological Reports*, London

Baker M, Ebbe B, Hoyer J, Menot L, Narayanaswamy B, Ramirez-Llodra E, Steffensen M (2007) Deeper Than Light. Bergen Museum Press, Bergen

Braune G et al. (2009) Atlantica: Zukunft Polargebiete. Verlierer und Gewinner. Bertelsmann, Gütersloh

Carson R (1998) The Edge of the Sea. Mariner Books, Boston

Census of Marine Life on Seamounts Data Analysis Working Group (2006) Seamounts, Deep-Sea Corals and Fisheries: Vulnerability of Deep-Sea Corals to Fishing on Seamounts beyond Areas of National Jurisdiction. UNEP World Conservation Monitoring Centre, Cambridge

Clover C (2008) The End of the Line: How Overfishing Is Changing the World and What We Eat. University of California Press, Berkeley

Clover C (2005) Fisch kaputt. Riemann, München

Copeland S (2008) Antarktis – Welt Klima Wandel. Collection Rolf Heyne, München

Corson T (2005) The Secret Life of Lobsters: How Fishermen and Scientists Are Unraveling the Mysteries of Our Favorite Crustacean. Harper Perennial, New York

Cousteau J (2008) Der Mensch, die Orchidee und der Octopus: Mein Leben für die Erforschung und Bewahrung unserer Umwelt. Campus, Frankfurt

Descamp P (2007) Planet Meer. Reise in die Unterwasserwelt. Falk, Ostfildern

Earle S (1996) Sea Change: A Message of the Oceans. Ballantine Books, New York

Earle S, Glover L (2008) Ocean: An Illustrated Atlas. National Geographic Society, Washington

Ellis R (2006) Der lebendige Ozean. Nachrichten aus der Wasserwelt. Mareverlag, Hamburg

Ellis R (2006) Singing Whales and Flying Squid: The Discovery of Marine Life. Globe Pequot Press, Guilford

Ellis R (2008) Tuna: A Love Story. Knopf, New York

Field J G, Hempel G, Summerhayes C P (eds) (2002) Oceans 2020: Science, Trends, and the Challenge of Sustainability. Island Press, Washington

Fütterer D K, Fahrbach E (2008) Polarstern. 25 Jahre Forschung in Arktis und Antarktis. Delius Klasing, Bielefeld

Grescoe T (2008) Bottom Feeder: How to Eat Ethically in a World of Vanishing Seafood. Bloomsbury, New York

Hempel G, Hempel I, Schiel S (2006) Faszination Meeresforschung. Ein ökologisches Lesebuch. Hauschild, Bremen

Koslow T (2007) The Silent Deep: The Discovery, Ecology, and Conservation of the Deep Sea. University of Chicago Press, Chicago

Lange, G (2001) Eiskalte Entdeckungen. Forschungsreisen zwischen Nord- und Südpol. Delius Klasing, Bielefeld

Lozán J L et al. (Hrsg) (2006) Warnsignale aus den Polarregionen. Wissenschaftliche Fakten. Wissenschaftliche Auswertungen, Hamburg

Mayer-Tasch P C (Hrsg) (2007) Meer ohne Fische. Profit und Welternährung. Campus, Frankfurt

Monsalve H E, Penchaszadeh P E (2007) Patagonia Submarina / Underwater Patagonia. Ediciones Larivière, Buenos Aires

Nouvian C (2006) The Deep. Leben in der Tiefsee. Knesebeck, München

Pitcher T J, Hart P J B, Morato T, Clark M R, Haggan N, Santos R S (eds) (2007) Seamounts: Ecology, Fisheries and Conservation. Wiley Blackwell, Oxford

Prager E (2008) Chasing Science at Sea: Racing Hurricanes, Stalking Sharks, and Living Undersea with Ocean Experts. University of Chicago Press, Chicago

Rahmstorf S, Richardson K (2007) Wie bedroht sind die Ozeane? Biologische und physikalische Aspekte. Fischer, Frankfurt

Roberts C (2007) The Unnatural History of the Sea. Island Press, Washington

Rodenberg H-P (2004) See in Not: Die größte Nahrungsquelle des Planeten: eine Bestandsaufnahme. Mareverlag, Hamburg

Roland N W (2009) Antarktis. Forschung im ewigen Eis. Spektrum Akademischer Verlag, Heidelberg

Sloan S (2003) Ocean Bankruptcy: World Fisheries on the Brink of Disaster. The Lyons Press, Guilford

Starkey D J, Holm P, Barnard M (2008) Oceans Past: Management Insights from the History of Marine Animal Populations. Earthscan, London

Stow D (2009) Enzyklopädie der Ozeane. Delius Klasing, Bielefeld

Thorne-Miller B, Earle S (1999) The Living Ocean: Understanding and Protecting Marine Biodiversity. Island Press, Washington

Wehrtmann I S, Cortés J (eds) (2008) Marine Biodiversity of Costa Rica, Central America. Springer, New York

Wilkinson C (ed) (2008) Status of Coral Reefs of the World: 2008. Global Coral Reef Monitoring Network, Townsville

# BILDQUELLEN

Der Abdruck der Abbildungen erfolgt mit freundlicher Genehmigung der folgenden Personen und Institutionen:

| | |
|---|---|
| Titel | Kevin Raskoff |
| 2 | Kevin Raskoff |
| 6 | Kevin Raskoff |
| 8 | Kevin Raskoff |
| 14 | NASA / GSFC |
| 16 | Gary Cranitch, Queensland Museum |
| 18 | DJ Patterson / Marine Biological Laboratory, Woods Hole |
| 19 | © www.davidfleetham.com |
| 20–21 | Kevin Raskoff |
| 22 | © www.davidfleetham.com |
| 24 | Gary Cranitch, Queensland Museum |
| 25 | Cheryl Clarke Hopcroft |
| 26 | Susan Middleton |
| 29 | Kevin Raskoff |
| 30–32 | Kartographie George Walker |
| 33 | NASA / GSFC |
| 34 | Blegvad, H. *Fiskeriet i Danmark*, Bind 1: *Selskabet til udgivelse af kulturskrifter* (1946) |
| 35 | Oben: Russ Hopcroft<br>Unten: Emory Kristof |
| 36 | Bodil Bluhm / Katrin Iken |
| 37 | Russ Hopcroft |
| 39 | Kacy Moody |
| 40–41 | Sara Hickox |
| 42 | Katrin Iken / Casey Debenham |
| 43 | Kimberly Page-Albins / NOAA Pacific Islands Fisheries Science Center |
| 44 | Tin Yan Chan |
| 45 | Russ Hopcroft |
| 47 | David Shale |
| 48 | Oben: Albert Gerdes / MARUM<br>Unten: Foto Malcolm Clark, NIWA |
| 49 | Bodil Bluhm |
| 50 | Gauthier Chapelle / Alfred-Wegener-Institut für Polar- und Meeresforschung |
| 51 | J. Gutt, © AWI / MARUM, Universität Bremen |
| 52–53 | David Patterson |
| 54 | Bild © 2009 Museum of Fine Arts, Boston |
| 58 | Oben: Sammlung des CoML<br>Unten: Privatsammlung G. A. Jones |
| 59 | Oben: *Paintings for the Studies of Fisheries and Marine Hunting in the White Sea and the Arctic Ocean*, St. Petersburg, 1863<br>Unten links: Postkarte circa 1910, aus der Sammlung von G. A. Jones, 2005<br>Unten rechts: unbekannter Fotograf, Sammlung des CoML |
| 60 | Oben und unten: Reproduziert mit Genehmigung der W. B. Leavenworth Historic Postcard Collection |
| 62 | NASA / GSFC |
| 63 | Zeichnung von Hans Petersen (1885) |
| 64 | Smithsonian Institution Archives, Record Unit 7231, image # SIA2009-0883 |
| 66 | Oben und unten: Geert Brovard |
| 68 | Postkarte circa 1920, Sammlung des CoML |
| 70 | Brandenburg, H. *Die Reihe Archivbilder Hamburg-Altona*. (Erfurt: Sutton Verlag, 2003) |
| 71 | Tangen, M. 1999: www.fiskeri.no *Storjefisket pa vestlandet*. (Bergen, Norwegen: Eide Publisher). Rolf Holmen, Fotograf |
| 72 | Svendsen, L. *Saltvands-fiskeri: Bogen om lystfiskeri ved de danske kyster og ude paa havet* (Kopenhagen, Dänemark: J. Fr. Clausens Forlag, 1946) |
| 73 | Svendsen, L. *Lystfiskeren: lysfiskeri vore ferske vande, langs kysterne og paa havet*. (Kopenhagen, Dänemark: Hage & Clausens Forlag, J. Fr. Clausen, 1932) |
| 74–75 | Courtesy Kevin Raskoff |
| 76 | Foto von Bruce Strickrott, Woods Hole Oceanographic Institution |
| 78 | Emory Kristof / National Geographic Image Collection |
| 79 | Brigitte Ebbe |
| 80 | Jo Høyer, MAR-ECO |
| 81 | Oben und unten: H. Luppi/NOCS, UK |
| 83 | NOAA/Olympic Coast National Marine Sanctuary, http://oceanexplorer.noaa.gov/explorations/06olympic/background/mapping/media/towfish.html |
| 84 | Bathymetrie NOAA Pacific Island Fisheries Science Center, Coral Reef Ecosystem Division, Pacific Islands, University of Hawaii Joint Institute for Marine and Atmospheric Research |
| 86 | Dieses Bild wird zur Verfügung gestellt durch Ocean lab, University of Aberdeen, Scotland. © reserved. |
| 87 | Oben: Foto von Larry Madin, Woods Hole Oceanographic Institution<br>Unten: NOAA, http://oceanexplorer.noaa.gov/explorations/lewis_clark01/background/midwater_realm/media/imkt2.html |
| 88 | Oben: Jo Høyer, MAR-ECO<br>Unten: NOAA, http://oceanexplorer.noaa.gov/explorations/04fire/logs/april14/media/net_dower.html |
| 89 | Oben: Brigitte Ebbe<br>Unten: David Welch |
| 90 | Barbara A. Block / Scott Taylor |
| 91 | NASA |
| 92 | Tetsuya Kato / NAGISA |
| 93 | Halvor Knutsen |
| 94 | NOAA, http://oceanexplorer.noaa.gov/technology/tools/mapping/media/gis_gulf.html |
| 96 | Edward Vanden Berghe |
| 97 | © Stephen Frink / Getty Images |
| 98 | Mike Goebel, U.S.-AMLR Program |
| 100 | © Monterey Bay Aquarium, Foto Randy Wilder |
| 101 | Michael Fedak |
| 102 | Oben: George Shillinger<br>Unten: © Mike Johnson |
| 103 | Barbara A. Block / TOPP |
| 104 | Dan Costa |
| 105 | Mike Belchik / Yurok Tribal Fisheries Program |
| 106 | Oben: David Welch<br>Unten: Paul Winchell |
| 107 | Dan Costa |
| 108 | Rick Lichtenhan |
| 109–111 | Oben und unten: Dan Costa |
| 112 | © Monterey Bay Aquarium, Foto Randy Wilder |
| 113 | Barbara A. Block / Scott Taylor |
| 114 | Vancouver Aquarium, Foto Margaret Butschler |

| | |
|---|---|
| 115 | Josh Adams |
| 116 | G. Chapelle / AWI |
| 118 | Elizabeth Calvert Siddon, NOAA |
| 119 | Oben und unten: NASA |
| 120 | Bodil Bluhm |
| 121 | The Hidden Ocean, Arctic 2005 Exploration, http://oceanexplorer.noaa.gov/explorations/05arctic/welcome.html |
| 122 | Oben links: Kevin Raskoff |
| | Oben rechts: Bodil Bluhm / Katrin Iken |
| | Unten links: Bodil Bluhm |
| | Unten rechts: Bodil Bluhm / Katrin Iken |
| 123 | Oben: Bodil Bluhm |
| | Unten: The Hidden Ocean, Arctic 2005 Exploration, http://oceanexplorer.noaa.gov/explorations/05arctic/welcome.html |
| 124 | George Walker |
| 125 | G. Chapelle / AWI |
| 126 | G. Chapelle / AWI |
| 127–128 | J. Gutt, © AWI / MARUM, Universität Bremen |
| 130 | John Mitchell IPY-CAML |
| 131 | J. Gutt, © AWI / MARUM, Universität Bremen |
| 132 | The Hidden Ocean, Arctic 2005 Exploration, http://oceanexplorer.noaa.gov/explorations/05arctic/welcome.html |
| 133 | Oben: The Hidden Ocean, Arctic 2005 Exploration, http://oceanexplorer.noaa.gov/explorations/05arctic/welcome.html |
| | Unten: Dan Costa |
| 134 | Map Resources |
| 135 | Karte Australian Antarctic Division © Commonwealth of Australia 2007 SCAR Map Catalogue No. 13353 |
| 136 | Andrzej Antczak |
| 138 | Susan Middleton |
| 139 | Jim Maragos |
| 140 | Cory Pittman |
| 141 | NOAA / PNMN |
| 142 | National History Museum of LA County |
| 143 | Peter Lawton |
| 144 | Robin Rigby |
| 145 | Brenda Konar |
| 146 | Oben: Katrin Iken / Casey Debenham |
| 147 | Unten: Cory Pittman |
| 147 | Santo 2006 Global Biodiversity Survey, Foto Stefano Schiaparelli |
| 148 | National History Museum of LA County |
| 149–150 | Gustav Paulay |
| 151 | © Donald Miralle / Getty Images |
| 152 | Emory Kristof / National Geographic Image Collection |
| 154 | Pacific Ring of Fire 2004 Expedition. NOAA Office of Ocean Exploration; Dr. Bob Embley, NOAA PMEL, Chief Scientist |
| 155 | Ricardo Santos |
| 156 | NOAA |
| 157 | S. Hourdez and C.R. Fisher |
| 158 | MARUM, University of Bremen |
| 159 | Oben: C. Fisher / L. Levin / D. Bergquist / I. MacDonald |
| | Unten: Ian MacDonald |
| 160 | Oben: NOAA / NIWA |
| | Unten: Mountains in the Sea, 2004. NOAA Office of Ocean Exploration; Dr. Les Watling, Chief Scientist, University of Maine |
| 161 | NURC / UNCW and NOAA / FGBNMS |
| 162 | NOAA, http://oceanexplorer.noaa.gov/explorations/ 03mexbio/feb13/media/feb13pic.html |
| 163 | © NORFANZ / Te Papa, MA°I.137219. Montage Rick Webber, Fotos Karin Gowlett-Holmes. Diese Abbildung wurde freundlicherweise von den NORFANZ-Partnern – Australia's Department of the Environment, Water, Heritage and the Arts and CSIRO and New Zealand's Ministry of Fisheries and NIWA – zur Verfügung gestellt. Informationen zu der Reise: http://www.environment.gov.au/coasts/discovery/voyages/norfanz/index.html. Die Verwendung dieser Abbildung bedeutet keine ausdrückliche Billigung dieses Beitrags durch die NORFANZ-Partner. |
| 164–165 | Mountains in the Sea Research Team/Institute for Exploration / NOAA |
| 167 | Oben: Les Watling / NOAA |
| | Unten: Gulf of Alaska 2004. NOAA Office of Ocean Exploration |
| 168 | NOAA / Monterey Bay Aquarium Research Institute |
| 169–172 | Brigitte Ebbe |
| 173 | Gary Cranitch, Queensland Museum |
| 174 | Cedric D'Udekem D'Acoz, Royal Belgian Institute of Natural Sciences |
| 176 | Wiebke Brokeland |
| 177 | Oben: Wiebke Brokeland |
| | Unten: G. Chapelle / AWI |
| 178 | J. Groeneveld |
| 179 | Slovin Zanki |
| 181 | Oben: Janet Bradford-Grieve, NIWA |
| | Unten: Dhugal Lindsay |
| 182 | B. Richer de Forges / J. Lai-IRD |
| 183 | Marie-Catherine Boisselier |
| 184 | Russ Hopcroft |
| 186 | Richard Pyle |
| 187 | Links: Kevin Raskoff |
| | Rechts: Bodil Bluhm |
| 188 | R. Gradinger and B. Bluhm / UAF / ArcOD |
| 189 | Oben: Russ Hopcroft |
| | Unten: Wiebke Brokeland |
| 190 | Oben: Dorte Janussen, Senckenberg |
| | Unten: National Snow and Ice Data Center |
| 191–192 | Cedric D'Udekem D'Acoz, Royal Belgian Institute of Natural Sciences |
| 193 | G. Chapelle / AWI |
| 194 | Oben: Leanne Birden |
| | Unten links und rechts: Steven Haddock |
| 195 | Links: MAR-ECO, Peter Rask Möller, 2006 |
| | Rechts: Tomio Iwamoto, California Academy of Sciences, 2004 |
| 196 | Oben: IFREMER, A. Fifis, 2006 |
| | Unten: Yunn-Chih Liao / Kwang-Tsao Shao, Academia Sinica, 2007 |
| 197 | Oben: Jan Michels / COMARGE |
| | Unten: Yousra Soliman, Texas A&M University |
| 198 | Oben: Jed Fuhrman, University of Southern California |
| | Unten: David Patterson |
| 199 | Alle: David Patterson |
| 200 | Carola Espinoza |
| 202–203 | David Shale |
| 204–207 | © www.davidfleetham.com |
| 208 | Jo Høyer |
| 209 | NOAA |
| 210 | Oben: Commander John Bortniak, NOAA Corps (ret.) |
| | Unten: © www.davidfleetham.com |
| 211 | Oben: Michael Penn |
| | Unten: © www.davidfleetham.com |
| 213 | © Shedd Aquarium / Foto Brenna Hernandez |
| 214 | Bereitgestellt von racerocks.com, Lester B. Pearson College, Victoria, BC |
| 215 | Alle: © www.davidfleetham.com |
| 216 | Oben und Mitte: © www.davidfleetham.com |
| | Unten: © Kanagawa Prefectural Museum of Natural History (Foto: T. Suzuki) Katalog-Nummer KPM-N0054758 |
| 217 | © www.davidfleetham.com |
| 219 | Captain Philip A. Sacks |
| 220 | Florida Fish and Wildlife Conservation Commission / NOAA |
| 222 | © Jason Bradley / BradleyPhotographic.com |
| 224 | Steve Spring Reef Rescue |
| 225 | Oben: Clarita Natoli |
| | Unten: Tyler Smith |
| 226 | NASA |
| 227 | Katrin Iken |
| 229 | Gary Cranitch, Queensland Museum |
| 231 | © Mark DeFeo 2008. Heliphotos@mchsi.com. Alle Rechte vorbehalten. |
| 232 | Dan Costa |
| 233 | Foto von Larry Madin, Woods Hole Oceanographic Institution |

# INDEX

**Fette** Seitenzahlen verweisen auf Abbildungen und Informationen in Abbildungslegenden

Aalmuttern **35, 195**
Aasfresser 171
Abalone **68**
Abundanz 234
Abundanz marinen Lebens 17, 27–29, 57
    Census-Ziel 29
    Geschichte 34
    Mikroorganismen 51
    Tiefsee-Ebenen 169
*Acipenser medirostris* **105,** 106
Adlerrochen **216,** 218
    Gefleckter **217**
*Aequorea macrodactyla* 233
*Aetobatus flagellum* **216,** 218
*Aetobatus narinari* **217**
Akustik-Empfänger **106**
akustische Biologger 42, 90, 105, **106,** 234
akustische Methoden 83f
akustischer Vorhang 105, siehe
    auch Lauschvorhang
akustisches Array 42, 105, 235
akustische Techniken 35
Alfred P. Sloan Foundation 25, 27, 180
Algen **18,** 33, 129, **145**
Algenblüte **226f**
*Allocyttus niger* 164
ALV *(autonomous lander vehicle)* 85f, 234
*Ampelisca mississippiana* **197**
Amphipoden **45, 174,** 175, **191,** 201, 234
    Arktis 124
    neue Arten **191**
    Weddell-Meer **191**
anadrom 234
anaerob 234
*Anoplopoma fimbria* **210**
Antarcturidae **177**
Antarktika, siehe Antarktis
Antarktis
    Amphipoden 191
    Eisberge **115f, 125**
    Karte **135**
    Klimawandel 120, 124f, 190
    Meeresboden 37, 110, 188, 190
    neue Arten **191–193**
    Robben markieren **99**
    Seesterne **130**
Antarktischer Eisfisch **51**
Antarktischer Ozean, siehe Südpolarmeer

Antarktischer Zirkumpolarstrom 124
aphotische Zone 41, **41,** 46
Aphyonidae **196**
*Apogon melas* 166
Appendikularien **189**
Äquatorialströmung 33
Archaeen 234
*Archiconchoecetta* **179**
archivierende akustische Biologger 105f, 234
archivierende Biologger 104f
Arctic Ocean Diversity (ArcOD) 49
*Arctocephalus townsendi* **204f**
*Argopecten irradians* 218
Argos-Satelliten-Telemetrie 102f, 234
Arktis
    Klimawandel 120
    Langzeit-Monitoring Umweltwandel 120
Arktischer Ozean, siehe Nordpolarmeer
ARMS (Autonome Riff-Monitoring-Strukturen) 140, **141,** 234
Array 235
Artbeschreibung 194
Artbestimmung 93f, 176–180
    auf dem Meer 180
    DNA-Analyse 93f, **93,** 178, 181
    Echo-Ortung 85
    traditionelle Methoden 93
Artbildung 164, 235
Arten
    Einwanderung 63
    gegenseitige Abhängigkeit 205, 212f, 217f
    Verwandtschaftsverhältnisse 93
Artenzahl 27
    Tiefsee-Ebenen 169
Arthropoden 235
*Asbestopluma* **190**
Ascidien 127, **128,** 235
Asseln, siehe Isopoden
Ästuare 63–65, 235
    Schutz 64
Atlantischer Nordkaper 218–220, **220**
Auftriebsphänomen 235
*Aulacoctena* **122**
Auslöschung marinen Lebens 206, 208f
Austern 218
Ausubel, Jesse H. 23, 25, 97
Autonome Riff-Monitoring-Strukturen, siehe ARMS

AUV *(autonomous underwater vehicle)* 82, 235
    Jaguar 157
    Puma 157

Baker, Ed 157
*Barathronus* **196**
Bardarson, Birkir 77
Barrett, James 65, 67
bathymetrisch 235
*Bathymodiolus* **155**
*Bathypterois* **171**
Bathyteuthidae 87
Beifang 217, 235
belichtete Zone 41, **41**
Benthal, siehe benthisch
benthisch 235
*Benthoctopus* **76f**
Benthos, siehe benthisch
Benthosproben 157
Bergstad, Odd Aksel 195, 198
Bestand 235
Beute 235
Bevölkerungswachstum 228
BHP Billiton 150
Biodiversität 94f, 124, 131, 205, 235
Biogeography of Chemosynthetic Ecosystems (ChEss) 46
Biokomplexität 235
Biologger 90–93, 235
Biologging 35, 89–93, 99–115, 235
    Antarktis **108,** 108–111, **110**
    Fortschritte 100–106
    frühe Methoden 100f
    Haie 92f, **103,** 105
    Robben 92f, **98,** 100f, **104,** 108, **108–111,** 110
    Roter Thun 112
    Vögel 115, **115**
biologischer Hotspot 235
    Pazifik 113
biologische Vielfalt, siehe Biodiversität
Biolumineszenz 236
    Staatsqualle **194**
    Vampirtintenfisch **8**
Biomasse 29, 41, 236
Bivalvia 236
Blaustreifen-Schnapper **23, 219**
Blauwal 211

Block, Barbara 112
Bluhm, Bodil 120, 124, 187
Bodengreifer **89,** 236
Bodenprobe **177**
Bodenschleppnetze 131
Bogenstirn-Hammerhai **215,** 217
*Bolitaena pygmaea* 86
Borstenwürmer 24, **148f,** 164, **187,** 236
 neue Arten 123, 188
Bouchet, Philippe 186
Brandt, Angelika 175, 188
British Broadcasting Corporation (BBC) 185
Brittlestar City 164
Bryozoen 236
Buckelwale **210,** 211
Bucklin, Ann 180
Bullenhaie 214, **215,** 217
 Abnahme durchschnittlicher Länge 214
Bullkelp **145**
*Bythograea* **35**

*Caelorinchus mediterraneus* **195**
*Calyptogena magnifica* 155
Camper 157
*Candidella* **164**
*Carcharhinus leucas* **215,** 217
*Carcharhinus limbatus* 217
*Carcharhinus obscurus* **216**
*Carcharhinus plumbeus* **215,** 217
*Carcharodon carcharias* 96f, **216**
*Census investigative node* 144
Census of Antarctic Marine Life (CAML) 50, 135, 188–194
Census of Coral Reefs (CReefs) 42f, 139f, 150, 201
 Forschungsassistentenprogramm 150
 Sponsoren 150
 Zusammenarbeit 150
Census of Diversity of Abyssal Marine Life (CeDAMar) 44
Census of Marine Life 23–29
 Abschluss 60, 96f, 228, 232
 Ausrüstung 230
 Austauschprogramm 144
 Beginn 23–27
 *Census investigative node* 144
 Daten 232
 Datenaustausch 94–96
 Entwicklung des marinen Lebens 58–73
 Fallstudien 34, 212
  Haie 212
  Wale 218
 finanzielle Aufwendungen 28
 Forschungsknoten 144
 Hydrothermalquellen 162f
 kalte Quellen 162f
 historische Quellen 58–60
 historischer Zweig 69
 Meeresbereiche 40
 neue Techniken 19, 230
 Projekte 34f, 118, 120f, 124–129, 162f, 200f
 Sponsoren 25, 27, 150, 180, 185
 Voraussagen 205, 208–211
 Wirkungen 228–230, 232
 Zahl neuer Arten 185
 Ziele 18, 28f, 96f, 221
 Zusammenarbeit 36–38, 158, 230
Census of Marine Plankton 86f
Census of Marine Zooplankton (CMarZ) 37f, 45, 180f
Census of Seamounts (CenSeam) 46
Cephalopoden 86, 236
*Ceratonotus steiningeri* **197**
Champagne Vent **154**
chemosynthetische Ökosysteme 158, 161, 236
Chirostylidae **163**
Chiroteuthidae 87
*Chlamys hastata* **214**
Chranchiidae 87
*Chromatium* **18**
*Chromis abyssus* 185, **186**
*Chrysaora melanaster* **74f,** 77, 227
*Cirroteuthis muelleri* 123
*Cirrothauma murrayi* 86
Clark, Malcolm 166
*Cliona limacina* **2,** 7
*Clio pyramidata* **37**
Cnidarier 236
Continental Margin Ecosystems (COMARGE) 43, 186
Copepoden 45, 85, **184,** 236
 *Ceratonotus steiningeri* **197**
 neue Arten **197**
*Corallium* **165**
Costa, Dan 108, 110
*Crassostrea virginica* 218
Crinoiden 127, **165, 167,** 236
 auf Seamounts 166
*Crossota norvegica* **29**
Crowder, Larry 209
Crustaceen 236
 *Ampelisca mississippiana* **197**
 Nordpolarmeer 124
 Rankenfußkrebse **192**
Ctenophoren **122,** 181, 187, 236
Cyanobakterium **18**
Cydippida **187**
*Cylindrarcturus* **177**
*Cyphoma gibbosum* **39**

Datenbank 95
Dekapoden 25, 236
*Dermochelys coriacea* **102, 233**
de Saint Laurent, Michele 183
Diatomeen **18,** 85, 237
Diaz, Robert J. 225
Distribution 237
Distribution marinen Lebens 28f
 Census-Ziel 29
Diversität 175, 237
 marinen Lebens 28f, 92
 Census-Ziel 29
DNA
 Analyse **93**
 Artbestimmung 178, 181, 198
 Barcoding 93f, 178, 181, 237
 Sequenzierung 35, 45, 178, 198
 *454 tag sequencing* 198
Doktorfische **151**
Dorsche, siehe Gadiden
Dower, John 166
Dreibeinfische **171**
Drifter 41, 45, 180f
DTV *(deep-towed vehicle)* 82f, 237
 Bridget 82
Dunkler Sturmtaucher **115**
 Biologging 115
dunkle Zone 41, **41,** 195
 neue Arten 195

*Eaugaptilis hyperboreus* **184**
Echinodermen 237
Echo-Ortung 85, 237
Echtzeit-Tracking 45
Einsiedlerkrebs **26f, 160**
Eisbär **134**
Eisbedeckung
 Arktis 119
 Fläche 117, 132, 134
 Klimawandel 50, 117
 neue Arten unter Eis 121–129
 Nordpolarmeer 117
 Südpolarmeer 117
Eisberge **116f,** 125
Eisbrecher 49, 121
Eisozeane 41, 49, 117–135
 Arctic Ocean Diversity (ArcOD) 49
 Census of Antarctic Marine Life (CAML) 50
 Forschung 187
Eiswürmer 162, **162**
Elasmobranchier 237
elektronische Biologger 102
El Niño 33
*Enallopsammia* **164**
Encyclopedia of Life (EOL) 237
endemisch 237
endemische Arten auf Seamounts 164
*Enhydra lutris* **211**
Enoploteuthidae 87
Epifauna 127, 237
*Epimeria* **191**
Eselspinguin **134,** 232
*Eubalaena glacialis* 218–220, **220**
*Eumetopias jubatus* **211**
euphotische Zone 41, **41,** 44f
*Eusirus* **191**
 Gigantismus 191
*Eusirus holmii* **45**

Eutrophierung 61

Fächerlot, siehe Multibeam-Sonar
Fangstatistiken 28
Fauna 237
Federstern **122**
Filigrankorallen **19**
Filtrierer 164, 237
Finnwal 211
Fischerei
    Auswirkungen 208f
      von Methoden 59
    Bodenschleppnetze 131
    Fangmengen Kabeljau 68
    Fangstatistiken 28
    Hummerfischerei 218–220
    Langleinen- 131, 209
    Management 27f, 38, 42, 67f, **210,** 220
Fischfang, Geschichte und Zukunft 38
Fischknochen 58, 65, **66**
Flamingozunge **39**
Flohkrebse, siehe Amphipoden
Flügelfüßer **37**
Forest, Jacques 183
Forschungshindernisse 27
Forschungsschiffe 78f, 121, 187
    *Alis* 182
    *Aurora Australis* 129–131
    *Healy* 121, 123, **132,** 187
    Kosten 121, 170
    *Polarstern* 37, **79,** 120, 124–129, 170, 177, 190
    *Tanagaroa* 164
Forschungs-U-Boote 79f, **80**
    *Alvin* **76–77,** 79
    *Mir* 79, **80,** 195
Freifall-Lander, siehe ALV
French Frigate Shoals 27, 139f
    Expedition 201
    neue Arten 140
früheste Lebensformen 17
Future of Marine Animal Populations 205

Gadiden 237
    Knochen **66**
Gakkel-Rücken **156,** 157
Galatheidae **163**
*Galeocerdo cuvier* 217
Gallardo, Victor 17
gallertartig 237
Garnelen **138,** 143, 149, 158
    Partnergarnele **142f**
    *Rimicaris* 158
Gashydrate 162, 237
Gastropoden 238
gefährdete Arten 210f, **211**
    Erholung 209f
    Granatbarsch 227
    Mönchsrobben 206
    Wale 210

Gefleckte Adlerrochen **217**
geologisch aktive Gebiete **40f,** 41, 46
Geperlter Soldatenfisch **22f**
Gerätetauchen **123**
geschlossene Kreislauftauchgeräte 185
Gigantismus 130, 171, **191**
    Tiefsee-Ebenen 171
*Gigantocypris* 170
GIS (Geographisches Informationssystem oder Geoinformationssystem) 238
GIS-Bild **95**
GIS-Mapping 94
Glasschwämme 127, **128**
Glatter Hammerhai 217
Gletscher **125**
Gletscherschmelze 33
globales ozeanisches Förderband 30, **30–32,** 33, 110, 238
Global Ocean Observing System (GOOS) 96
Glypheiden/Glypheidae **182,** 182f, 238
Golfstrom **91**
Golf von Maine 140, 143, 218
    Biodiversität 143
    „Gulf of Maine Area"-Projekt 85
    Wale 218
Golf von Mexiko
    Biodiversität **39**
    Diversität **159,** 160
    GIS-Bild **95**
    neue Arten 162, **162**
*Gonatus fabricii* 123
Grabenbruch, siehe Riftzone
Gradinger, Rolf 120
Granatbarsch 48, **208,** 227
    Gefährdung 227
    Überfischung 208
Grassle, J. Frederick 25, 153
Great Barrier Reef 150
    Expedition 201
    Korallenkrabbe **16f**
    Quallen 229
    Seesterne 172
*Great Pacific Garbage Patch* 223, **225**
Grenadiere 195
grenzüberschreitend 238
Grönlandwal 211
Große Fechterschnecke **136f**
Grundhai 217
Grüner Stör **105,** 106
Guadalupe-Seebären **204f,** 211
„Gulf of Maine Area"-Programm (GoMA) 42
„Gulf of Maine"-Projekt 143
Gutt, Julian 126, 190
*Gymnopraia lapislazula* **194**

Habitate 238
    Rhodolith-Bänke 145
    Tiefsee 113f
    Tiefsee-Ebenen 171f

Haddock, Steven 175, 194
Haie 21f
    Beifang 217
    Beute 217f
    Biologging 92f, 103, 105
    Bogenstirn-Hammerhai **215**
    Bullenhai 214, **215,** 217
    Niedergang 212–218
    Sandbankhai **215**
    Schwarzhai 214, **216**
    Schwarzspitzenhai 214, 217
    Übernutzung 214
    Weißer Hai **97,** 105, **216**
Hangzone **41**
Harris, Mark 99, 110
Hawaii-Mönchsrobbe **206f**
Heilbutt 59
*Hesiocaeca methanicola* 162, **162**
*Heteractis crispa* **43**
*hidden boundaries* 43
„Hidden Ocean"-Expedition 121–124
*Himantolophus paucifilosus* **202f,** 205
Hinterkiemerschnecke **140**
*Histeoteuthis* **87**
Histioteuthidae 87
*Histioteuthis bonelli* **46f**
historische Referenzlinien 69
historischer Zweig des Census of Marine Life 69
Hopcroft, Russ 120, 187
*Hoplostethus atlanticus* **48**
Hornkorallen **160**
Hotspots der Biodiversität 162
„Human Edges" 138f
Hummer 44
Hummerfallen 218, 220
Hummerfischerei in Maine und Nova Scotia 218–220
Hydrate 238
hydrothermale Prozesse, siehe Hydrothermalquellen
hydrothermaler Schlot, siehe Hydrothermalquellen
Hydrothermalgebiete, siehe Hydrothermalquellen
Hydrothermalquellen **40,** 41, 46, 153, **154–158,** 157, 238
    Lebensgemeinschaft 35, 155
      Unterschiede Pazifik/Atlantik 155, 158
    Probenahme 86
    Schwarzer Raucher **48**
Hydrozoen **188**
*Hyperbionyx* **181**

Igelwurm **167**
„Insekten des Meeres", siehe Amphipoden
Inselbogen 238
International Census of Marine Microbes (ICOMM) 51
Internationales Jahr des Riffs 201

Internationales Polarjahr 117f, 190
    Census-Expeditionen Antarktis 135
Invertebraten 238
*Iridigorgia* **165**
Isopoden **176f**, 189, 238
    *Cylindrarcturus* **177**
    neue Arten 188
Isotope 65, 238

Jackson, Jeremy 57
Jennings, Rob 38

Kabeljau 59, 67
    Abnahme auf dem Scotian Shelf 67f
    Biomasse auf dem Scotian Shelf 68
    Knochen **66**
„Kakerlaken der Meere", siehe Quallen
Kalmare 87, 123, 180
kalte Quellen **40,** 41, 46, 153, 158–162, 238
    Lebensgemeinschaft **159,** 160f
    Röhrenwürmer **159,** 161
Kaltwasserkorallen 130f
    Gemeinschaften 130
    Riffe 131
Kalziumkarbonat 238
Kammmuscheln 214
Kanadisches Becken
    Ctenophore **122**
    Expeditionen 120, 123, 132
    Federstern **122**
    Meeresschnecke **2,** 7
    Quallen 29, 77
    ROV **121**
    Seeanemone **36**
    Seestern **122**
Karibik-Pilgermuschel 214, 218
Karte
    Antarktis 135
    Nordpolarmeer 133
Kastengreifer, siehe Bodengreifer
*Kiwa hirsuta* **196**
Klimawandel 29, 33, 67
    Antarktis 50, 120, 124–126, **125,** 190
    Arktis 120
    Ästuare 64
    Auswirkungen 205, 208
    Biodiversität 205f
    Census-Daten 230
    und ozeanisches Förderband 33
Kohlenstoffdioxid 33, 131, 158, 224
    Kreislauf im Meer 33
Kohlenwasserstoffe 46, 162
Kolonie 239
kommensal 239
kommerzielle Auslöschung 208
Konar, Brenda 145
Kontinentalfuß 239
Kontinentalhang 41, **41,** 43, 153, 158, 162, 239
    Biodiversitätslinien 43

Kontinentalrand **40**
Kontinentalschelf **40,** 41, 239
Korallen 165, 167
    auf Seamounts 166f
    *Candidella* **164**
    *Corallium* **165**
    *Enallopsammia* **164**
    Filigrankorallen **19**
    Hornkorallen **160**
    *Iridigorgia* **165**
    Kaltwasserkorallen 130f
    Oktokorallen **165**
    Peitschenkorallen **160**
    Primnoidae **167**
    Steinkorallen **164**
    *Stylaster* **19**
    *Trachythela* **165**
    und Krabben **16f, 19,** 150
Korallenbleiche 28, 223, **225**
Korallenkrabbe **16f,** 150
Korallenriffe 40, 42f, 64, 139f, 147, **151**
    ARMS 140, **141**
    Bewohner 28, 140, **146**
    Census 139f, 150, 201
    Expedition 185
    Kaltwasser- 131
    Korallenbleiche 28, 223, **225**
    Korallensterben 221
    Meeresschutzgebiete 147
    neue Arten 201
    Probenahme 139
    Schutz 140, 147
    Wiederbesiedlung 140, **141**
Korallensterben 221
Krabben
    *Kiwa hirsuta* **196**
    Korallenkrabbe **16f,** 150
    Riffkrabbe **19**
    Yeti-Krabbe **196**
Krabbenfresser(-Robbe) 99, **101, 108f**
Kraken **76f,** 86, 123
Krebse 35, **163, 182,** 182f
    Einsiedlerkrebse **26f,** 160
    Larve **25**
Kreide-Tertiär-Grenze (KT-Grenze) 239
Krill 129, 239
Kuhnasenrochen **206, 212f,** 214, 217f
    Muschelverzehr 218
    *Rhinoptera steindachneri* **206**
Küstenmeere 63f
Küstennahe Gebiete/Lebensräume/Zonen **40,** 41f, 137–139, 239
    Alaska 145
    Census-Austauschprogramm 144
    Golf von Maine 140, 143
    menschlicher Einfluss 63–65
    Projekte 138–139
    Referenzlinien 138
    Schutz 149
    Zukunft 149

Küsten-Schelfzone 41, 42

Lachse 106, **114**
    Biologging 106
Lachshai **103**
    Wanderungen 103
Lake, siehe Sole
*Lamellibrachia luymesi* **157, 159,** 161
Lander, siehe ALV
Langleinen-Fischerei 131, 209, **210,** 239
Larsen-A- und Larsen-B-Schelfeis 124–129, **124–126, 190**
    Epifauna 127
    Zusammenbruch **190**
Laufzeit 239
*Laurentaeglyphea* **182**
*Laurentaeglyphea neocaledonica* 183
Lauschvorhang 105, 239
Leben im Meer, Zukunft 223–233
Lederanemone **43**
Lederschildkröte **102, 222f**
    Gefährdung durch Langleinen 209
Leitfähigkeits-/Temperatur-/Tiefen-Logger (CTD) **102,** 239
lichtlose Zone 41, **41**
*Loima* **24**
Lotze, Heike K. 61, 63
*Lutjanus kasmira* **23, 219**
*Lycodonus* **195**

MacKenzie, Brian 60, 70–72
Macquarie-Rücken-Expedition 164
*Macrochaeta* **187**
*Macroptychaster* **130**
Manganknollen 169, 239
Manganknollenfelder 171f, **172**
    Lebensraum 172
marine Arten, historische Aufzeichnungen 58
marine Mikroben 239
marine Umweltgeschichte 69
Markieren von Robben 108–110, **108–111**
*Marrus orthocanna* **21,** 23
Massenaussterben 206, 208, 239
    Treibhausphasen 208
Meereis 33, 117–135, **118, 132–134**
    jahreszeitliche Veränderung 132, 134
Meereis-Station **49, 98f,** 120
Meeresbereiche 40f, **40f**
Meeresboden 41, siehe auch Tiefsee-Ebenen
    Antarktis 190
    Erforschung 137
    Forschungsausrüstung 85, 89
    marines Leben 190
    Nutzung 145
    Probenahme **89,** 139
    Zugänglichkeit 124f, **124f, 190**
Meeresforschung, neue Technologien 77–97
Meeresressourcen, Management 28
Meeresschmetterling **2,** 7

Meeresschnecke  2, 7, **37, 39, 140, 146f,** 164, **168**
Meeresschutzgebiete  147, 220, 239
    Datenbank  221
Meerestiere als Beobachter  99–115, 230
    Säugetiere  108–110
    Vögel  115
    Zukunft  114
Megalops  239
*Megaptera novaeangliae*  **210**
Mehrfrequenz-Echolot, siehe Multibeam-Sonar
*Mercenaria mercenaria*  218
Methan  46, 161f
Mid-Atlantic Ridge Ecosystems (MAR-ECO)  46, 195
Miesmuscheln  **155**
Mikroorganismen  17, **18,** 41, 51f, **52f,** 198, **198f**
    Biodiversitätsdatenbank  51
    Diversität  198
    Zahlen  17, 51
Militär-U-Boote  79
Miloslavich, Patricia  55
Minkwale  129
Mittelatlantischer Rücken  46
    Bestandsaufnahme  46
    Expeditionen  77, 195
    Mid-Atlantic Ridge Ecosystem (MAR-ECO)  77
    neue Arten  46, **195**
Mittelwasser  46
Mittelwasserbewohner  41
MOCNESS *(multiple opening/closing net and environmental sampling system)*  86, 240
*Mola mola*  **102**
Mollusken  240
*Monachus schauinslandi*  **206f**
*Monachus tropicalis*  206
Mönchsrobben  **206f,** 211
Mondfisch  **102**
*Mora moro*  86
Morphologie  240
*moving vessel profiler,* siehe MVP
Multibeam-Sonar  45, **84f,** 85, 240
Multischließnetze, siehe MOCNESS
*Munnopsis*  **189**
Muschelkrebse, siehe Ostrakoden
Muscheln  155, siehe auch Bivalvia
    Austern  218
    Kammmuscheln  **214**
    Karibik-Pilgermuschel  218
    Miesmuscheln  **155**
    Sandklaffmuschel  218
    Venusmuschel  218
MVP *(moving vessel profiler)*  82, 240
*Mya arenaria*  218
Myers, Ransom A.  71, 205, 208, 225, 227
*Myripristis kuntee*  **22f**

Nacktkiemerschnecke  **168**
Nährstoffe  18, 33, siehe auch Eutrophierung
    Kreislauf im Meer  33
Nahrungsnetz  33, 65, 212–218, 240
Narcomedusae  **188**
*Nardoa rosea*  **172f**
Natural Geography in Shore Areas (NaGISA)  42
Nekton  41, 240
*Neoglyphea inopinata*  182
*Neoglyphea neocaledonica*  183
*Nereocystis*  145
neue Arten  **181, 186f, 190**
    Antarktis  **191–193**
    Arktis  194
    Benennung  178, 180, 194
    Bestimmung  176–180
    dunkle Zone  195
    Nordpolarmeer  **122,** 123f, **187, 189**
    Südpolarmeer  121, 126, **174–176,** 175–180
    Tiefsee-Ebenen  170
    unter Eis  121–129
Ningaloo Reef  150
    Expedition  201
*Nitzschia*  18
Nordatlantik
    Salzgehalt  18
    Zirkulationssystem  30
Nordkaper  211, 218–220, **220**
Nordpolarmeer  41, 49
    Expedition  120–124, 187
    Hydrothermalquellen  157
    Karte  133
    marines Leben  123f, 187
    neue Arten  **122,** 123f, **187, 189**
    Probenahme  49
Nordwestliche Hawaii-Inseln  139f

Oberflächenströmung  31, 33
OBIS *(Ocean Biogeographic Information System)*  38, 95f, 240
O'Dor, Ron  117, 185
ökosystem-basiertes Management  143, 240
Oktokorallen  **165,** 201
Oligochaeten  164, 240
*Oncorhynchus*  106
optische Methoden  85f
optische Techniken  35
Orange Roughy, siehe Granatbarsch
Ostrakoden  170f, **179,** 240
Oxidation  240
Ozeanbecken  241
Ozeanische Rücken  40

Pacific Ocean Shelf Tracking (POST)  42
paläontologisch  241
Paläoökologie  241
paläoozeanographisch  241
Paläozoologe  241

*Panulirus barbarae*  178
Panzertauchanzug  78
*Paragiopagurus diogenes*  **26f**
Partnergarnele  **142f**
Paulay, Gustav  137
Pauly, Daniel  56
Pazifik
    Manganknollenfelder  171
    Müllstrudel  223, **225**
Peitschenangler  **202f,** 205
Peitschenkorallen  160
Pelagial  41, 241
    Probenahme  107
    Räuber  105
pelagisch  241
Perm-Trias-Grenze  241
photosynthetische Aktivität  44f
phylogenetisch  241
phylogenetische Verwandtschaft  178
Phytoplankton  41, 44f, 63, 91, 241
    Blüte  **226f**
Pilgermuschel-Fischerei, Erliegen  214
Pinguine  **134, 232**
Pinnipedia  241
Plankton  85, **194,** 241
Planktonnetz  86, 88
*Plesionika chacei*  **138**
Poiner, Ian  150, 223
Polarmeere, Salzgehalt  18
Polarregionen
    Forschung  107, 113, 120f, 187
    Referenzlinien  118
    Strömungen  **31f**
Polychaeten, siehe Borstenwürmer
Population  241
*pop-up archival tags*  **102,** 104f, 241
Presseisrücken  118
Primnoidae  167
*Primovula beckeri*  147
Probenahme  86–89
    Ausrüstung  **121,** 123
    Camper  157
    Fahrzeuge  **76–82,** 78–85
    Sammeln von Belegexemplaren  35, 123
    unter Eis  123
*Promachoteuthis sloani*  180
Protozoen  241
PSAT *(pop-up satellite archival tag)*  90, 92, 241
*Psychropotes*  **172**
*Ptychogastria polaris*  **6f**
*Puffinus griseus*  115
*Pygoscelis papua*  **134, 232**
Pyle, Richard  185

Quallen  **6f,** 29, **74f,** 77, **122, 194, 227, 229, 233**
    *Aequorea macrodactyla*  **233**
    *Chrysaora melanaster*  **74f,** 77, **227**
    *Crossota norvegica*  **29**

Ctenophoren **181, 187**
    in toten Zonen 224f
    neue Arten 123, **187f, 229**
    *Olindas* **229**
    *Ptychogastria polaris* **6f**
    Staatsqualle **21,** 23, **194**
    Zunahme 225

Radiotransmitter **104**
Rankenfußkrebse **192,** 241
Rattenschwanz **195**
Räuber 225f, 242
    Auslöschung, Auswirkung auf Beutetiere 209
Referenzlinien 57, 242
    historische 69
Reich der Mikroorganismen **40,** 41
*Rhinoptera bonasus* **217**
*Rhinoptera steindachneri* **206**
Rhodolith-Bänke 145
Rhodolithen 242
Richer de Forges, Bertrand 182f
Riddle, Martin 130f
Riffbarsche 185, **186**
Riffkrabbe **19**
Riff-Wiederbesiedlung 242
*Riftia* 155
*Riftia pachyptila* **35**
Riftzone 242
*Rimicaris* 158
Ringelwürmer 242
Rippenquallen, siehe Ctenophoren
Robbe **101,** 108–111, **108–111**
ROBIO-*(RObustBIOdiversity-)*Lander **86**
Röhrenwürmer **24, 35,** 155, **157, 159,** 161, 242
Rosenberg, Andrew A. 67f, 220
Rosenberg, Rutger 225
Rotalgen 145
Roter Thun **70f, 90, 100, 112,** 209
    Bestandsmanagement 112
    Biologging 112
    Geschichte 70–73
    Schutz 112
    Sportfischerei 71f, **72**
    Tauchverhalten 112
    Wanderungen 71, 112
    Zeitstrahl 73
ROV *(remotely operated vehicle)* **81,** 82, **121,** 242
    *Isis* **81**
    *Kaiko* 181
    *Victor* 170
Ruderfußkrebse, siehe Copepoden
Rundschwanzseekühe 211

Säbelfisch **210**
Salzgehalt 17f, 33
Sammelmethoden 86–89
Sammeln von Belegexemplaren 35

Sandbankhaie **215,** 217
    Abnahme durchschnittlicher Länge 214
Sandklaffmuschel 218
Sardelle, Knochen **66**
Satellitenbild **119**
Satellitenfernerkundung 45, 91, 242
satellitengestützte Biologger 103f, **103f**
satellitengestützte Datenlogger 103, 242
Satelliten-Ortungsgerät **90**
Saugsammler 243
Saugschlauch 89, 243
Schallortung 105f
Scheidat, Meike 129
Schelfeis 124–129, 190
Scherenasseln 201
Scherenbeine 44, 242
Schildkröten **102,** 223
    Biologging 93
    Gefährdung durch Langleinen 209
Schlangensterne **128, 164f,** 167
Schleppnetze 86, **87f,** 89, 242
    benthische oder Grundschleppnetze 86
    pelagische oder Schwimmschleppnetze 86
    Trawls 86
Schnabelwale 129
Schnapper, Blaustreifen- **23, 219**
Scholander, Per 100
Schutz
    Ästuare 64
    Korallenriffe 147, 220f
    küstennahe Gebiete 143
    Meeresschutzgebiete 147, 220f
    Nordkaper 218–220
    Seeotter 211
Schwämme **165, 190**
    Glasschwämme 127, **128**
    neue Arten **165,** 188
Schwammfischerei 64
Schwarzer Raucher **48**
Schwarzhaie **216**
    Abnahme durchschnittlicher Länge 214
Schwarzspitzenhaie 214, 217
    Abnahme durchschnittlicher Länge 214
Schwefelbakterien **200**
Schwefelwasserstoff 46, 161f
Schwimmer 41
Seamounts 41, **41,** 46f, 153, 163–168, 242
    Auswirkungen Schleppnetzfischerei 166
    Fischerei 166
    Lebensgemeinschaften 164, **165,** 166, **167**
Sediment, -proben 89
Seeanemone **26f, 36, 43, 146,** 242, siehe auch Cnidarier
See-Elefanten **104,** 108
    Biologging **104**
Seefeder **167**
Seegurke **122, 127, 172**
Seeigel 127
Seelilien 127

Seeohren **68**
Seeotter **211**
    Schutz 211
Seescheiden 127, **128,** siehe auch Ascidien
Seesterne **42, 122, 130f,** 164, **172f, 193,** siehe auch Schlangensterne
    Antarktis **130**
    *Nardea rosea* **172f**
    neue Art **193**
Seitensicht-Sonar, siehe Side-Scan-Sonar
Seiwal 211
Serolidae **176**
sessil 243
*shifting baselines* 56
sich wandelnde Referenzlinien 56
Side-Scan-Sonar **83,** 243
*slurp gun* 89, 243
Sogin, Mitchell L. 17, 200
Soldatenfisch, Geperlter **22f**
Sole 243
Solequelle **161**
*Sphyrna lewini* **215,** 217
*Sphyrna zygaena* 217
Spitzenräuber, Wanderungen 45
SPOT *(smart position and temperature tag)* **92f, 103,** 243
Springkrebse **163**
SRDL *(satellite-relayed data logger)* 103
Staatsqualle **22f, 194**
Stahlkopfforelle 89
standardisiertes Untersuchungsprotokoll 144, 243
Steelheadforelle 89
Steinkorallen **164**
Stellerscher Seelöwe **211**
Stocks, Karen 166
Stoddart, Michael 120, 129
Störe **63,** 105
*Strombus gigas* **136f**
Strömungen
    Auswirkungen auf das Leben im Meer 18
    in Polargebieten 30
    Modellierung 108
    und Temperatur 18
    und Wind 18, 31
*Stylaster* **19**
Südlicher Ozean, siehe Südpolarmeer
Südpolarmeer 41, 50, 132
    Biodiversität **50**
    Diversität 175
    Epifauna **190**
    Expeditionen 121, 124–131, 190
    Forschung 50, 108, 110
    neue Arten 121, 126, **174–180, 189–191**
    Sediment 127
    Tiefsee-Ebenen 170
Superkontinent 243
Symbionten 243
Symbiose 161, 243

*Sympagohydra tuuli* **188**

Tafeleisberg **116f**
Tagging, siehe Biologging
*Tagging of Pacific Pelagics* 91
*Tagging of Pacific Predators* (TOPP) 45, 100, 112
*tags,* siehe Biologger
*Tambja morosa* **146**
Tanaidacea 201
Tang 33
Tauchboote 79–82, 89, 243
   *Alvin* **76f,** 79
   *Johnson Sealink* 79
   *Mir* 79, **80**
   *Nautile* 79
Taucher 78, 123
Tauchfahrzeuge, siehe Tauchboote
Taxonomie, siehe Artbestimmung
taxonomische Bearbeitung 243
*Thaumastochelopsis* **44**
thermohaline Zirkulation 31, 243
Thunfische 34, **70,** 73, siehe auch Roter Thun
*Thurunna kahuna* **140**
Tiefenmesser 100
Tiefenströmung 31, 33
Tiefenwasser 46
Tiefenwasserbewohner 41
tiefer liegender Kontinentalrand **41**
Tiefschleppfahrzeug, siehe DTV
Tiefsee 153
   Artenreichtum 171
   Probenahme 107
Tiefseeboden 44
Tiefsee-Ebenen **40,** 41, 44, 168–172, 243
   Artenvielfalt 85, 169f
   Artenzahl 169
   Census-Untersuchungsgebiete **169**
   Lebensgemeinschaften 170
   Manganknollenfelder 171f
   neue Arten 170
   Probenahme 169
   Rohstoffe 171f
Tiefseegraben 27, 243
Tiefseerinne 243
Tigerhai 217
   Abnahme durchschnittlicher Länge 214

Tintenfische 46, 87
Todeszone 223–225, **226f**
Top-Räuber, Verschwinden 214
tote Zonen, siehe Todeszone
*Trachythela* **165**
Tracking 244
*Trapezia cymodoce* **150**
*Tremoctopus violaceus* 86
Trophiegeschichte 65, 244
trophische Ebene 244

Überfischung 57, 208f, 225, 227, 244
   Auswirkungen 112, 225–228
   Granatbarsch 227
   Haie 214
Umweltbedingungen 131
   Anpassung 131
   menschlicher Einfluss 56f, 63–65, 221
   Untersuchung 94
Unechte Karettschildkröten
   Gefährdung durch Langleinen 209
unterseeische Berge, siehe Seamounts
unterseeische Gasquellen, siehe kalte Quellen
unterseeischer Canyon 244
Unterwasserberge, siehe Seamounts
Unterwasserfahrzeuge, siehe Tauchboote

Vampirtintenfisch **8,** 86, 244
*Vampyroteuthis infernalis* **8,** 86
Venusmuscheln 218
Verquallung der Meere 225
Versauerung der Meere 131, 224, 244
Video-Plankton-Rekorder, siehe VPR
Video-Planktonzähler 82
Villiers, Alan 31
VPR (Video-Plankton-Rekorder) 45, 85, 244
Vulkan **154,** siehe auch Seamounts
   Asgard-Vulkankette 157
Wale
   Buckelwale **210,** 211
   Fang 58, 60
      Statistiken 58
   gefährdete Arten 210
   Minkwale 129
   Nordkaper 211, 218–220, **220**
   Schnabelwale 129
   Seiwal 211

Wanderungen
   Biologging 89–93, 115
   Dunkler Sturmtaucher 115
   Lachshai 103
   Meeresbewohner 89–93
   Roter Thun 71, 90, 112
   SPOT-*(smart position and temperature-) tags* 92f
   Weiße Haie 105
Wärmebild **91**
Wärmeringe **91**
Warmwasser-Arten, Wiederauftauchen 67
Wasserqualität 63
Wassertemperatur 18
Wattenmeer 61
   menschlicher Einfluss 61
   Referenzlinie für natürlichen Zustand 61
   Umweltveränderungen 61
Weddell-Meer
   Expedition 188
   neue Arten **188f, 191, 193**
Weichkorallen 201
Weiße Haie **97,** 105, **216**
   Verbreitung **96**
weit wandernd 244
Weltmeere 15, 17f, 27, 31
White Shark Café 105
Wilson, E. O. 208
Wirbellose, siehe Invertebraten
Worm, Boris 209, 219, 225, 227

Xenophyophoren **167,** 244

Yeti-Krabbe 196

zeitliche Referenz 65
Zeit-Tiefen-Rekorder (TDR) 101, 244
zentraler Wasserkörper **40,** 41, 44–46
Zirkulationssystem 27, siehe auch globales ozeanisches Förderband
Zirkumpolarstrom 164
Zoarciden **35**
Zooplankton **35,** 37, 41, 45, **179,** 180f, **181,** 244
   neue Arten **179,** 180f, **181**

Printing and Binding: Stürtz GmbH, Würzburg